电子背散射衍射技术及其应用

杨 平 编著

本书数字资源

北 京
冶 金 工 业 出 版 社
2022

内容简介

电子背散射行射（简称 EBSD）技术是基于扫描电镜中电子束在倾斜样品表面激发出的衍射菊池带的分析确定晶体结构、取向及相关信息的方法。

本书系统地阐述了 EBSD 技术的含义、特点（或优势）及应用领域；简述了 EBSD 技术的发展过程和在我国的应用现状，以及与其他相关测试技术的比较；介绍了与 EBSD 技术相关的晶体学知识和晶体取向（织构）的基本知识；以及 EBSD 测定分析过程中涉及的原理和相关硬件，EBSD 数据的处理；总结了 EBSD 样品制备可能遇到的问题及作者应用时解决一些难题的经验。最后给出作者应用 EBSD 技术的一些例子。

本书可供从事材料、地质、矿物研究等工作的技术人员以及从事 EBSD 技术及扫描电镜分析工作的操作人员阅读，也可作为高等工科院校材料工程专业高年级本科大学生、研究生的教材，以及专业人员的培训教材。

图书在版编目(CIP)数据

电子背散射衍射技术及其应用/杨平编著．—北京：冶金工业出版社，2007.7（2022.6 重印）

ISBN 978-7-5024-4320-7

Ⅰ. 电…　Ⅱ. 杨…　Ⅲ. 电子衍射—金属晶体—金属分析　Ⅳ. O721 TG115.23

中国版本图书馆 CIP 数据核字(2007)第 110274 号

电子背散射衍射技术及其应用

出版发行　冶金工业出版社　　**电　　话**　(010)64027926
地　　址　北京市东城区嵩祝院北巷 39 号　　**邮　　编**　100009
网　　址　www.mip1953.com　　**电子信箱**　service@mip1953.com

责任编辑　张　卫　于昕蕾　美术编辑　彭子赫　版式设计　张　青
责任校对　王贺兰　李文彦　责任印制　李玉山
北京捷迅佳彩印刷有限公司印刷
2007 年 7 月第 1 版，2022 年 6 月第 3 次印刷
710mm×1000mm　1/16；10.5 印张；36 彩页；291 千字；229 页
定价 89.00 元

投稿电话　(010)64027932　投稿信箱　tougao@cnmip.com.cn
营销中心电话　(010)64044283
冶金工业出版社天猫旗舰店　yjgycbs.tmall.com
(本书如有印装质量问题，本社营销中心负责退换)

前　言

作者1992年到德国亚琛工业大学金属学及金属物理所（Institut für Metallkunde und Metallphysik，缩写为IMM）攻读博士学位时第一次接触到电子背散射衍射（electron backscatter diffraction，EBSD）装置。IMM是德国最早安装EBSD系统的研究单位，当时还没有整套的EBSD硬件和软件商品，EBSD探头是由挪威科学技术研究中心（SINTEF）生产并安装的。此后，IMM不断有人编制标定背散射菊池带的软件。作者以EBSD技术为主要的分析手段（同时还结合透射电子显微镜TEM下微束电子衍射（micro-beam electron diffraction，MBED）技术）完成了博士论文。作为一个EBSD技术的使用者和材料专业基础课的教师，作者觉得该技术在材料研究中非常有用。1997年初回国后一直想在国内推广该技术。读博期间，一直与协助指导教师O. Engler博士共同工作，Engler博士在EBSD技术上非常有经验并擅长编程序。Engler博士与英国的V. Randle教授合作，于2000年出版了《Introduction to Texture Analysis Macrotexture，Microtexture and Orientation Mapping》一书，作者曾有意将该著作译成中文，也因此与Engler博士联系过，但因种种原因未能如愿。作者多年来一直关注EBSD技术在我国的应用状况，总觉得不尽如人意。总想有机会通过办学术会议或学习班推广该技术；也想通过与国内相关技术的同行交流，了解国内相应设备的现状，共同提高应用水平。现在感觉到，再直接翻译国外的EBSD相关书籍已意义不太大，重要的是对国内大多数研究生使用EBSD技术时可能遇到的相关基础问题有针对性地写一个比较通俗易懂的小册子。

目前，已有不少有关EBSD技术原理与应用的英文书籍和文献，但作者始终觉得初学者在了解、运用该技术时首先遇到的困难是基本概念。同时，作者在从事多年的材料专业“材料科学基础”课程教学中感到，晶体投影、对称性、织构始终是学生学习的一个难点。材料成形及控制专业的学生学习这方面的知识更少。因此，本书首先定位在完成EBSD技术应用的启蒙作用。希望读者读完此书后，不但知道EBSD技术本身，而且能够掌握相关晶体结构、对称性、取向概念等原理基础知识。关于织构分析的中、外文书籍已有不少，但较多地集中在数学处理上，特别是以往的织构书籍中多以X射线法测出的宏观织构的计算为主，与微观组织对应不上，使人觉得比较抽象、难懂，而基于EBSD技术的取向成像则是将组织形貌与结构/取向信息直接联系起来，使初学者更容易理解。

本书不是单纯的教学用书，只介绍相关原理；也不是纯工具型手册，只介绍硬、软件的操作使用步骤和主要功能，这些可在 EBSD 设备操作手册中找到；本书也不是 EBSD 应用的个人论文集或文献综述，只讲 EBSD 在各方面的应用。作者希望，本书兼顾三者，同时注重相关的经验、个人体会，并结合教学中易出现的相关问题有针对性地介绍相关知识。本书的主要读者对象是研究生，不论是材料专业还是材控专业，在开发制备新材料或进行失效分析检测中，以及在涉及确定晶体结构或取向起主要作用的问题时，都可能要使用该技术。本科生在“材料科学基础”课程学习中，只是了解取向、织构的基础知识，没有涉及应用；在“材料分析方法”课程的学习中，可能对 X 射线衍射、扫描电镜(SEM)、透射电镜(TEM)衍射理论有较深的了解，但对 EBSD 技术了解的较少(因为绝大多数教材中没有这部分内容)。在能谱分析上，给出测定结果后，基本就可理解其含义；而对测出的 EBSD 数据，研究者不一定能马上理解，数据中还可能有一些问题。因此，在形貌、结构/取向、成分之类信息上，对结构/取向的认识所需的专业基础知识要求最多。本书的另一类读者对象是 EBSD 操作人员，他们可能对 SEM 和 X 射线技术很熟悉，但对 EBSD 较生疏，因此在给使用者操作分析时，不利于解释及推广。目前，已有 EBSD 测试国家标准，实验室测出的数据要有一定的可靠性保障，这要求测试人员尽可能掌握相关的基础知识。我国相当一部分的 EBSD 使用者或潜在用户中，出于某种原因，没有条件细细阅读英文操作手册或专著。若能从这本书里较快找到自己需要的东西，本书就算起到了作用。

由于受各种因素限制，作者主要针对教学中学生遇到的问题，以及 EBSD 初期使用者出现的问题或购置 EBSD 设备单位使用初期遇到的一些问题为主要内容，编写此书。因作者水平有限，时间仓促(为能在第二届全国 EBSD 技术及应用学术会上和与会者交流)，书中会存在不少概论上的问题及其他不妥之处，敬请各位读者批评指正。作者希望本书能起到抛砖引玉的作用。需要说明的一点是，因作者没有条件充分地使用各 EBSD 商家的产品，作者也没有能力区分各商家产品的特点，只是因作者主要使用的是 HKL 产品，因而较多地介绍了用该设备获取的数据。

本书共分 9 章。绪论介绍了 EBSD 技术的含义、特点或优势、应用领域、不足及建议，以及本书的定位等。第 1 章简述了 EBSD 技术发展过程，各种单个取向测定技术的比较，EBSD 技术在我国应用、销售及文献发表情况。第 2 章介绍了与 EBSD 技术相关的晶体学基础知识。第 3 章介绍了取向(差)、织构等知识。第 4 章介绍了取向的计算及一些相关软件。第 5 章介绍了 EBSD 测定分析过程中涉及的原理及相关硬件，使初学者能对硬件有全面了解。第6章涉及EBSD数据的处理，不仅希望读者可以用相关软件处理得到一系列用几何图表示的取向图，还能用第2、3章的基本知识看懂得到的信息图；更重要的是提醒读者对所测数据的可靠性有个正确的评价。第7章简述了EBSD在各方面的应用及作者应用该技术进行的一些基础研究。第8章介绍了EBSD在工程材料中应用的一些例子。第9章总结了EBSD样品制备可能遇到的问题及解决一些问题的经验。最后，给出作者使用EBSD技术的体会作为结语和展望。

本书在编写过程中得到多方面的帮助。感谢我的研究生孟利、李春梅、常守海、李雪、解清阁等完成EBSD实验及相关的计算工作，特别是孟利进行了大量的文献检索和图形文字处理工作。感谢各EBSD商家（Oxford Instrument-HKL的康伟工程师，孟均经理；EDAX-TSL公司的雷运涛经理）提供各方面的信息。感谢毛卫民教授、余永宁教授多方面的指导。感谢O. Engler博士授权使用Auswert软件。感谢德国亚琛工业大学金属及金属物理所，正是在那里我有机会对晶体织构及EBSD技术进行研究和使用。感谢国家自然科学基金的资助（项目号：50171009，50571009）。最后感谢在EBSD应用、交流中结识的诸多EBSD应用学者，让我们互相学习、互相促进、互相提高。

作　者

2007年3月29日

目　　录

绪　论

电子背散射衍射(electron backscatter diffraction,简称 EBSD)技术是基于扫描电镜中电子束在倾斜样品表面激发出并形成的衍射菊池带的分析从而确定晶体结构、取向及相关信息的方法。入射电子束进入样品,由于非弹性散射,在入射点附近发散,在表层几十纳米范围内成为一个点源。由于其能量损失很少,电子的波长可认为基本不变。这些电子在反向出射时与晶体产生布拉格衍射,称为电子背散射衍射。大家知道,晶体材料的微观组织形貌、结构与取向分布、成分分布是表征和决定材料各类性能的关键,缺少一类信息就有可能使我们难以解决某一材料问题。基于 EBSD 技术的取向成像分析使我们获得更加丰富的材料内部信息。从一张组织形貌图像中,我们仅能获得晶粒大小、形状及分布的信息,见图 1*a*。即使经图像分析系统处理,也只能得到与形貌相关的定量信息。而取向成像可提供远多于这些的信息,除各种形貌类信息外,还有各晶粒的取向、不同相的分布、晶(相)界的类型甚至位错密度的高低等定量信息,见图 1*b*,*c*。因此,EBSD 技术能揭示出很多直接观察难以得到的信息,它对我们全面认识材料制备过程机理和本质至关重要。

长期以来,对 EBSD 技术的应用还存在一些误区。一些人认为,自己不搞织构研究,所以用不上 EBSD 技术;另外一些人认为,自己不做材料的基础研究,也用不上这些“点缀性”的分析方法;再有一些人说,织构的概念太抽象,难以理解,只好对它敬而远之。其实,EBSD 系统与能谱仪(EDS)相似,是扫描电镜上的两个附件,它们使扫描电镜除了获取形貌信息外,还具备了获取微区取向、结构和成分分布信息的能力。但 EBSD 的应用需要较多的晶体学基础知识,这点是制约该技术推广的一个重要原因。

既然该技术用于结构、取向分析,它便可用于各种晶体材料(如金属、陶瓷、地质、矿物)的分析,解决在结晶、薄膜制备、半导体器件、形变、再结晶、相变、断裂、腐蚀等过程中的问题。

EBSD 技术有以下特色:

(1) 同时展现晶体材料微观形貌、结构与取向分布;

(2) 高的分辨率(纳米级),特别是与场发射枪扫描电子显微镜(FEG-SEM)配合使用时;

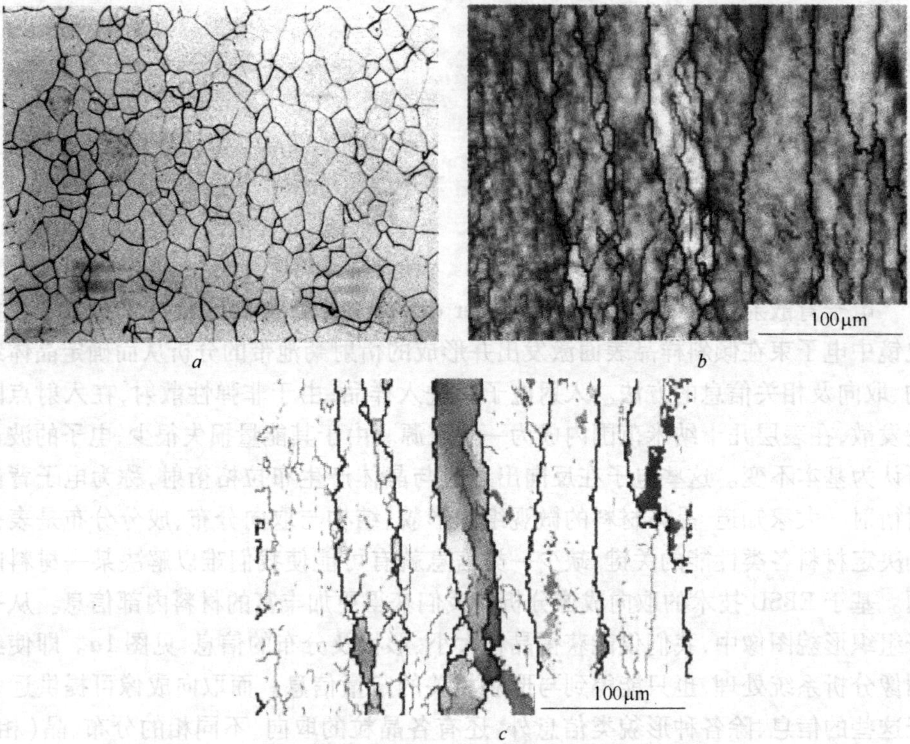

图1　光学镜组织照片与 EBSD 取向成像图的比较

a—纯铁的光学镜照片，×200；*b*—热轧铝的 EBSD 取向成像图（菊池带质量图），显示组织及晶体缺陷的相对差异；*c*—图 *b* 数据的另一种表示；深灰色晶粒为立方取向，浅灰色为 *S* 取向晶粒（具体含义见后续各章介绍）

（3）与透射电子显微镜（TEM）相比，样品制备简单，可直接分析大块样品；

（4）统计性差的不足可由计算机运算速度的不断加快来弥补，现在可达每秒 150 个取向的测定速度。

EBSD 技术商品化主要在 20 世纪 90 年代初，相应地也陆续出版了一些专著，如 V. Randle 教授的《Microtexture Determination and Its Applications》[1]，V. Randle 教授和 O. Engler 博士的《Introduction to Texture Analysis Macrotexture，Microtexture and Orientation Mapping》[2]。但到目前为止，相关的中文书籍还没有。有关 EBSD 技术的综述文章也很多，如文献[3～7]。有些高水平的 EBSD 应用书籍（论文集），如 A. Schwartz 等编著的《Electron Backscatter Diffraction in Materials Science》[8]，并不太适合初学者的学习。目前，我国现有的设备平均来讲还处在利用率较低的水平，有些 EBSD 系统面临尚未真正使用就已过时的局面。主要问题是由于潜在的使用人员（特别是研究生）对相关知识了解较少而造成的。研究生是应用该技术的主体，研究生课程中应增加相应的选修课。在目前 EBSD 设备不多、应用者有限的情况下，制作一门网上课程及出版一本普及型书籍是十分必要的。同时，各 EBSD 商家、用户和学会间的交流也是不容忽视的。我国是一个 EBSD 设备的巨大商业市场，EBSD 的应用还会以较高的速度发展。

本书的编写是基于以下几方面的考虑：(1) 目前，有关 EBSD 技术的介绍只有英文专著，还缺乏中文专门的书籍。涉及 EBSD 基本理论且比较系统论述的只有上面提到的 V. Randle 的两本书[1,2]，其他都是 EBSD 应用方面的文献；即使是一些综述性的 EBSD 文献，也很少涉及相关的基本理论。(2) 就我国现状而言，相当一部分材料研究人员不了解该技术；有关物理测试技术教材中很少有较详细的介绍。(3) 我国是一个 EBSD 应用的大市场，但一些 EBSD 设备应用得很不理想，甚至处在瘫痪状态。(4) 虽有很详细的英文 EBSD 使用手册，但基本理论方面欠缺，应用方面的例子也较少。这使一些人会用此设备，但又不知如何解释材料问题。只有再去阅读应用方面的书籍文献才能达到应用的目的。(5) 作为材料专业基础课程任课教师，常看到学生在相关概念的理解上一直存在很大问题。因此，本书定位在对该技术不太了解的人，希望看完此书后对相关原理有较全面的了解，基本会使用 EBSD 技术，能用测定的数据解决一些问题。本书尽量将 X 射线织构分析技术分离出去，以减少读者在织构理论上花过多的时间。同时本书兼有教材的特点，如用一些例题来说明基本理论。希望本书集中文、原理、工具、实用及应用多目标为一体，对 EBSD 技术的推广起到一定的促进作用。

组织形貌、结构与取向、微区成分是材料三个最基本的信息，EBSD 技术可同时获取前两个信息，并且目前 EBSD 与 EDS 已集成在一起，可同时获取三种基本信息。因此，EBSD 技术不仅仅是织构研究者的工具。目前绝大部分 SEM 都配备了能谱，而我国的 EBSD 设备总共只有约 80 ~ 90 套，这说明，很多人还未将自己的研究与结构/取向联系起来，甚至还不清楚有这类设备，或受设备限制而不能充分了解该技术。

作者希望本书有如下特点：

(1) 中文阅读方便；国外相关书籍不少，但对初学者适用性不强。

(2) 没有英文说明书/使用手册也能较详细地了解认识 EBSD 技术（而不单单是原理）；有较高的实用性；含有作者使用 EBSD 技术的一些体会。

(3) 定位在研究生和新购置 EBSD/扫描电镜设备的操作人员。使读者不但能认识相关原理，还能逐渐深入研究下去。虽然国外 EBSD 技术专家有很高的水平和丰富的经验，但不可能长时间与初学者交流。

(4) 区别于教材的过于简单、科普或不够实用；区别于以 X 射线织构分析的书籍，本书注重单个晶粒取向的操作；区别于 EBSD 工具书或操作手册（况且这些手册是英文的），避免过于具体的操作步骤有时令人产生枯燥乏味的感觉，缺少解决具体材料问题的乐趣。

作者期望达到的目标是：

（1）希望读者对 EBSD 实测技术有清楚的了解，对相关硬、软件较清楚；

（2）希望读者熟练掌握取向概念，并能用取向软件对取向数据加以处理；

（3）希望读者清楚 EBSD 技术与 X 射线衍射织构分析技术各自的特点；

（4）希望读者读完此书后进行自我评价：原来处在哪个水平，现在处在哪个水平。

2005 年 8 月在秦皇岛举办了全国首届 EBSD 技术及其应用学术会议，获得热烈反响。希望今后能将该系列会议持续下去。

参考文献

1 Randle V. Microtexture determination and its applications. London: Institute of metals, 1992

2 Randle V, Engler O. Introduction to texture analysis macrotexture, microtexture and orientation mapping. Gordon and breach science publishers, 2000

3 Schwarzer R A. Crystallography and microstructure of thin films studied by X-ray and electron diffraction. Materials Science Forum, 1998, 287 ~ 288: 23 ~ 60

4 Dingley D J, Field D P. Electron backscatter diffraction and orientation imaging microscopy. Mater. Sci. & Tech., 1997, 13: 69 ~ 78

5 Mason T A, Adams B L. The application of orientation imaging microscopy. JOM, 1994, 46: 43-45

6 Dingley D J, Randle V. Microtexture determination by electron back-scatter diffraction (review). J. mater. Sci., 1992, 27: 4545 ~ 4566

7 Dingley D J. A comparison of diffraction techniques for the SEM. Scanning electron microscopy. 1981, Ⅳ: 273 ~ 286

8 Schwartz A J, Kumar M, Adams B L. Electron Backscatter Diffraction in Materials Science. Kluwer Academic/Plenum Publishers, 2000

1 电子背散射衍射技术的发展及在我国应用的现状

▶**本章导读**

EBSD 技术最原始的功能是确定晶体材料某一微区的取向,我们称之为单个晶粒取向测定技术。能完成此项工作的还有一些其他的技术或方法,如:(1)基于浸蚀坑或侵蚀图案(花样)的侵蚀法;(2)基于 X 射线的衍射法,如劳厄法以及在扫描电镜下电子束激发出的 X 射线产生的衍射花样(Kossel 法)(不是指 X 射线仪上通过测极图得到的晶粒取向分布);(3)基于电子束产生的衍射法等(中子衍射因过强的穿透能力而不适合进行单个取向分析)。因此,本章的中心是介绍 EBSD 技术发展的各个阶段,以及每一阶段某一重大的改进所产生的重要意义。同时也不可避免地涉及到其他单个取向测定方法的发展或被淘汰的过程。因而也就涉及各个单个取向测定方法的比较,从中可清楚地看到 EBSD 技术的突出优势。本章将对其他单个取向测定方法的原理和特色作简单介绍,以后各章将集中详细讨论 EBSD 技术。此外,本章对 EBSD 技术在我国的应用做一简单介绍。

1.1 EBSD 技术的发展过程

提到电子背散射衍射技术,就离不开菊池带(kikuchi bands)的分析。而谈到菊池带,人们就联想到透射电镜(TEM)。其实,菊池带是日本学者 Kikuchi 于 1928 年在研究方解石(calcite)荧光发射时观察到的[1](也有报道是在云母上得到的),那时还没有商用透射电镜(一般认为对金属薄膜的 TEM 分析始于 1950 年[2])。背反射条件下得到的类似衍射花样是在 1954 年报道的[3]。但人们的确借助了大量的 TEM 下对菊池带的认识和理论分析 EBSD 的菊池花样。没有对菊池带的认识,也就没有 EBSD 花样分析。在该技术的发展中,相关的名称也有所变化,如 EBSP(electron backscatter pattern);BEKP(backscatter electron kikuchi pattern);BKD(backscatter kikuchi diffraction)。而自动取向分析系统的商业名称有:OIM™(orientation imaging microscopy);ACOM(automated crystal orientation mapping);COS(crystal orientation system);ORKID(orientation from kikuchi diffraction)。

EBSD 的发展大致经历了以下五个阶段。

一是 20 世纪 70 年代,Venables 等在扫描电镜下观察到背散射电子衍射菊池带[4](第一台扫描电镜产品出现在1965年,而Coates于1967年第一次报道SEM下观察到的菊池带[5]),即所谓的高角菊池带(以区别于TEM下的“低角”菊池带)。这个发现开创了新的取向结构分析技术,当时没有人能准确预测它能发展到什么程度。Dingley回忆起[6],1973年他在英国Newcastle大学听Venables教授作关于EBSD的报告时,并未意识到该技术的发展潜力,直到他受邀请写一篇比较不同衍射技术(Kossel衍射、扫描通道花样衍射SACP和EBSD)的文章时,才认识到其优势并从研发Kossel衍射技术转而开发EBSD技术。

二是20世纪80~90年代,Dingley[7,8]及Hjelen[9]等人在英国和挪威开发出能用计算机标定取向的EBSD设备,并成功地将EBSD技术商品化。大约在1991年,挪威最大的研究机构SINTEF(缩写来源为The Foundation for Scientific and Industrial Research at the Norwegian Institute of Technology(NTH))为德国亚琛工业大学金属所制造安装了德国第一套EBSD系统。1982年,Dingley在英国的Bristol大学Wills物理实验室开发了计算机标定EBSD系统,并于1984年首先报道采用摄像机观察菊池花样[8]。Hjelen是很早研究EBSD技术的人员,在自己的公司NORDIF开发了EBSD硬软件。这一阶段的重要意义在于,计算机的应用不但加快标定速度,节省人力,而且使取向数据电子化,便于处理及表达。人们虽然只能以手动方式通过标出几个晶轴完成单个取向的测定,但是因SEM下样品制备的方便已能解决许多以前很难解决的问题,这显示了EBSD相对于其他单个取向测定方法特有的生命力。1984年第一套商品化的EBSD系统还不是自动识别EBSD的。

三是20世纪90年代初在人工手动确定菊池带的基础上,人们先后成功研究出自动计算取向、有效图像处理以及自动逐点扫描技术来确定菊池带位置和类型(包括Hough变换利用成功、1992年OIM™注册商标化、ACOM的出现)[10~12]。早期取向标定是用选区轴来完成的。1989年Schmidt等[13]及1990年Juul-Jensen[14]报道了自动标定菊池带的方法。1992年Wright等[15]报道用Burns图形变换自动识别菊池带。1992年Krieger-Lassen等[16]以及Russ等[17]报道了用Hough变换自动识别菊池带的方法,这是目前使用最多且各EBSD厂家普遍使用的方法。1993年Kunze等[12]报道了全自动EBSD标定系统。1994年TexSEM Lab成立并发布OIM产品。这一阶段的重要意义在于,测定过程已无需人员在场,节省了大量的时间,人们可以在晚上放上一块试样,自动测定,第二天早上来取结果进行分析。更重要的是,取向成像图不仅包含形貌的所有信息,形貌、取向、结构信息的全部定量化,还揭示了晶界类型、应变大小分布,各晶粒形变难易程度和晶粒间形变协调性的好坏,甚至可以算出诸如磁性、电性等物理性能。这使得EBSD技术优于其他测定技术,也促使人们更集中精力进一步拓展其应用。

图1-1是EDAX-TSL公司给出的EBSD标定速率随年代发展的变化曲线。2006年推出了更高抓图速率的Hikari高速EBSD探头。

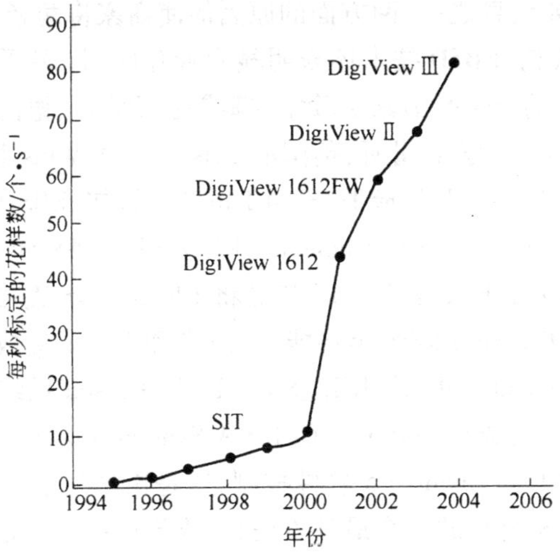

图 1-1 EDAX-TSL 公司给出的 EBSD 标定速率随年代发展的变化曲线[18]

四是 90 年代后期,能谱分析与 EBSD 分析的有效结合集成化[19],使相鉴定更加有效和准确。2002 年 Wright 等[19,20]报道了将能谱与 EBSD 系统成功集成的工作。这大大促进了 EBSD 系统相鉴定的能力。由此引起各 EBSD 商家程序的大变动。取向成像概念早就有,例如 TEM 下的暗场像、光学镜下的偏光照片、特殊浸蚀剂下的浸蚀坑图像、背散射电子探头获取的通道衬度图像都有取向信息,都可算取向图,但都没有定量数据。只有由 EBSD 系统获取的取向图才有全定量数据。近几年,各 EBSD 公司都先后实现了与能谱分析软件的集成,即可在旋转 70°的条件下同时进行微区的取向、结构与成分的分析,即成分和结构(取向)的面扫描。这大大促进了 EBSD 系统的相鉴定功能。由此,EBSD 软件都新设置了相鉴定专栏(Phase ID)。这对完全未知相的分析起到极大的促进作用。先测成分,缩小可能相的范围,然后进行精细的 EBSD 相鉴定。HKL 公司的 Channel 5 的 Flamenco 软件专门开辟了 Phase ID 程序化。相鉴定要求确定晶体结构和点阵常数,因此不像确定取向那么简单。1993 年 Michael[21]等报道了通过面夹角和面间距自动相鉴定过程。1997 年 TSL 公司在其 EBSD 软件产品中加入专门的相鉴定功能并与能谱软件集成。这一阶段的重要意义在于,不仅使人们很方便地得到全面的材料定量信息,而且大大促进了相鉴定的完成,扩大了 EBSD 的使用人群,同时也加速了取向、形貌、成分电子定量数据的融合。相信将来的软件处理功能会完成这项工作。

在 EBSD 技术的两大功能(取向测定和相结构鉴定)中,在相鉴定上的应用一直不如取向分析应用得得心应手。人们常抱怨未知相的鉴定不那么容易。其实,用其他方法,如 X 射线和 TEM 进行同样问题的分析,也并非易事。又因为微区成分分布也是三大重要信息之一，两方面的原因促使商家将两者技术集成。

20 世纪 90 年代初，EBSD 技术还未明显商业化时，许多研究机构都在编制取向标定软件，如丹麦的 Ris φ 国家实验室、挪威的 SINTIF、德国的亚琛工业大学金属所、德国的 Clausthal 大学金属所、英国的 Bristol 大学 Wills 物理实验室、美国的得克萨斯大学 TSL 实验室（TSL 指 TexSEM Lab.）。目前，EBSD 技术的商业运作主要集中在 EDAX-TSL 和 Oxford-Instrument/HKL 公司。1999 年 EDAX 合并了 TSL，EDAX-TSL 公司 1999 年开发出 Delphi 产品将 EBSD/EDS 集成；2002 年将两者集成的软件包名称为 Pegasus；2005 年将能谱、波谱和 EBSD 集成在 Trident 系统中。2005 年 Oxford Instrument 合并了 HKL 公司。INCA Crystal 系统是将牛津仪器公司自己的 EBSD 和 EDS 集成在一起的。而 INCA Synergy 是将牛津的 EDS 和 HKL 的 EBSD 集成的，由 HKL 的 Channel 5 软件控制，这是市场发展的必然趋势。晶体形貌、结构和成分是分析材料的三个最基本信息，收集这些信息是材料工作者所期望的。原来是三个独立的测试系统，现在是两个。可设想，以后有可能变为一个，即一套计算机系统，将三个功能集成在一起。当然，其中还会存在很多技术问题。EBSD 标定速度也同计算机运算速度一样得到飞速发展，由原来的每秒十几个发展到 200 个以上。因 EBSD 和 EDS 两个系统的数据采集是由同一计算机上的两个处理器并行完成的，将来可能发展成在拍一张高清晰度照片的同时就得到取向和成分的信息。美国 NORAN Instruments 公司（主要生产能谱仪）也开发了 EBSD 系统，其商品名称是 ORKID（orientation from kikuchi diffraction）。

五是原位分析技术，指 SEM 中的原位加热、原位加力、FIB（focused ion beam，聚焦离子束）原位切割从而进一步实现 3D-OIM[22~24]。这种原位分析技术应用的意义在于，更接近实际情况，缩短了分析的时间。2006 年 CARL ZEISS 电镜公司和 EDAX-TSL 合作将 FIB 硬件和 OIM-3D 软件集成实现了三维取向成像分析，将体视学分析与晶体取向分析结合，大大促进了对晶体材料的表征。但这些技术主要依赖于 EBSD 商家以外的硬件厂商，使得推广的程度不高，远不像 EBSD 系统本身推广的速度那样快。相关实例将在以后了解了相关基础后再做介绍。

1.2 EBSD 技术与其他相关技术的比较

上一节重点介绍了 EBSD 技术的发展过程，其实能完成微区单个取向测定的还有其他的方法。这些方法各有不同的特点，也经历了不同的发展过程，有些尚未充分发展便被淘汰；另一些因设备限制或制样困难而发展较慢。以下简单介绍这些单个取向分析技术，使读者了解其各自的特点和应用场合（因目前尚未介绍取向等方面的基本原理，所以不适合详细介绍其他方法。因 EBSD 技术突出的优点，其他方法的原理和特色只在本章稍作介绍，以后各章将集中讨论 EBSD 技术）。

以获取晶体材料微区内结构取向为主要目的的测试方法有：(1) 借助特殊浸

蚀剂在样品表面浸蚀出特殊的浸蚀坑或侵蚀图案(花样)而在光学镜或扫描电镜下确定取向的方法,简称浸蚀法;(2)基于 X 射线衍射、在扫描电镜下分析的微区 Kossel 技术;(3)基于电子衍射、扫描电镜下分析的选区通道花样分析技术(SCAP)和 EBSD 技术;(4)基于电子衍射、透射电镜下分析的选区衍射(SAD)和微束电子衍射(MBED)。对于在一般的 X 射线衍射仪上对较粗大晶粒的取向分析以及强穿透能力的中子衍射技术将不在这里讨论。

1.2.1　浸蚀法

利用特定合适的浸蚀剂可使样品表面不同取向晶粒内产生特殊形状的浸蚀坑或浸蚀图案,不仅可通过观察迅速了解样品表面晶粒整体分布特征,也可通过测定各浸蚀坑或浸蚀图案中特征角度而定量算出相应的晶粒取向数据,见文献[25～28]。比如,用硝酸在 bcc 结构硅钢中浸蚀出特殊图案的浸蚀坑,如图 1-2*a*;用加热的浓硝酸可将铜及铜合金晶粒表面浸蚀出特殊图案并测出取向数据,见图 1-2*b*,图 1-2*c*,称 K-L(Köhlhoff-Lücke)浸蚀方法。详细的原理及标准取向图表见文献[28]。

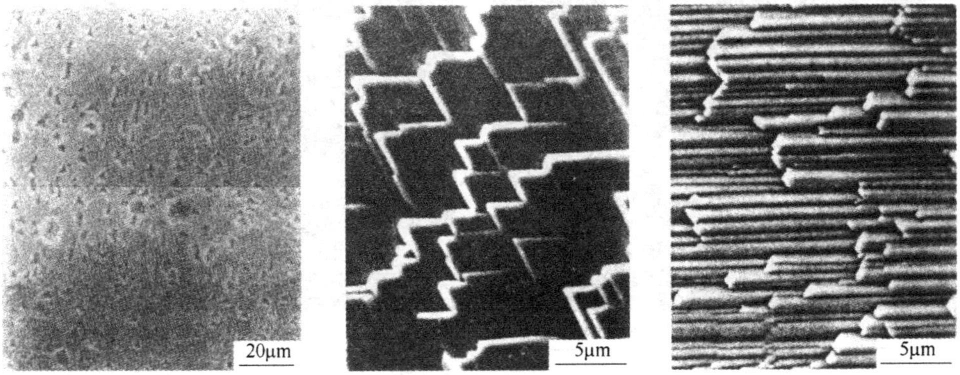

a　　*b*　　*c*

图 1-2　不同材料中得到的浸蚀坑或浸蚀图案

a—一次再结晶时硅钢(bcc 结构)片表面的浸蚀坑[27];*b*—K-L 法在铜中得到的浸蚀图案[28],取向为(72 49 49)[35 －87 35];*c*—同 *b* 方法,取向为(76 9 64)[6 －100 6]

图 1-3*a* 给出不同浸蚀坑形貌与取向的对应关系,图 1-3*b* 是几个典型取向对应的浸蚀坑(注:因取向概念要在第 3 章介绍,此时不必读懂反极图。若真正用到浸蚀法时,才需看懂此图)。用 Keller 浸蚀剂可在铝合金表面产生浸蚀坑,见图 1-3*c*,图 1-3*d*。浸蚀坑中暴露的表面总是{100}/{111}面。浸蚀法的最大优点是对取向测试设备没有要求,只需浸蚀液和光学镜。另一优点是很快就可得到大面积区域晶粒取向分布的整体特征。不足之处在于:浸蚀法受特殊浸蚀剂的限制,不同材料都要找到合适的浸蚀剂,没有好的通用性。一般没有定量取向数据,更难有晶体结

构数据。当然,在计算机图像识别和分析技术很发达的今天,快速得到定量电子数据是没问题的。另一缺点是分辨率太低。

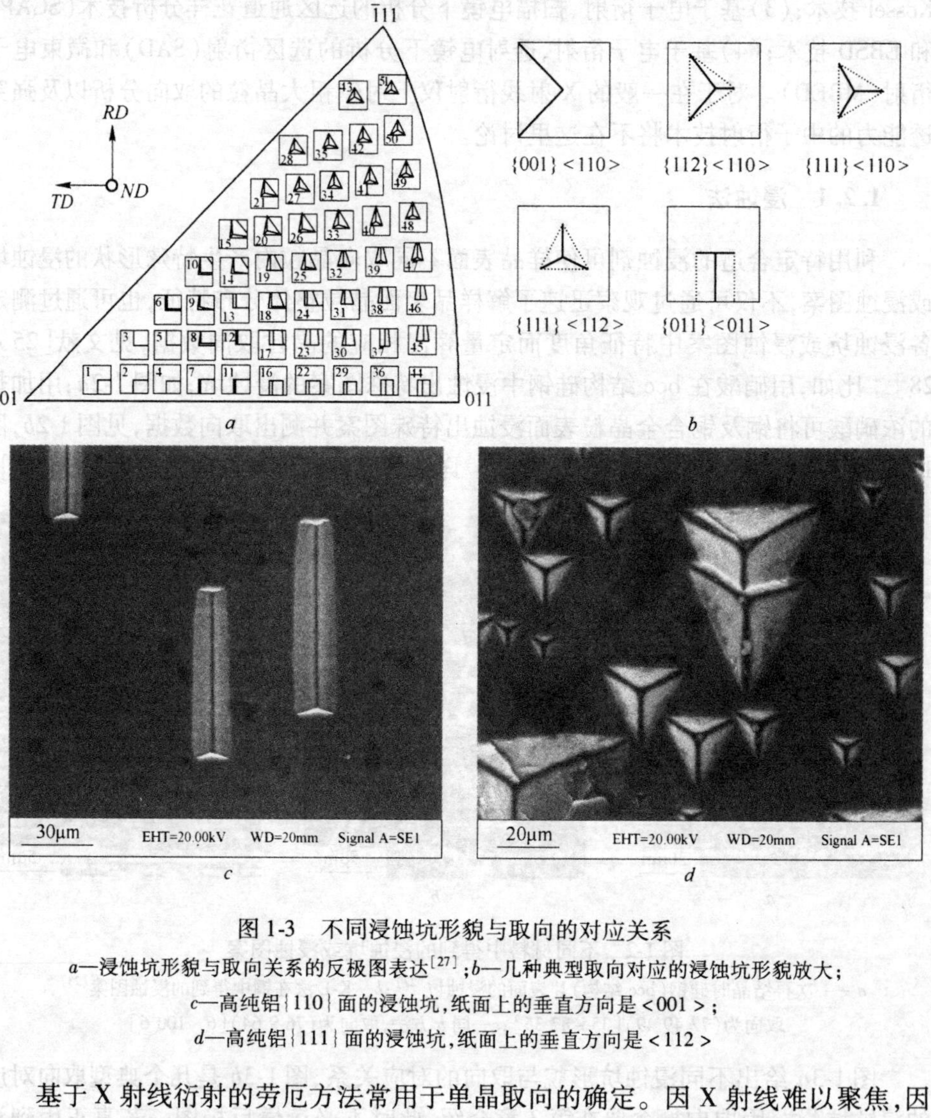

图 1-3　不同浸蚀坑形貌与取向的对应关系

a—浸蚀坑形貌与取向关系的反极图表达[27];*b*—几种典型取向对应的浸蚀坑形貌放大;
c—高纯铝{110}面的浸蚀坑,纸面上的垂直方向是 < 001 >;
d—高纯铝{111}面的浸蚀坑,纸面上的垂直方向是 < 112 >

基于 X 射线衍射的劳厄方法常用于单晶取向的确定。因 X 射线难以聚焦,因此难以获得高的微区分辨率。其原理在许多《材料分析方法》教材中都有介绍,因应用不够广泛,这里不再介绍。

1.2.2　SEM 下的单个取向分析技术

1.2.2.1　微束 Kossel 衍射技术(micro-Kossel-technique)

微束 Kossel 衍射技术在 20 世纪 60 年代在电子探针中应用[29]。Dingley 从事这方面的研发已有 10 年之久,后因分辨率太低而放弃。其产生的基本过程是,扫描电镜中入射电子束与样品作用产生特征 X 射线,激发点处的 X 射线会向各方向传播,当其满足布拉格衍射定律($\lambda = 2d\sin\theta$)时,则发生反射。因 X 射线来自所有可能的方向,满足布拉格衍射条件的反射束会形成 Kossel 衍射锥,见图 1-4*a*。衍射锥可以是透射式产生的,也可是反射式产生的。它们与对 X 射线敏感的胶片作用,感光后形成 Kossel 衍射图。与电子束的波长相比,X 射线波长值大,衍射锥半顶角 $90° - \theta$ 就较小,形成的衍射锥曲线弯曲得较明显,见图 1-4*b*。该技术的分辨率约10 μm,在当时无法有定量数据,也不能自动标定就被淘汰。但该法可用于测内应力和点阵常数[30]。

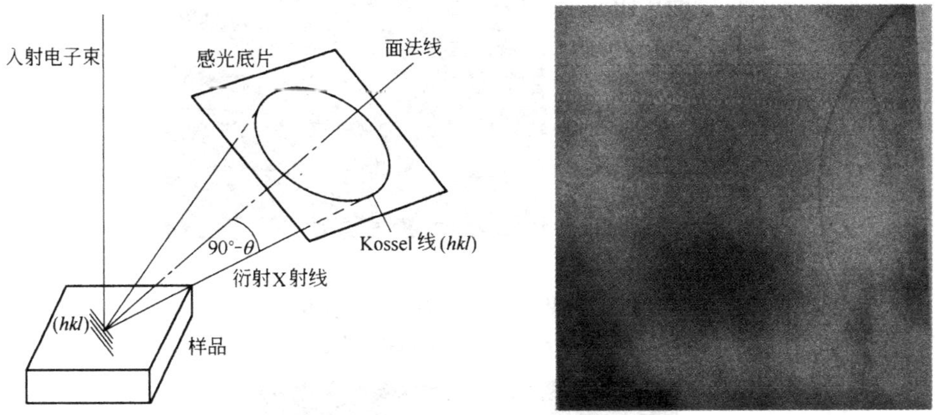

a *b*

图 1-4 SEM 下反射式 Kossel 衍射锥的形成[29]

a—Kossel 衍射锥形成的示意图;*b*—形成的 Kossel 衍射锥照片

1.2.2.2 电子通道衍射花样(ECP, electron channeling pattern; SACP, selected area channeling pattern)

英国牛津大学在 20 世纪 60 年代研发该技术。其基本原理是入射电子束通过单向式或圆周式摆动,使与电子束成 5° ~ 10°以内的晶面满足布拉格反射关系,产生背散射的伪菊池带。每幅菊池花样上的角度范围最大约为 20°;远小于 EBSD 菊池花样。SACP 分辨率可达 1 ~ 2 μm,并对晶体缺陷很敏感,只适于做再结晶晶粒或强回复亚晶的取向测定,见图 1-5。此法比 Micro-Kossel 法应用广泛一些。

1.2.2.3 EBSD 技术

在 SEM 下将样品倾转约 70°,电子束与样品作用产生所谓的高角菊池花样,见锗的 EBSD 花样(图 1-6)。角覆盖范围可达近 65°。图 1-6 中,上面是[010]轴,下面是[323]轴,已知立方系两轴夹角是 64.8°。左、右两个轴是 <110>,夹角是 60°。SEM 下的菊池带产生原理及取向标定过程的详细介绍见第 5 章。EBSD 分析技术比微束 Kossel 衍射和 SACP 方便得多,分辨率也高。样品制备简单,可对断口直接进行分析。一些薄膜样品也可直接分析而无需再进行制备。测定绝对取向较准确。EBSD 技术正好填补了 TEM 下的 MBED 技术和 X 射线织构分析技术的空缺。

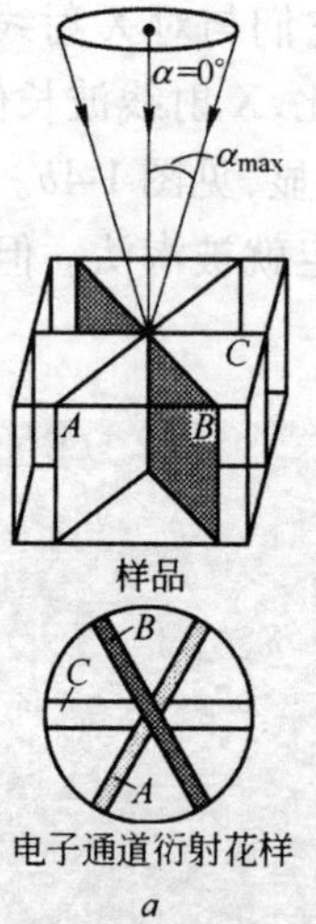

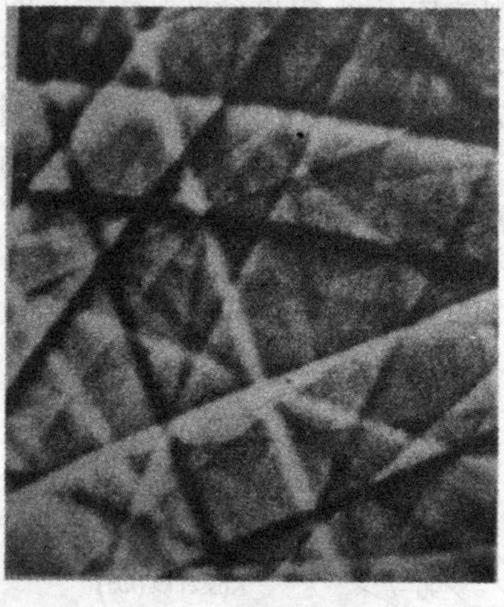

图 1-5　SEM 下 SAC 衍射信息的获取[29]

a—SACP 产生示意图;*b*—SACP 菊池带

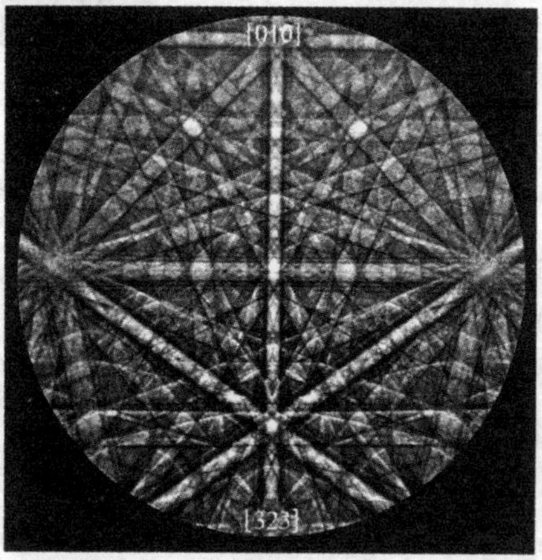

图 1-6　锗的 EBSD 花样[31]

1.2.3　TEM 下的取向测定技术

1.2.3.1　选区衍射(SAD, selected area diffraction)技术

对很薄的样品,在衍射模式下,在 TEM 的投影屏上产生一组衍射斑,它实际对

应倒易点阵的某个点阵面，如图1-7所示。通过对衍射斑的分析，可确定微区的取向。因薄样品造成倒易点退化成倒易杆，从而在微小的样品转动变化不会引起衍射斑位置的变化，造成取向分辨率较低。还应提到的是，目前已可实现用SAD法测微小区域的极图，从而确定微区的织构（不是单个晶粒的取向），因这已不是基于对衍射花样的分析，相关原理不在这里介绍，感兴趣者可参考文献[29,32]。

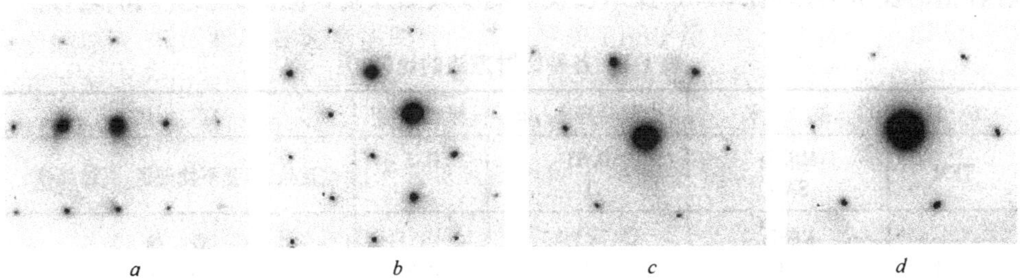

图1-7 铝的选区衍射图

a—<112>区轴；*b*—<100>区轴；*c*—<111>区轴；*d*—<110>区轴

1.2.3.2 微束电子衍射（MBED）

对TEM下较厚的样品，在衍射模式下，电子束与样品作用后在投影面产生一组菊池花样，见图1-8。通过对菊池花样的分析可确定晶粒取向。菊池带对样品位置非常敏感，0.2°的转动就会造成菊池带的移动。TEM下的菊池带产生原理及取向标定过程的详细介绍见第5章。汇聚束电子衍射（CBEM）一般不用于晶粒取向的测定，因此在这里不作介绍。

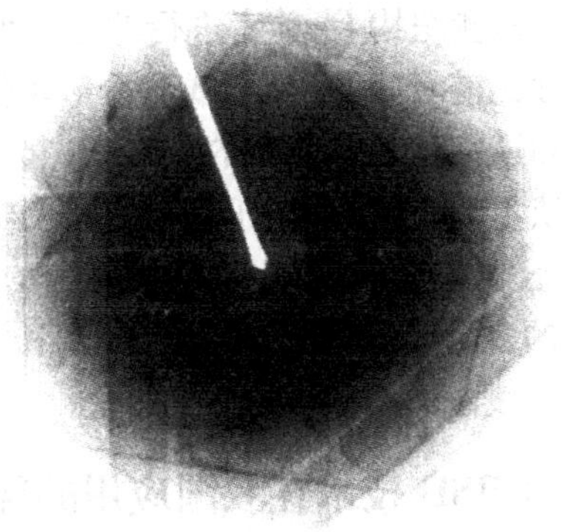

图1-8 TEM下衍射信息（菊池带）

TEM下取向测定技术的主要优点是其高的分辨率，可比SEM下的取向测定技术高10倍。同时含有较多的形貌信息，如微小的析出相、位错亚结构等，这些在SEM下是看不到的。TEM下取向分析的主要缺点是样品制备麻烦，分析区域小而造成的统计性差。绝对取向测量的精度不太高，原因是准确放置样品困难。相对取向很准，特别是取向差测得很准。TEM下的各种衍射信号的标定也发展的较成熟，形成许多商用软件；也有一些专门设计用于晶粒取向的自动测定程序，有用MBED的，如德国亚琛工业大学金属所；也有以SAD方式自动标定的，如EDAX-TSL的ACT系统（automated crystallography for the TEM);S. Zeferer 博士编写的商用软件 TOCA 可对衍射斑及菊池带进行分析。但都不如 EBSD 技术用得广泛。

表 1-1 总结出各单个取向测定方法的分辨率数据(类似的对比文献还很多,见文献[33~35])。扫描电镜钨灯丝电子枪可分析约 0.5 μm 以上的各种晶体组织,配备场发射枪后可分析纳米超细组织,它越来越接近 TEM 的分辨能力。SEM 下的各种衍射技术中,只有 EBSD 技术已发展到很成熟并能和能谱分析并列的地位。

表 1-1 各种衍射方法的比较[29]

方法	技术	空间分辨率/μm	精度/(°)	应用
TEM	MBED	0.05	0.2	亚晶、形变不均匀区、再结晶核
	SAD	1	5	
SEM	EBSD	<1	1	亚晶
	SAC	10	0.5	晶粒
	Micro-Kossel	10	0.5	晶粒
X 射线	Micro-劳厄	10	2	晶粒
	汇聚束劳厄	100	2	粗晶
化学方法	{111} 浸蚀坑法	1	5~10	晶粒
	浸蚀坑法	20~100	>10	粗晶

一些介绍织构的文献中常将 EBSD 技术与 X 射线法通过测极密度计算织构来比较。从测织构上,前者进行的是微织构的测定,后者是宏观织构的测定。后者的统计性比前者好,但 X 射线法分辨率低,没有位置与取向的对应数据,因此无法准确地知道信息是从哪来的。EBSD 微观结构的分析特点:许多微电子器件的失效分析谈不上宏观织构的问题,如超大规模集成电路铜互连线的失效分析,微电子封装中金线键合的分析。带场发射枪的 EBSD 系统可分析小到 50 nm 的区域,大到 1 cm 的多晶区域(通过样品台控制和图像合并),因此,在一定程度上可取代 TEM 和 X 射线法取向分析。

1.3 EBSD 技术在我国应用的现状

我国的材料研究人员也对 EBSD 技术的硬软件研发做出了一定的贡献[36],制造出了产品。但因人力、资金及硬件技术上的不足,难以与国外 EBSD 厂商形成稳定的竞争局面。目前我国都是购置国外产品。宝钢集团公司于 1995 年最先从牛津仪器公司引入 EBSD 设备,随后武钢、本钢、太钢等都购置该设备,因而钢铁行业最先从该技术中获益[37]。我国的 EBSD 技术应用从时间上可分为只有极少数的应用者和初期的推广阶段到目前已有 80~90 套 EBSD 设备、各家厂商及用户可相互比较、交流的局面。从相关知识来源上可分为一批国内自学用户和在国外学习和工作过、从国外学到该技术的人员。目前 EBSD 测试技术已有国家标准[38]。主要的 EBSD 设备销售商除 HKL、TSL、Oxford Instruments 公司外，还有美国热电 Noran 公司。国内较早报道 EBSD 取向成像技术的有文献[39]。

由上海宝钢集团公司牵头制定的我国 EBSD 技术国家标准于 2004 年公布，目前正进行 EBSD 技术的 ISO 国际标准认证，已到工作草案（WD）第二阶段，于 2006 年 11 月在南非进行论证。这是为数不多的由我国牵头制定的 ISO 国际标准。

各 EBSD 生产厂家每年都要在世界各地举办用户交流会或理论培训班。因经费的原因，我国很少有人参加国外的高水平的 EBSD 用户会。同样，各 EBSD 厂家几乎每年也在国内举办用户会，主要对象是购买设备的单位人员和潜在的用户。材料、冶金、地质矿物专业的研究生应是 EBSD 应用的主体，他们较少有机会参加理论培训班，因此，通过类似于教材式的专门书籍的学习很有必要。

1.4 有关 EBSD 技术应用的文章发表情况

EBSD 设备需要与扫描电镜配合使用，正常情况下，在电镜会议上相关的文章应最多，但实际上在国际织构会议（ICOTOM，International Conference on the Textures of Materials）及再结晶方面的会议上相关的文章最多，见图 1-9*a*。1996 年 10 月在我国西安召开第十一届国际织构会议时，会上有 20 篇 EBSD 文章，我国还没有 1 篇在国内使用 EBSD 设备完成的文章。到 2005 年国际第 14 届材料中的织构会议时，论文集共有 260 篇文章，涉及 EBSD 技术的文章已有 94 篇，占 34.8%。这个比例应是各类国际大型会议中比例最高的。1999 年的再结晶国际会议上（REX'99）有 33% 的文章使用了 EBSD 技术。图 1-9*b* 为国内作者代表国内单位各年发表的涉及 EBSD 技术的文章数。从 1997 年到 2005 年上半年，大约有 99 篇；平均每年 11 篇。从首届 EBSD 会议投稿情况看（共 28 篇），大学占绝大多数。

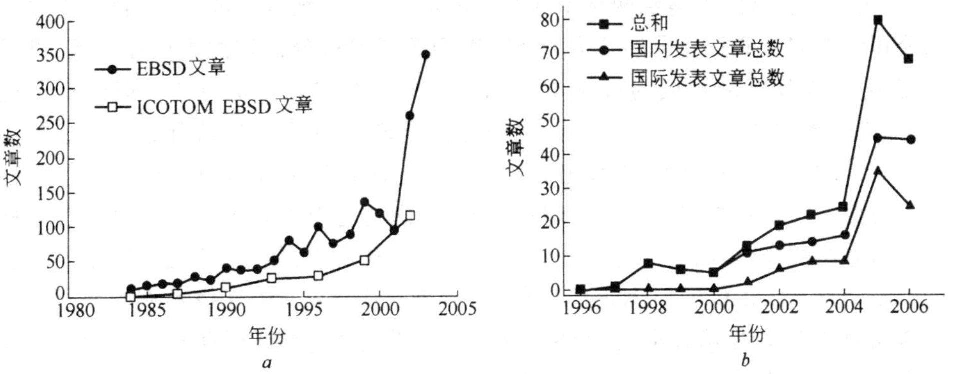

图 1-9 国内外发表的涉及 EBSD 应用的文章数目统计

a—国际上发表的 EBSD 文章总数[23]；*b*—国内作者发表的涉及 EBSD 应用的文章数

1.5　EBSD系统在我国的销售情况

图1-10为牛津仪器、TSL和HKL 3家公司在中国内地的EBSD设备销售情况。可见,在2000年销售有较大的发展。值得注意的是,牛津仪器在钢铁行业有较大的市场,其在中国销售总台数的65%在高校以外的企业或研究院,35%在钢铁企业。目前国内EBSD系统已达近90套。一些单位有3套或更多。

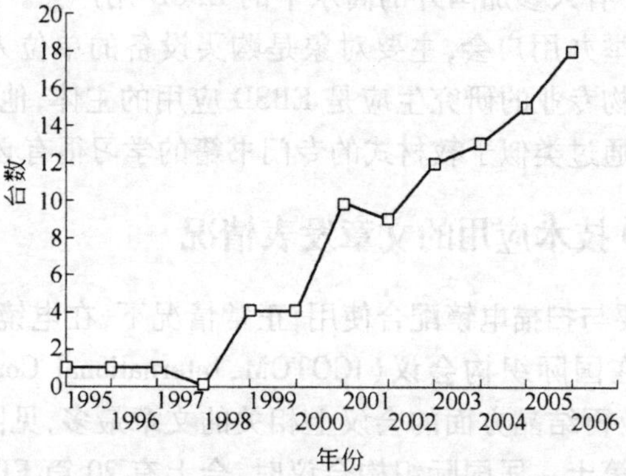

图1-10　1995～2006年牛津仪器、TSL和HKL 3家公司在中国内地的EBSD设备销售情况
(3家公司锁售总台数88)

1.6　相关教材

虽然EBSD技术与能谱分析技术相比出现的很晚,但本质上两者都是配备在扫描电镜上的附件,可得到两种不同类型的信息(微区结构与成分)。目前牛津仪器公司和EDAX-TSL公司都已将EBSD和EDS(WDS)分析软件集成在一起,可同时使用。EBSD越来越成为最基本的晶体结构与取向的分析方法。但经初步检索,国内大多数高校使用的《材料分析方法》类教材中都没有或很少介绍这种技术[40,41]。这不足以解决该技术初学者的要求。作者认为非常有必要在教学中推广该技术。与国外物理冶金学原理书不同,我国的材料科学基础教科书中没有材料分析方法的介绍,而国外已开始将此引入在教科书中,例如,德国亚琛工业大学的《Physical Foundations of Materials Science》教材中已将EBSD技术作为通用的分析方法介绍[42]。相信我国的《材料分析方法》教材也会将EBSD技术作为最常规的技术进行介绍。同时,在各EBSD厂商的网站上有大量的相关理论知识、最新产品(硬件及软件)、文章检索、会议通知、相关软件等信息。有兴趣的读者可访问这些网站。

参考文献

1 Nishikawa S, Kikuchi S. The diffraction of cathode rays by Calcite. Proc. Imperial Academy (of Japan), 1928, 4:475 ~ 477

2 Thomas G., Goringe M J. Transmission electron microscopy of materials. John Wiley & Sons, 1979

3 Alam M N, Blackman M, Pashley D W. High angle Kikuchi patterns. Proc. Royal Society of London. 1954, A221:224

4 Venables J A, Harland C J. Electron back-scattering pattern? A new technique for obtaining crystallographic information in the scanning electron microscope. Phil Mag., 1973, 2:1193 ~ 1200

5 Coates D G. Kikuchi-like reflection patterns observed in the scanning electron microscope. Phil. Mag., 1967, 16:1179

6 Dingley D J. The development of automated diffraction in scanning and transmission electron microscopy. In: Electron Backscatter Diffraction in Materials Science. Eds: Schwartz A J, Kumar M, and Adam B L. Kluwer Academic/Plenum Publishers. 2000. 1 ~ 18

7 Dingley D J. A comparison of diffraction techniques for the SEM. Scanning electron microscopy, 1981, Ⅳ:273 ~ 286

8 Dingley D J. Diffraction from sub-micron areas using electron backscattering in a scanning electron microscope. Scanning electron microscopy, 1984, Ⅱ:569 ~ 575

9 Hjelen J. EBSP-A powerful SEM-Technique to study local textures in metallic materials. In: The 3rd international conference on Aluminium alloys. Eds. Arnberg L. et al. 1992, Ⅱ:408 ~ 412

10 Wright S I, Adams B L, Zhao J Z. Automated determination of lattice orientation from electron backscattered Kikuchi diffraction patterns. Textures and microstrcuture, 1991, 13:123 ~ 131

11 Wright S I, Adams B L. Automated analysis of electron backscatter diffraction patterns. Metall Trans, A23:759 ~ 767

12 Kunze K, Wight S I, Adams B L, Dingley D J. Advances in automatic EBSP single orientation measurements. Textures and microstructures, 1993, 20:41 ~ 54

13 Schmidt N H, Olesen N. Computer-aided determination of crystal-lattice orientation from electron-channeling pattern in the SEM. Canadian Mineralogist, 1989, 27:15 ~ 22

14 Juul-Jensen D, Schmidt N H. An automatic on-line technique for determination of crystallographic orientations by EBSP. In: Recrystallization'90, ed: Channdra T C, TMS, Warrendale, Pennsylvania, USA, 1990, 219 ~ 224

15 Wright S I, Adams B L. Automated analysis of electron backscatter diffraction patterns. Metall Trans, A23:759 ~ 767

16 Krieger-Lassen N C, Conradsen K, Juul-Jensen D. Image processing procedures for analysis of electron back scattering patterns. Scanning Microscopy, 1992(6):115 ~ 121

17 Russ J C, Bright D S, Russ J C, Hare T M. Application of the Hough Transformation to electron diffraction patterns. Journal of computer-assisted microscopy(1):3 ~ 37

18 www.edax-tsl.com

19 Wright S I, Nowell M M. Chemistry assisted phase differentiation in automated electron backscat-

ter diffraction. Proc. Microscopy and Microanalysis, Québec City, Québec, Canada: Cambridge University Press, 2002, 682CD
20 Nowell M M, Wright S I. Phase differentiation via combined EBSD and XEDS. Journal of Microscopy, 2004, 213: 296 ~ 305
21 Michael J R, Goehner R P. Crystallographic phase identification in the scanning electronmicroscope: Backscattered electron Kikuchi patterns imaged with a CCD-based detector. MSA Bulletin, 1993, 23: 168 ~ 175
22 Mulders J J L, Day A P. Three-dimensional Texture Analysis. Mater. Sci. Forum, 2005, 495 ~ 497: 237 ~ 242
23 Wright S I, Field D P, Nowell M M. Impact of Local Texture on Recrystallization and Grain Growth via In-Situ EBSD. Mater. Sci. Forum, 2005, (495 ~ 497): 1121 ~ 1130
24 Wright S I, Nowell M M. A review of in-situ EBSD experiments. 中国体视学与图像分析, 2005, 10(4): 193 ~ 198
25 Kostron H. Ueber die kristallographische Indizierung von Kornschnittflaechen in Metallschliffen. Z. Metallkde., 1950, 41: 370 ~ 377
26 Illgen L, Ringpfeil H, Hemschik H. The quantitative evaluation of etch pits in the cubic crystal system, Part Ⅰ, Part Ⅱ. Practical metallography, 1969(6): 363 ~ 373, 420 ~ 443
27 Seidel L. Einfluβ der Textur- und Mikrostrukturinhomogenitaeten auf die Entstehung von Goss in hochpermeablen Fe3%Si. Dissertation, RWTH Aachen, Germany, 1990
28 Wang W H, Sun X, Köhlhoff G D and Lücke K. Orientation determination by continuous etching patterns in copper and copper alloys. Textures and Microstructures, 1995, 24: 199 ~ 219
29 Engler O. Einzelorientierungsmessungen zur Untersuchung der Rekristallisation in Aluminium-Legierungen. Shaker Verlag, 1998
30 Bevis M, Swindells N. The determination of the orientations of micro-crystals using back-reflection Kossel technique and electron probe microanalyzer. Phys. Stat. Sol., 1967(20): 197
31 www.ebsd.com
32 Randle V, Engler O. Introduction to texture analysis macrotexture, microtexture and orientation mapping. Gordon and breach science publishers, 2000
33 Engler O, Gottstein G, Pospiech J, Jura J. Statistics, evaluation and representation of single grain orientation measurements. ICOTOM-10, Materials Science Forums, 1994(157 ~ 162): 259 ~ 274
34 Schwarzer R A. The determination of local texture by electron diffraction-a tutorial review. Textures and Microstructures, 1993(20): 7 ~ 27
35 Schwarzer R A. Crystallography and microstructure of thin films studied by X-ray and electron diffraction. Materials Science Forum, 1998(287 ~ 288): 23 ~ 60
36 孙丽虹, 刘安生, 邵贝羚, 胡广勇, 张希顺, 杜风贞. 电子背散射衍射装置及数据处理系统. 中国体视学与图像分析, 2005, 10(4): 253 ~ 256
37 陈家光, 李忠. 电子背散射衍射在材料科学研究中的应用. 理化检验——物理分册, 2000(36): 71 ~ 74, 77

38 GB/T 19501—2004 电子背散射衍射分析方法通则,2004
39 朱静. 取向成像电子显微术. 电子显微学报,1997,16(3):210~217
40 梁志德,王福. 现代物理测试技术. 北京:冶金工业出版社,2003
41 周玉. 材料分析方法. 北京:机械工业出版社,2006
42 Gottstein G. Physical Foundations of Materials Science. Germany:Springer,2004

2　晶体学及晶体结构基础

▶本章导读

应用 EBSD 技术完成的两个最主要的工作就是快速确定晶体结构和晶体取向,本章将介绍 EBSD 分析时可能涉及的晶体学及晶体结构基本原理。晶体的对称性和各向异性是晶体最主要的两个特征,也是本书讨论最多的内容。因此,对称操作的数学过程在本书有较多的介绍,目的是使读者以后能够对 EBSD 取向数据进行更深入的分析。因为 EBSD 分析时首先要建立和提供所需的或可能的晶体结构库文件,这就要求我们了解晶体结构的分类、符号表达及其遵循的对称性规律。创建晶体学库文件同时要求我们能够看懂国际晶体学数据表中原子占位的表示方法,所以晶体结构符号和原子占位是 EBSD 分析时必不可少的工具,这是本章第二层要介绍的。熟练地看懂晶体投影图是材料专业学生和织构分析初学者最主要的任务。晶体投影使我们更直观地、一目了然地了解晶粒取向分布特点、相互间的关系以及可能存在的取向关系,而不会使我们在大量的晶体方向/面的数字面前产生茫然。这是本章第三层要介绍的。界面(类型)在许多晶体材料失效中起关键作用,如断裂、疲劳、腐蚀。尽管目前 EBSD 技术应用于界面分析的研究还远不如对晶粒取向的研究广泛和深入,界面晶体学和不同相之间取向关系将是未来 EBSD 应用的重要领域,特别是 3D-OIM 成为可能的今天。本章第 4 节将对界面类型给予介绍,但不详细涉及界面原子排列规律,因为这是 EBSD 技术不能直接揭示的。读者若学习过《材料科学基础》课程,如文献[1,2],掌握了晶面/晶向、晶带、界面结构和相变原理等概念,理解本章内容将比较轻松。

2.1　晶体的对称性及对称操作

自然界广泛地存在对称现象。原子、分子、植物、动物、人和机器以及许多艺术品都具有对称性,对称性基本上是在晶体学上发展并在逻辑上完善起来的,对称性理论是晶体学的基础。对称性是一种数学的规律性。在此只介绍对称性的基础概念,介绍点对称操作和相应的变换。把这些概念作为讨论晶体点阵的晶系和布拉菲点阵的基础。

任何物体(几何图形、晶体、函数)都可以在描述它的变量空间对它的整体作适当的变换,如果这种变换使物体本身重合(即它在变换后不变亦即转换成自己),这样的物体就是对称的,这样的变换就是**对称性变换**。对称性还可以有另外的一种说法:物体可以分割成等同的部分。概括地说对称性就是在描述物体变量的空间中物体经过某种变换后的不变性。

2.1.1 晶体的宏观对称性与微观对称性

晶体的对称性分宏观对称性和微观对称性。宏观对称性是针对晶体的外形而言的,由对称要素组成。对称要素有平面、直线、点,即反映面、旋转轴、对称中心。全部宏观对称要素的组合称对称型或点群。点群的含意是对称操作中至少存在一点是不动的。通过晶体具有不同的宏观对称要素或其组合,可将晶体分成 7 大晶系,共 32 种点群。微观对称要素仅在晶格内部出现,它的特点是对称变换包含了平移,而平移操作在有限的图形中不能实现。微观对称要素有平移轴、螺旋轴、滑移面。晶体内部结构中全部对称要素的组合称为**空间群**。

2.1.1.1 宏观对称性及符号

对称元素以及由其组合的点群和空间群的符号都分为国际符号和熊夫里斯符号,以下分别加以介绍。

A 旋转对称轴

当晶体绕某一轴旋转而完全复原时,此轴称**旋转对称轴**。注意该轴线一定要通过晶胞的几何中心,且位于该几何中心与角顶或棱边的中心或面心的连线上。在旋转一周的过程中,晶体能复原 n 次,就称为 n 次对称轴。晶体中实际可能存在的对称轴有 1,2,3,4 和 6 次 5 种,并用国际符号 1,2,3,4 和 6 来表示(熊夫里斯符号为 C_n),如图 2-1a 所示。

B 对称面

晶体通过某一平面作镜像反映而能复原,则该平面称为**对称面或镜面**(见图 2-1b 中 $B_1B_2B_3B_4$ 面),国际符号用 m 表示(熊夫里斯符号为 σ)。对称面通常是晶棱或晶面的垂直分面或者为多面角的平分面,且必定通过晶体几何中心。

C 对称中心

若晶体中所有的点在经过某一点反演后能复原,则该点就称为**对称中心**(见图 2-1c 中 O 点),用国际符号$\bar{1}$表示(熊夫里斯符号为 i)。对称中心必然位于晶体中的几何中心处。

D 旋转 - 反演轴

若晶体沿某一轴旋转一定角度($360°/n$),再以轴上的一个中心点作反演之后能得到复原时,此轴称为**旋转 - 反演轴**。图 2-1d 中,P 点线绕 BB'轴旋转 180°与 P_3 点重合,再经 O 点反演而与 P'重合,则称 BB'为 **2 次旋转 - 反演轴**。从图 2-1d 可以看出,旋转 - 反演轴也可有 1,2,3,4 和 6 次 5 种,分别以国际符号$\bar{1}$,$\bar{2}$,$\bar{3}$,$\bar{4}$,$\bar{6}$

来表示(熊夫里斯符号只有旋转 - 反映,表示为 $S_n=\sigma C_n$)。事实上,$\bar{1}$与对称中心 i 等效,$\bar{2}$与对称面 m 等效;$\bar{3}$与 3 次旋转轴加上对称中心 i 等效;$\bar{6}$则与 3 次旋转轴加上一个与它垂直的对称面等效。为便于比较,将晶体的宏观对称元素及对称操作列于表 2-1 中。

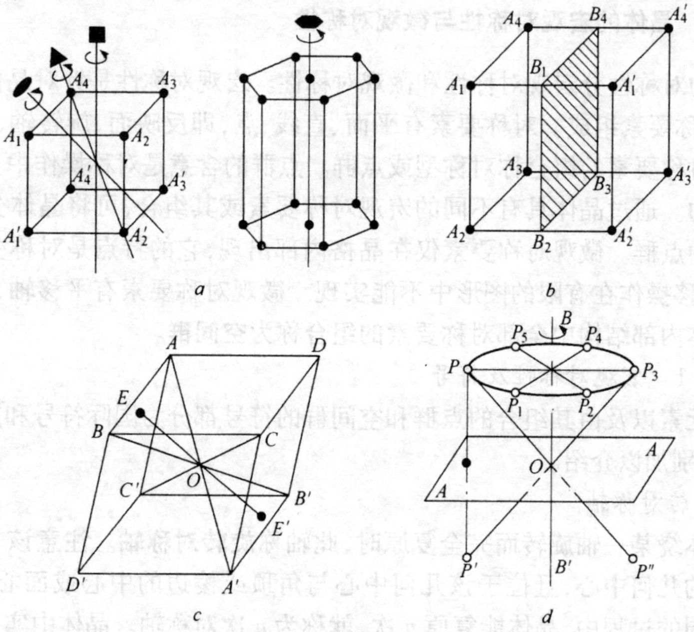

图 2-1 晶体的宏观对称性及符号表示

a—立方体的 2,3,4 次旋转,对称轴(左图)和六方晶体的 6 次轴(右图);
b—对称面或镜面;*c*—对称中心 *O*;*d*—旋转 - 反演

表 2-1 晶体的宏观对称元素及对称操作

对称元素	对称轴					对称中心	对称面	旋转 - 反演轴		
	1 次	2 次	3 次	4 次	6 次			3 次	4 次	6 次
辅助几何要素	直线					点	平面	直线和直线上的定点		
对称操作	绕直线旋转					对点反演	平面			
基转角 α/(°)	360	180	120	90	60			120	90	60
国际符号	1	2	3	4	6	i	m	$\bar{3}$	$\bar{4}$	$\bar{6}$
等效对称元素						$\bar{1}$	$\bar{2}$	$3+i$		$3+m$

2.1.1.2 微观对称性及符号

在分析晶体结构的对称性时,除了上面所述的宏观对称元素外,还需增加包含有平移动作的两种对称元素,这就是**滑动面**和**螺旋轴**。

A 滑动面

滑动面是由一个对称面加上沿着此面的平移所组成的，晶体结构可借此面的反映并沿此面平移一定距离而复原。例如，图 2-2*a* 的结构，点 2 是点 1 的反映，*B′B* 面是对称面；但图 2-2*b* 所示的结构就不同，单是反映不能得到复原，点 1 经 *BB′* 面反映后再平移 *a*/2 距离才能与点 2 重合，这时 *BB′* 面是滑移面。

滑移面的表示符号如下：如平移为 *a*/2，*b*/2，或 *c*/2 时，写作 *a*，*b* 或 *c*；如沿面对角线平移 1/2 距离，则写作 *n*；如沿着体对角线平移 1/4 距离，则写作 *d*。这些都是国际符号。

B 螺旋轴

螺旋轴是由旋转轴和平行于轴的平移所构成的。晶体结构可借绕螺旋轴旋转 360°/*n* 角度同时沿轴平移一定距离而得到重合，此螺旋轴称为 *n* 次螺旋旋转轴。图 2-3 为 3 次螺旋轴，一些结构绕此轴旋转 120°并沿轴平移 *c*/3 就得到复原。螺旋轴可按其旋转方向而有右旋和左旋之分。

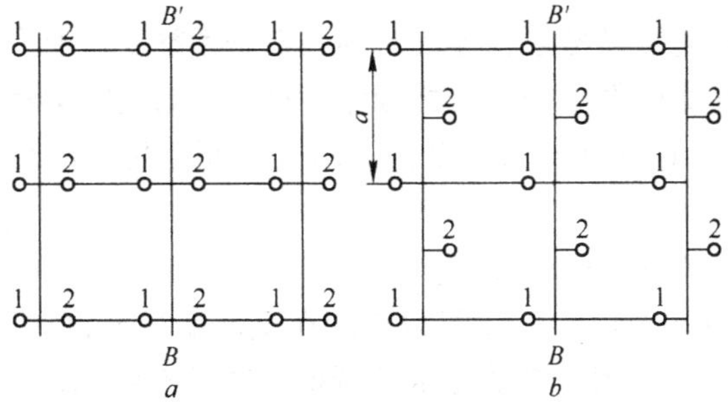

图 2-2 对称面(*a*)和 *a* 滑移面(*b*)示意图

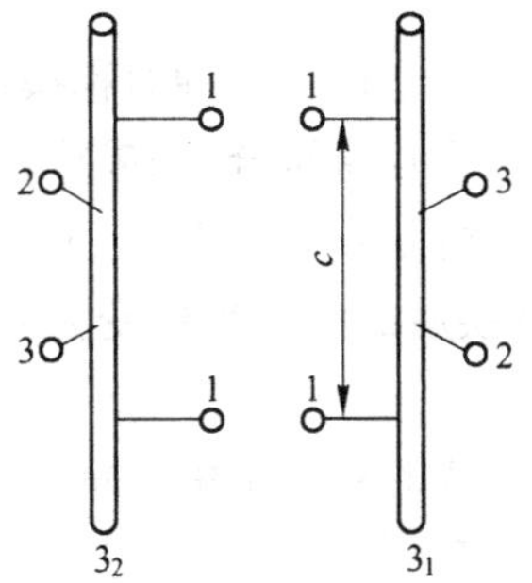

图 2-3 3 次螺旋轴
（左图为左旋；右图为右旋）

螺旋轴有 2 次（平移距离为 *c*/2，不分右旋和左旋。记为 2_1），3 次（平移距离为 *c*/3，分为右旋和左旋。记为 3_1 或 3_2），4 次（平移距离 *c*/4 或 *c*/2，前者分为右旋或左旋，记为 4_1 或 4_3，后者不分左右旋。记为 4_2），6 次（平移距离 *c*/6，分为右旋或左旋，记为 6_1 或 6_5；平移距离 *c*/3，分右旋或左旋，记为 6_2 或 6_4；平移距离为 *c*/2，不分左右旋，记为 6_3）几种。这些都是国际符号。

晶体的微观对称是本质，宏观对称是微观对称的外部表现。微观对称要素的移距是 0 时，空间群就变成点群。同样，点群中的对称要素有不同移距时，即可分裂成不同的空间群。劳厄群是针对 X 射线衍射而提出的。因 X 射线衍射时存在费里德尔（Friedel）定律的作用，人为引入中心对称元素。造成 X 射线法不能区分 32 种点群，32 种点群而被合成为 11 种劳厄群。进一步的介绍见文献[3]。

点群的对称符号表示法与空间群的对称符号表示法的区别仅在于后者中加入

了表示单胞类型的符号 P（初基单胞），C（底心单胞），R（菱形单胞），I（体心单胞），F（面心单胞）。

国际符号中，n/m 表示镜面垂直于 n 次旋转轴，nm 表示镜面包含 n 次旋转轴，所以实际有 n 个镜面。D_2 是熊夫里斯符号中指在垂直于2次轴方向有2次轴，$D_2=\{E, C_{2[100]}, C_{2[010]}, C_{2[001]}\}$。$D_{2h}$ 中的 h 表示有一个垂直于2次轴的镜面 σ_h。例如国际晶体学表中，第83号空间群为 P_4/m。它指四方晶系，初基单胞，存在1个4次轴和与其垂直的镜面。

循环点群只有旋转轴，用 C_n 表示。二面体点群用 D(dihedral)表示，它指旋转轴 $C_{n[001]}$ 加 $C_{2[100]}$。立方点群中有 T，O 符号。T 是 D_2 加 $C_{3[111]}$；O 是 D_4 加 $C_{3[111]}$。这些都是熊夫里斯符号。32种点群和14种布拉菲点阵直接结合就可推导出点式空间群，共有73种。考虑平移作用的滑移面和螺旋轴操作后，产生非点式空间群，共有157种。合起来共230种空间群。

2.1.2 对称变换（操作）

对称变换是一种对称操作。从几何意义考察物体的对称性就是考察变换前后物体是否自身重合，如果重合了，这种变换就是一种对称操作。每一点的空间坐标有3个变量：x_1，x_2 和 x_3，以矢量 $\boldsymbol{r}(x_1, x_2, x_3)$ 表示。以 g 表示对空间坐标 $\boldsymbol{r}$ 的变换，变换后的空间坐标变为 $\boldsymbol{r}'$，并有：

$$g[x_1, x_2, x_3] = x'_1, x'_2, x'_3; \quad g[\boldsymbol{r}] = \boldsymbol{r}' \tag{2-1}$$

上式的意义是由给定坐标 x_i 获得 x'_i 的方法。g 可以作用在全部变量上，也可以作用在部分变量上。如果物体 F 在 g 作用于它的变量后所得的结果不变，即

$$F(x_1, x_2, x_3) = F(g[x_1, x_2, x_3]) = F(x'_1, x'_2, x'_3)$$

$$F(\boldsymbol{r}) = F(g[\boldsymbol{r}]) = F(\boldsymbol{r}') \tag{2-2}$$

式中，F 为对称物体；g 为对称变换（操作）。

现在讨论物体绕某个轴在逆时针方向任意旋转一个角度 θ 的一般解析式。将对称操作的不动点选作原点，放上右手笛卡儿坐标系，坐标系3个轴的单位矢量分别为 $\boldsymbol{e}_1$，$\boldsymbol{e}_2$，$\boldsymbol{e}_3$。在这个坐标系中的一个点 (x_1, x_2, x_3) 用从原点到这点的矢量 $\boldsymbol{r}(x_1, x_2, x_3)$ 表示。这个点绕坐标系某一个轴，例如 $\boldsymbol{e}_3$ 轴转动 θ 角后，点的新位置为 $\boldsymbol{r}'(x'_1, x'_2, x'_3)$。因为是绕 $\boldsymbol{e}_3$ 轴转动，所以 x_3 等于 x'_3。同时，只需根据在 $\boldsymbol{e}_1$、$\boldsymbol{e}_2$ 组成的面上 $\boldsymbol{r}$ 和 $\boldsymbol{r}'$ 的投影 $\boldsymbol{r}_0(x_1, x_2)$ 和 $\boldsymbol{r}'_0(x'_1, x'_2)$ 就可以找出 x_1，x_2 与 x'_1，x'_2 之间的关系。如图2-4所示，x'_1 和 x'_2 为：

$$x'_1 = -|\boldsymbol{r}|\sin(\theta-\alpha) = -|\boldsymbol{r}|(\sin\theta\cos\alpha - \cos\theta\sin\alpha)$$

$$x'_2 = |\boldsymbol{r}|\cos(\theta-\alpha) = |\boldsymbol{r}|(\cos\theta\cos\alpha + \sin\alpha\sin\theta)$$

而 $\cos\alpha = x_2/|\boldsymbol{r}|$，$\sin\alpha = x_1/|\boldsymbol{r}|$，故：

$$x'_1 = x_1\cos\theta - x_2\sin\theta$$

$$x'_2 = x_1\sin\theta + x_2\cos\theta$$

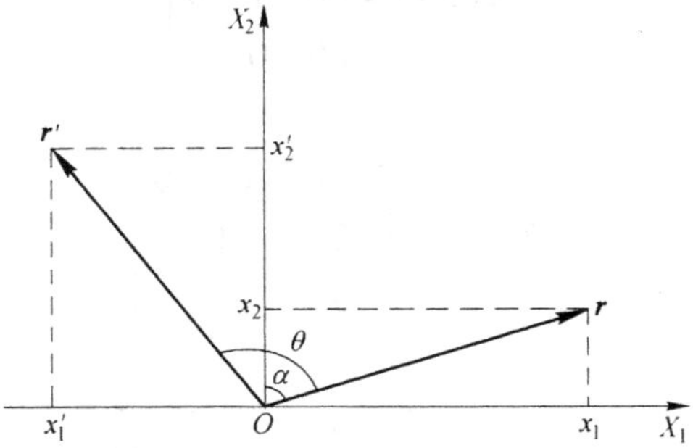

图 2-4 r_0 与 r'_0 的关系

结果,从 $\boldsymbol{r}$ 到 $\boldsymbol{r}'$ 变换的解析式是:

$$\begin{bmatrix} x'_1 \\ x'_2 \\ x'_3 \end{bmatrix} = \begin{bmatrix} \cos\theta & -\sin\theta & 0 \\ \sin\theta & \cos\theta & 0 \\ 0 & 0 & 1 \end{bmatrix} \begin{bmatrix} x_1 \\ x_2 \\ x_3 \end{bmatrix} \tag{2-3}$$

又可写成:

$$\boldsymbol{r}' = R\boldsymbol{r} \tag{2-4}$$

其中

$$R = \begin{bmatrix} \cos\theta & -\sin\theta & 0 \\ \sin\theta & \cos\theta & 0 \\ 0 & 0 & 1 \end{bmatrix} \tag{2-5}$$

同理,$\boldsymbol{r}$ 绕 $\boldsymbol{e}_2$ 轴或 $\boldsymbol{e}_1$ 转动 θ 角变成 $\boldsymbol{r}'$ 的变换矩阵 R 分别是:

$$\begin{bmatrix} \cos\theta & 0 & -\sin\theta \\ 0 & 1 & 0 \\ \sin\theta & 0 & \cos\theta \end{bmatrix} \qquad \begin{bmatrix} 1 & 0 & 0 \\ 0 & \cos\theta & -\sin\theta \\ 0 & \sin\theta & \cos\theta \end{bmatrix}$$

对于更一般的情况,即 $\boldsymbol{r}$ 绕任意方向的单位矢量 $\boldsymbol{S} = u\boldsymbol{e}_1 + v\boldsymbol{e}_2 + w\boldsymbol{e}_3$(把 S 记作 $[uvw]$)转动 θ 角到达 $\boldsymbol{r}'$ 的变换矩阵是:

$$R = \cos\theta \begin{bmatrix} 1 & 0 & 0 \\ 0 & 1 & 0 \\ 0 & 0 & 1 \end{bmatrix} + (1-\cos\theta) \begin{bmatrix} u\cdot u & u\cdot v & u\cdot w \\ v\cdot u & v\cdot v & v\cdot w \\ w\cdot u & w\cdot v & w\cdot w \end{bmatrix} + \sin\theta \begin{bmatrix} 0 & -w & v \\ w & 0 & -u \\ -v & u & 0 \end{bmatrix} \tag{2-6}$$

2.1.2.1 旋转操作

在晶体学范畴,旋转轴次 n 只能为 1,2,3,4 和 6。上面说过,恒等操作相当于绕旋转轴转动了 0°或 2π。利用式 2-6 可推出各旋转轴的矩阵表达式。

恒等操作:

$$\{1(E)\}=\begin{bmatrix}1&0&0\\0&1&0\\0&0&1\end{bmatrix}\tag{2-7}$$

二次轴：

$$\{2_{[001]}\}=\begin{bmatrix}-1&0&0\\0&-1&0\\0&0&1\end{bmatrix}\tag{2-8}$$

三次轴：

$$\{3_{[001]}\}=\begin{bmatrix}-\frac{1}{2}&-\frac{\sqrt{3}}{2}&0\\\frac{\sqrt{3}}{2}&-\frac{1}{2}&0\\0&0&1\end{bmatrix}\tag{2-9}$$

在六方坐标系下（a、b 夹角为 120°）：

$$\{3(C_3)\}=\begin{bmatrix}0&-1&0\\1&-1&0\\0&0&1\end{bmatrix}\tag{2-9'}$$

四次轴：

$$\{4_{[001]}(C_{4[001]})\}=\begin{pmatrix}0&-1&0\\1&0&0\\0&0&1\end{pmatrix}\tag{2-10}$$

六次轴：

$$\{6_{[001]}\}=\begin{bmatrix}\frac{1}{2}&-\frac{\sqrt{3}}{2}&0\\\frac{\sqrt{3}}{2}&\frac{1}{2}&0\\0&0&1\end{bmatrix}\tag{2-11}$$

在六方坐标系下的 6 次轴旋转矩阵为：

$$\{6_{[001]}\}=\begin{bmatrix}1&-1&0\\1&0&0\\0&0&1\end{bmatrix}\tag{2-12}$$

2.1.2.2　平面反映

处在垂直于 Z 轴上的镜面对应的操作矩阵是：

$$\{m_{[001]}\}=\begin{bmatrix}1&0&0\\0&1&0\\0&0&-1\end{bmatrix}\qquad\{m^2\}\equiv\{1(E)\}\tag{2-13}$$

两次这样的操作等于恒等操作。

若任一晶面(*hkl*)法线单位矢量为 $n=(n_1,n_2,n_3)$,以此面进行镜面反映,对应的操作矩阵为:

$$[p_{ik}]=\begin{bmatrix}1-2n_1^2 & -2n_1n_2 & -2n_1n_3\\ -2n_2n_1 & 1-2n_2^2 & -2n_2n_3\\ -2n_3n_1 & -2n_3n_2 & 1-2n_3^2\end{bmatrix} \tag{2-14}$$

该式的推导见第 4.1.2.1 节。

若这些矩阵的概念及运用较熟了,就可对 EBSD 测出的取向数据进行操作分析。例如对孪晶数据进行运算(第 4.1.2.1 节)。

2.2 晶体结构、符号与原子占位

2.2.1 晶体结构简述

点阵是由晶体的结构基元抽象出来的,下式可用来说明点阵和晶体结构的关系:

点阵 + 结构基元 = 晶体结构

晶体结构是具有物质内容的空间点阵结构,如果晶体是由完全相同的原子组成,则每个原子就是一个结构基元,原子可以一一对应地和阵点重合。

7 种晶系是从宏观对称性的特征(反映面、旋转轴、对称中心)推导出的;14 种布拉菲点阵是根据宏观对称性和微观平移对称性推导出来的(见图 2-5);32 种点群是按宏观对称元素的不同组合得到的;230 种空间群是按综合宏观对称性和晶体内部结构微观对称性(平移、螺旋面、滑移面)中全部对称要素的组合得出的。

图 2-5 给出 14 种布拉菲点阵单胞的形状。

7 种晶系的对称性及点阵常数所受的限制综合列于表 2-2,表 2-3 中。

表 2-2　7 种晶系的对称性及点阵常数间的关系

晶　系	对　称　性	轴长关系	轴夹角关系
三　斜	1 次轴或恒等变换	$a\neq b\neq c$	$\alpha\neq\beta\neq\gamma$
单　斜	1 个 2 次轴	$a\neq b\neq c$	第一种定向 $\alpha=\beta=90\neq\gamma$
正　交	2 个 2 次轴	$a\neq b\neq c$	$\alpha=\beta=\gamma=90$
四　方	1 个 4 次轴	$a=b\neq c$	$\alpha=\beta=\gamma=90$
立　方	4 个 3 次轴	$a=b=c$	$\alpha=\beta=\gamma=90$
六　方	1 个 6 次轴	$a=b\neq c$	$\alpha=\beta=90°$　$\gamma=120°$
菱　方	1 个 3 次轴	$a=b=c$	$\alpha=\beta=\gamma\neq90$

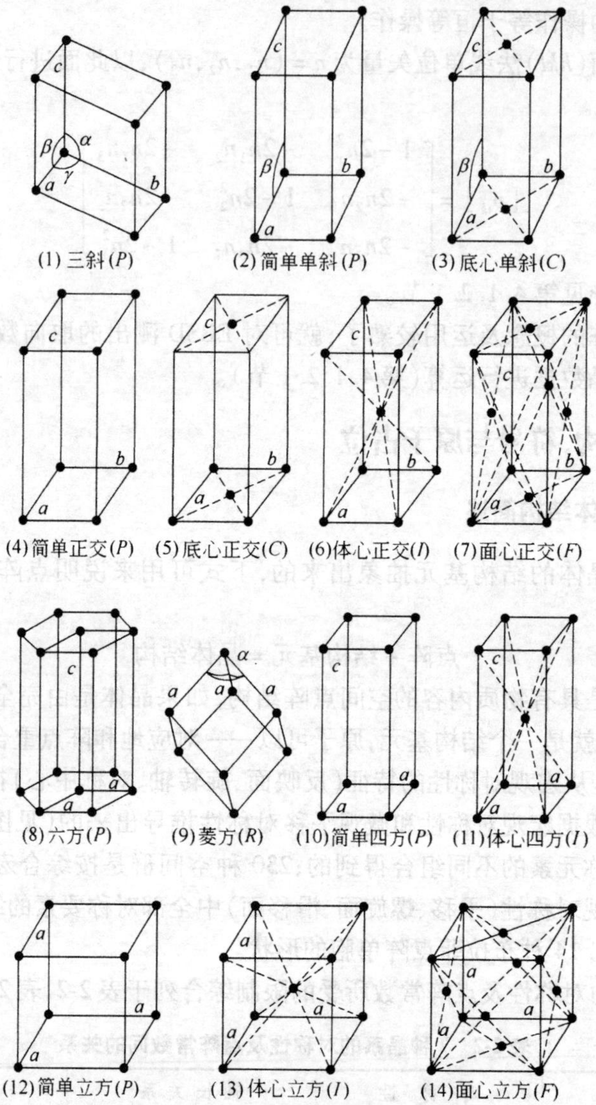

图 2-5 14 种布拉菲点阵单胞的形状

按照布拉菲选取单胞的原则，根据旋转对称的限制，可导出 7 种晶系。这 7 种晶系的初基单胞（称 *P* 单胞）所代表的点阵就属于 7 种布拉菲点阵。若把平移对称加入，即在这 7 种单胞中的特殊位置加入阵点，如果加入新的阵点后不破坏原来点阵的对称性，而且又构成新的点阵，这就是一种新的布拉菲点阵。在初基单胞（*P* 单胞）中加入了新的阵点，它就变成了复式初基单胞。经过面心化、体心化、底心化及特殊有心化可推出 14 种布拉菲点阵。

表 2-3 各种晶系可能具有的布拉非点阵(共 14 种)

晶　系	可能具有的布拉非点阵			
	初基(*P*)	底心	体心(*I*)	面心(*F*)
三　斜	√	用 *P* 点阵	用 *P* 点阵	同 *P* 点阵
单　斜	√	√	同底心点阵	同底心点阵
正　交	√	√	√	√
四　方	√	不可能	√	同 *I* 点阵
立　方	√	不可能	√	√
六　方	√	不可能	不可能	不可能
菱　方	√	不可能	不可能	不可能

注:√表示存在。

2.2.2 晶体结构符号

通常用两种符号表示晶体结构的类型。第一种符号称结构符号,它是由《结构报告》年刊编者提出的。这类符号由大写英文字母加上一个数字构成。符号中的第一个大写字母表示结构的类型(表 2-4),后面的数字为顺序号,不同的顺序号表示不同的结构,例如 *A*1 是铜型结构,*B*2 是 CsCl 型结构,*C*3 是 FeS_2 结构等。第二种称 Pearson 符号,它的第一个小写英文字母表示所属晶系(用该晶系英文名的第一个字母),但因为三斜(triclinic)晶系和四方晶系(tetragonal)的第一个字母相同,所以三斜晶系用另一个英文“三斜”字(anorthic)的字母 *a*。另外菱方点阵可看作是六方结构的特殊心 *R* 相同的点阵,所以菱方的第一个字母仍用六方的 *h*。第二个大写英文字母表示它所属的布拉非点阵类型(例如 *P*,*I*,*F*,*C* 等),第三个数字表示单胞中的原子数。表 2-5 列出了基本的 Pearson 符号。

表 2-4 结构符号第一个大写字母的含义

符　号	晶体类型	符　号	晶体类型
A	主要是纯组元	*E*-*K*	更复杂的化合物
B	AB 型化合物	*L*	合金
C	AB_2 型化合物	*O*	有机化合物
D	A_mB_n 型化合物	*S*	硅酸盐

表 2-5 Pearson 符号的含义

晶　系	布拉非点阵	Pearson 符号	晶　系	布拉非点阵	Pearson 符号
三　斜	*P*	*aP*	四　方	*P* *I*	*tP* *tI*
单　斜	*P* *C*	*mP* *mC*	六　方	*P*	*hP*
正　交	*P* *C* *F* *I*	*oP* *oC* *oF* *oI*	菱　方	*R*	*hR*
			立　方	*P* *F* *I*	*cP* *cF* *cI*

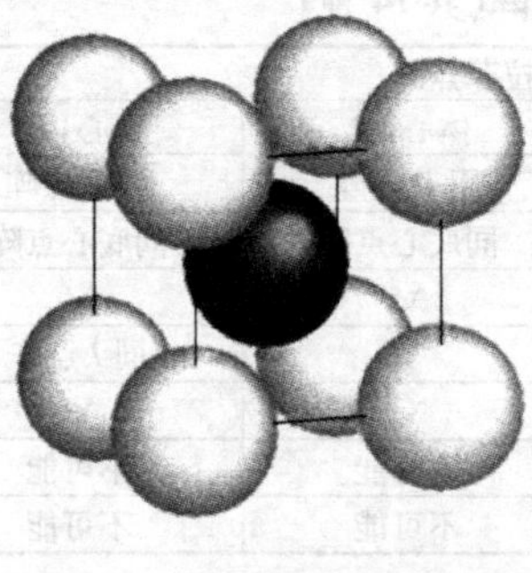

图 2-6　CuZn 型(*B*2)超结构

相比之下,Pearson 符号给出更多的信息。图 2-6 为 CuZn 型(*B*2)超结构。在体心立方点阵中,铜原子占据体心位置,锌原子占据顶角位置,或者相反(二者是等效的)。这时的点阵已变成简单立方点阵,每个阵点包含两个原子(一个铜原子和一个锌原子)。这种超结构的结构符号是 *B*2,Pearson 符号是 *cP*2。这类超结构的例子如 AgCd, AgZn, AgMg, CoTi, NiTi, FeAl, FeCo, FeTi, FeV, β-NiAl, AuZn, CuBe 等。

2.2.3　原子位置及位置的对称性(等效点系)

晶胞中不同原子所处位置有时是等效的,有时是不等效的。这就引出对称特征不同的等效点系概念。由空间群中对称元素联系起来的一组几何点的总和称等效点系。由任一几何点起始,通过空间群中所有对称要素的作用所得的一组几何点就是一个等效点系。同一等效点系的几何点称等效点,等效点所占据的空间位置称等效位置,等效点系在一个晶胞中等效点的数目为该等效点系的重复点数。同一晶胞不同位置的原子属于不同的等效点系。等效点系分一般等效点系和特殊等效点系。特殊等效点系的点都位于空间群的某个或某些对称要素的位置上;一般等效点系中的点全部在对称要素之外。

不同的空间群对称元素不同,等效位置及数目也不同,在一个晶胞内分别用 *a*,*b*,*c*……表示。对不同的等效点进行编号,称为乌科夫(Wyckoff)符号。按这些字母的顺序对称性逐渐降低。实际晶体结构中各种化学质点(原子、离子)的分布必须遵守等效点系规则,也就是说,每一种质点,各自占据一组或几组等效位置,不同的质点,不能占据同一组等效位置。在进行 EBSD 分析创建晶体学库文件时,只需要将查到的晶体学数据(包含具体原子位置类型)输入程序,程序会按相应空间群的对称性,自动算出各等效点位置及数目。EBSD 分析者只需要了解各符号的含义及提供相应的原始数据。

文献[4]给出所有 230 种空间群对应的晶体学数据,文献[5 ~ 7]提供了金属及金属间化合物、矿物的晶体结构数据,也可在网上查到一些。有些晶体学数据表中只有原子位置,没有原子个数,这已隐含在空间群的对称元素中了。对称性越低的位置,等效原子数目越多。

前面已介绍过,空间群的国际符号有两部分组成。第一个符号表示布拉非点阵的字母,只有 *P*,*A*,*B*,*C*,*I*,*F*,*R* 几种,且 *A*,*B*,*C* 都是底心点阵。随后的字符是对称性符号,只有 $1,2,3,4,6,2_1,3_1,3_2,4_1,4_2,4_3,6_1,6_2,6_3,6_4,6_5,m,a,b,c,n,d$ 几种。*n* 为面对角线方向 1/2 的滑移面;*d* 是体对角线方向 1/4 的滑移面。若空间群符号中用旋转轴取代螺旋轴,用镜面取代滑移面时就可确定空间群对应的点群。基本对称操作的数目 h 就是对应 P 单胞中一般等效位置数目。对复式单胞,一般等效位置数还要乘上单胞内阵点数,如 F,I,R,C 要分别乘 4,2,3,2。

现以空间群 C_{2v}^1-$Pmm2$ 为例说明等效点系的表示方法[8],其对称要素(P 单胞,两个垂直的对称面和一个垂直的 2 次轴)在(001)面上的分布如图 2-7 所示。图中阴影部分为一个晶胞的范围,a_0,b_0 为点阵常数。每隔 $a_0/2$ 和 $b_0/2$ 都有对称面,两个对称面的交线为 2 次轴。原始点的可能位置有 9 种,构成 9 套等效点系,

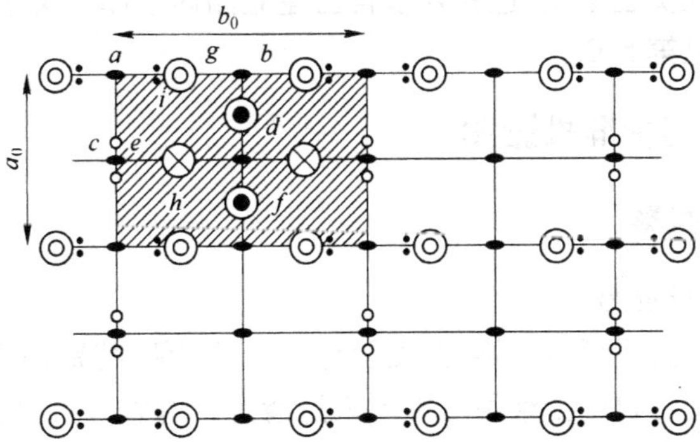

图 2-7 空间群 C_{2v}^1-$Pmm2$ 及其等效点

即 9 种 Wyckoff 符号,说明如下:

等效点 a:在 $mm2$ 上,通过 m 或 2 次轴的作用产生位于晶胞棱上的 4 个点。重复点数 $4\times1/4=1$。点的坐标 $0,0,z$。

等效点 b:在离开 a 位置 $b/2$ 处,也在 $mm2$ 上,通过 m 的作用产生位于晶胞面上的两个点,重复点数 $2\times1/2=1$,点的坐标 $0,1/2,z$。

等效点 c:在离开 a 位置 $a/2$ 处,也在 $mm2$ 位置,m 的作用产生位于晶胞面的两个点,重复点数 $2\times1/2=1$,点的坐标 $1/2,0,z$。

等效点 d:在离开 a 位置$(a_0+b_0)/2$ 处,也是 $mm2$ 位置,m 和 2 均不对其产生的作用,重复点数为 1,点的坐标 $1/2,1/2,z$。

等效点 e:在 m 上,通过 m 或 2 产生位于晶胞面上的 4 个点,重复点数 $4\times1/2=2$,点的坐标为 $x,0,z;a_0-x,0,z$。

等效点 f:在 m 上,通过 m 或 2 的作用产生两个点,重复点数为 2,点的坐标 $x,1/2,z;a_0-x,1/2,z$。

等效点 g:在 m 上,通过 m 或 2 的作用产生两个点,重复点数为 2,点的坐标 $0,y,z;0,b_0-y,z$。

等效点 h:在 m 上,通过 m 或 2 的作用产生两个点,重复点数为 2,点的坐标为 $1/2,y,z;1/2,b_0\text{-}y,z$。

等效点 i：在一般位置，m 和 2 均可对其产生作用，重复点数为 4，点的坐标为 $x,y,z;a_0-x,y,z;x,b_0-y,z;a_0-x,b_0-y,z$。

在某些情况下的 EBSD 取向分析只需要知道晶体结构就行了，如用 FCC 结构铝的晶体学数据可标定其他相同结构但点阵常数不同的晶体，如铜、铅、奥氏体等。但要确定某一具体相结构或样品中两相都是同一结构（原子数不同、点阵晶格常数不同）时，除要知道晶体结构外，还要知道原子占位，做出相应的晶体学库。多数情况下，EBSD 专业操作人员可完成这些工作，或求助 EBSD 设备厂家技术人员。在有时设备管理人员也不熟，这就要求自己建立晶体学库。关于某一相的晶体学库的生成的例子见第 5 章。

2.3　晶体投影与标准投影图

2.3.1　晶体投影

2.3.1.1　极射投影

晶体内的几何关系都是三维的，表示起来很不方便，特别是不同晶面晶向间的关系以及它们运动的轨迹很难用三维图表达清楚。所以，往往把它们转化为一种平面关系。最普遍使用的方法是极射赤面投影，这种投影方法如图 2-8 所示。先过参考球球心作一平面，以它作为投影面，投影面和参考球相交的大圆称为**基圆**，又称为**赤道平面**。垂直于投影面并过球心的轴 NS 为**投影轴**。投影轴在参考球上的两个交点 S 和 N 是参考球的**南极**和**北极**。处于上半球面上的极点（A、B 迹点）和 S 相连，处于下半球面上的极点（迹点）和 N 相连，它们的连线和投影面的交点就是这个极点（迹点）的极射赤面投影点。

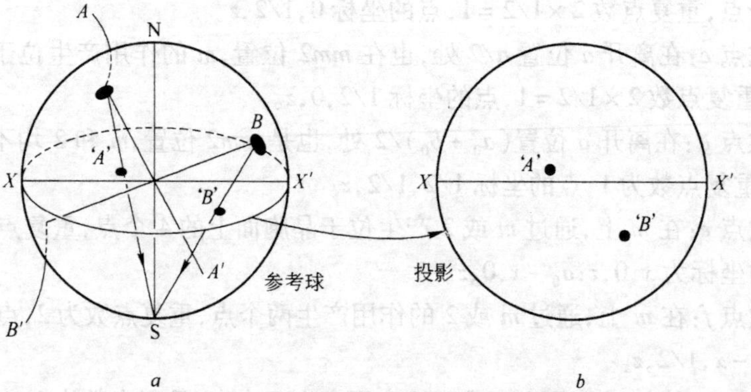

图 2-8　由球面投影转化为极射赤面投影

a—北半球的 A、B 极点和下目测点 S 的连线在赤道面（投影面）相交 A' 和 B' 点；b—A 和 B 极点的投影图与赤道面平行的晶面,它的极射投影点必在基圆中心;垂直于赤道面的晶面,它们的极点的投影必在基圆的圆周上。倾斜晶面的极点的极射投影必在基圆内,晶面法线与投影轴的夹角越小,则投影点距基圆中心越近;反之,就越趋向于基圆圆周。

2.3.1.2 等面积投影

在 EBSD 软件中,取向数据还可以以等面积投影方式(equal area projection)表达。在等面积投影中,参考球上等面积区域在其投影中有相同的面积。这种投影的优点是真实地反映了密度分布,例如随机取向分布(详见 3.1 节)在等面积图上是均匀分布的(见图 2-9*b*),而在极射赤面投影中反而不是均匀分布的,中心区域的密度高,见图 2-9*a*。在极射赤面投影中,参考球上一点 *P* 经极射后在(放大的)赤道面上的投影点距中心原点的距离是 $2\tan(\alpha/2)$,见图 2-10*a*。而等面积投影对应的距离是 $2\sin(\alpha/2)$[9],见图 2-10*b*。确定极射赤面投影图中的角关系用吴氏(Wulff)网,而确定等面积投影图中的角关系用施密特(Schmid)网,见图 2-11。极射投影放大了极图周边的信息,而等面积投影放大了极图中心区的信息。等面积投影图的缺点是参考球上的圆环投影后不再是圆环,大环上的角关系也不再保角到投影图上。在应用上,材料研究人员多用极射赤面投影图,地质研究者多用等面积投影图。两种投影图都可用来做极图。

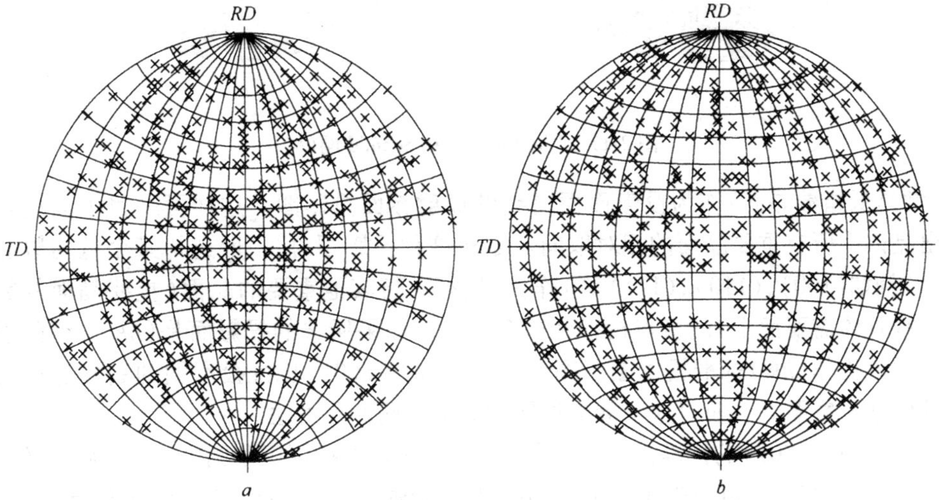

图 2-9 500 个随机分布的晶粒某一晶面的极在极射赤面投影图(*a*)和等面积投影图中的分布(*b*)[9]

2.3.2 标准投影图

在实际应用中往往使用标准投影图(也称标准极图),它只是将一特定的晶面

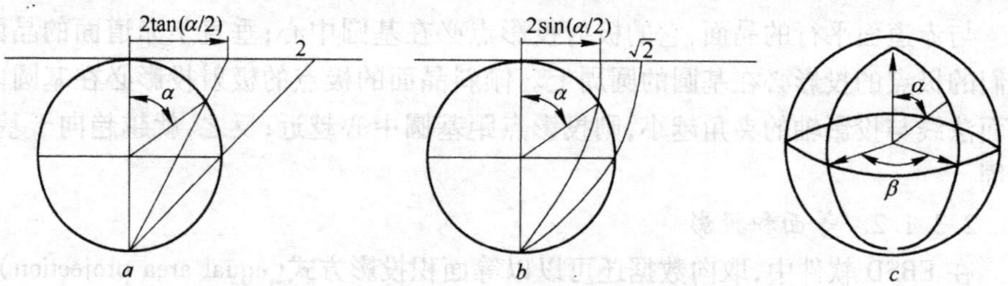

图 2-10　等面积投影与极射投影的比较

a—极射赤面投影；*b*—等面积投影；*c*—投影立体图

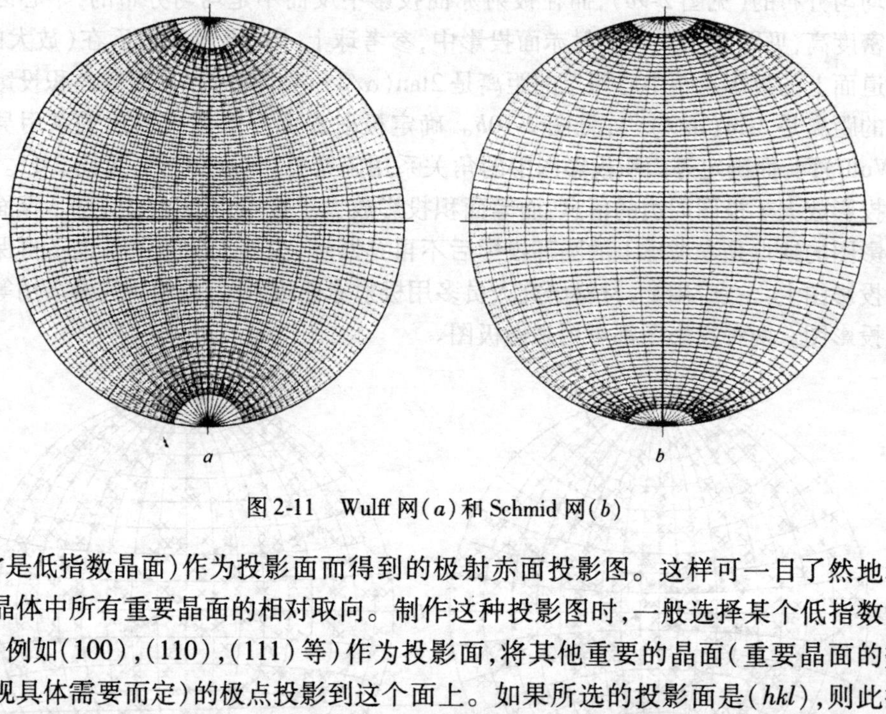

图 2-11　Wulff 网(*a*)和 Schmid 网(*b*)

(常是低指数晶面)作为投影面而得到的极射赤面投影图。这样可一目了然地看出晶体中所有重要晶面的相对取向。制作这种投影图时，一般选择某个低指数晶面(例如(100)，(110)，(111)等)作为投影面，将其他重要的晶面(重要晶面的数目视具体需要而定)的极点投影到这个面上。如果所选的投影面是(*hkl*)，则此投影图就称作(*hkl*)标准投影图。图 2-12 是立方系(001)标准投影图的制作过程及其标准投影图。下面以这个标准投影图为例说明制作方法。

因为是(001)的标准投影图，所以，(001)极点在投影图基圆中心。(001)极点相对应的面痕是基圆圆周，因此[001]为晶带轴的晶带的极点都在基圆圆周上。如果在圆周上任意确定一点为(100)，因(010)和(100)垂直，所以从(100)极点在大圆周上逆时针数 90°就得(010)极点。(110)和($\bar{1}10$)也属[001]晶带，计算它们与(100)和(010)的夹角，就可以定出极点位置。(110)与(100)和(010)的夹角均为 45°，所以它的极点在基圆圆周(100)和(010)的极点中间位置。($\bar{1}10$)与(100)和(010)极点的夹角分别为 135°和 45°，它的极点在(010)极点沿大圆周逆时针转

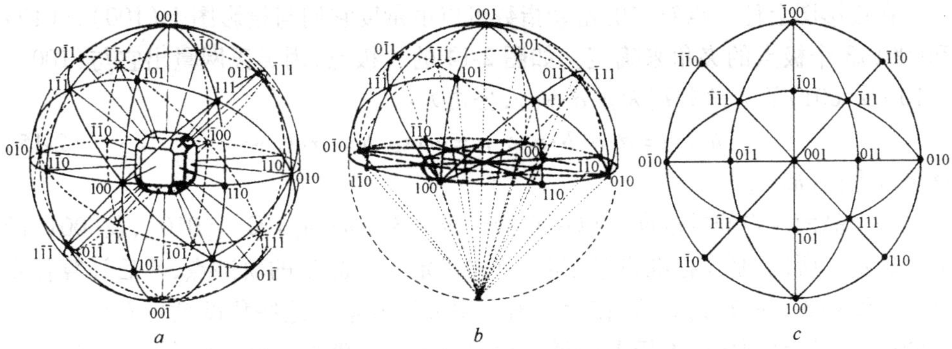

图 2-12 立方系标准(001)投影

a—球面投影的情况；*b*—极射赤面投影；*c*—投影图

45°处。以[100]为晶带轴的晶带在投影图过(010)及圆心的直径上，$(0\bar{1}1)$及(011)晶面属于此晶带。同样，计算它们与(001)及(010)的夹角就可以定出它们的极点的位置。以[010]为晶带轴的晶带位于投影面过(100)极点及圆心的直径上，(101)及$(\bar{1}01)$晶面属于此晶带，同样，计算它们和(010)及(001)的夹角就可定出它们的极点位置。过(010)及(101)的大圆弧是$[\bar{1}01]$晶带，而过(100)及(011)极点的大圆弧是$[0\bar{1}1]$晶带，而(111)同属$[\bar{1}01]$及$[0\bar{1}1]$晶带，所以这两个大圆弧交点必是(111)极点。按照类似的办法可以一一定出各重要晶面的极点。

有了(001)标准极图，要得到其他任一(*hkl*)面的标准极图，只需将(001)极图中的(*hkl*)极点沿其与(001)点的连线(直线)转至投影中心原(001)点位置，其他所有的极点都绕垂直于原(001)与(*hkl*)点连线且过原点的法线轴沿相应的纬度线转同一角度得到，如图 2-13*c* 中(111)标准极图的获得。

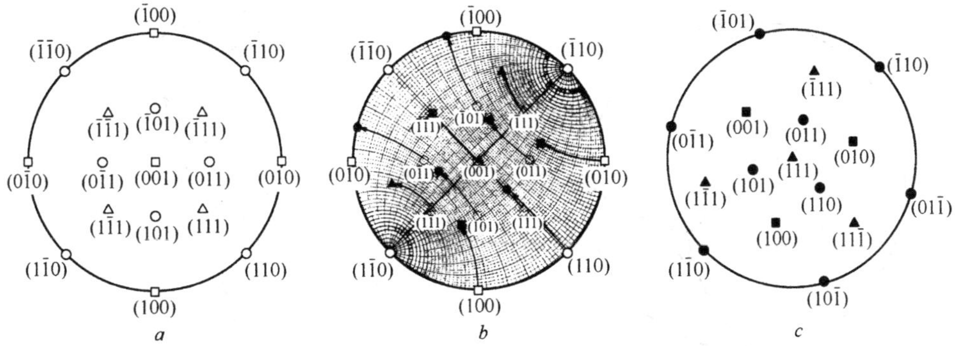

图 2-13 不同标准极图间的转换

a—(001)标准极图；*b*—极点转动的轨迹，*c*—(111)标准极图

在投影图上任一点对应的密勒指数可以由量度它们与投影图上(100)、(010)和(001)3 个极点的夹角来确定。如图 2-14 的 A 极点，用吴氏网量出它与(100)、(010)及(001)的夹角分别为 ρ、σ 和 τ，公式为：

$$h:k:l=\boldsymbol{a}\cdot\boldsymbol{n}:\boldsymbol{b}\cdot\boldsymbol{n}:\boldsymbol{c}\cdot\boldsymbol{n}=a\cos\rho:b\cos\sigma:c\cos\tau \tag{2-15}$$

就可以求出(hkl)。

一个晶面在空间的取向可以由它的法线与 3 个晶轴[100]，[010]，及[001]的夹角确定。所以，制作标准投影图时，首先确定 3 个晶轴的轨迹点，然后计算任意晶面法线和 3 个晶轴的夹角，在投影图上用吴氏网量出这些角度就可获得这个晶面的极点。这是制作标准极图的最一般的方法。一般的参考书常给出一些以常用的低指数晶面作为投影面的标准投影图。但是由于各个晶系的不同几何特点，人们根据需要选取的投影面各不相同，所以无法也不可能提供所有任意晶面作为投影面的标准投影图，用计算机却很容易解决这个问题。用计算机绘制标准极图的原理是很简单的。若选定($h_1k_1l_1$)为投影面，则极射投影图中心极点就是($h_1k_1l_1$)。再选另一个与($h_1k_1l_1$)垂直的面($h_2k_2l_2$)，它的极点必然在投影基圆圆周上，以圆心到($h_2k_2l_2$)极点的连线作 X 轴，相应以正交关系在投影基圆上作出 Y 轴。这样，只要求出任一个晶面($h_3k_3l_3$)极点在投影图上的坐标(x,y)，则可绘制($h_1k_1l_1$)标准极图。任一极点在投影图上的坐标按如下方法求得。如图 2-15 所示，($h_1k_1l_1$)是投影面，($h_2k_2l_2$)极点在 X 轴与圆周的交点上，P_1 是($h_3k_3l_3$)的极点，分别求出($h_3k_3l_3$)$\wedge$($h_1k_1l_1$)及($h_3k_3l_3$)$\wedge$($h_2k_2l_2$)的夹角 α 和 β。设投影基圆半径为 1，则 P_1 点的空间坐标(x',y',z')为($\cos\beta,\sqrt{1-(\cos^2\alpha+\cos^2\beta)},\cos\alpha$)。因为是极射投影，所以投影的径向长度缩小为原来的 $1/(1+\cos\alpha)$，所以 P_1 点在投影图上的投影 P'_1 点的坐标(x,y)为[1]：

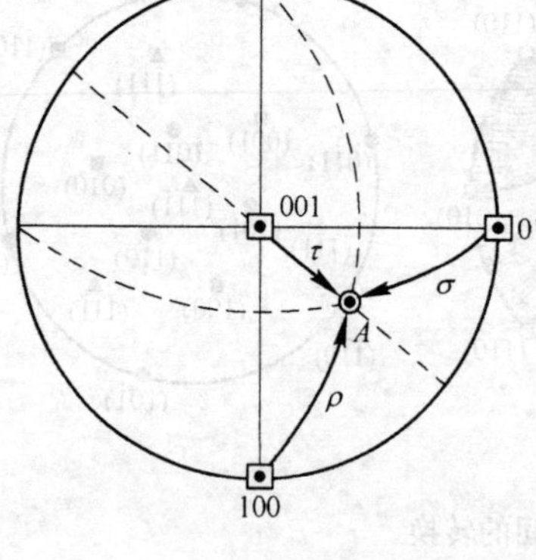

图 2-14　极点的密勒指数的测定

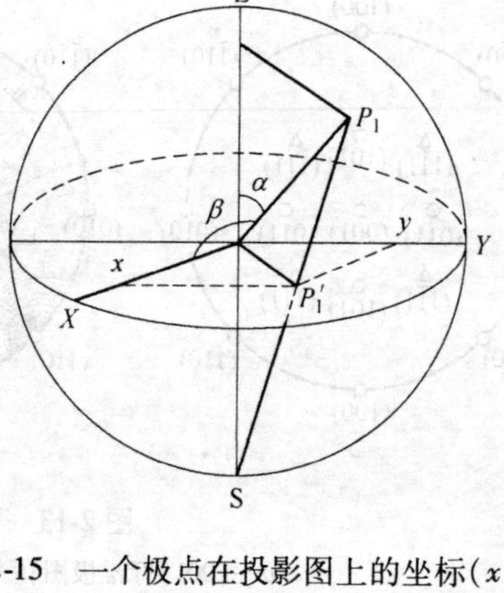

图 2-15　一个极点在投影图上的坐标(x,y)

$$x = \frac{\cos\beta}{1 + \cos\alpha}$$
$$y = \frac{[1 - \cos^2\alpha - \cos^2\beta]^{1/2}}{1 + \cos\alpha} \tag{2-16}$$

具体计量及画图都是编制绘图程序,目前已有很多软件来完成这个工作,见第4章。

2.4 晶体内部的界面及结构

晶态固体的界面是构成晶态固体组织的重要组成部分。相对于理想完整晶体来说,界面是晶体缺陷,它们是二维(严格说不完全是二维)的结构缺陷。界面的结构不同于晶体内部,因而具有很多重要的不同于晶体内部的性质,这些性质不仅在晶体的一系列物理化学过程中起重要作用,而且对固态晶体的整体性能也具有很重要的影响。晶体中的界面迁动、异类原子在晶界的偏聚、界面的扩散率、材料的力学和物理性能等也都和界面结构有直接的关系。晶体的断裂也常发生在特定的晶面上,人们常希望能较容易地确定断裂界面的类型。正因为如此,对界面结构的研究是现代材料学科中一个活跃的课题。EBSD 技术本身无法得到有关界面结构的直接信息,只能通过界面两侧晶粒的取向差提供可能的界面类型,或确定界面的晶面指数。因此,本节不详细讨论界面结构,仅讨论 EBSD 技术可测信息的相关基础知识。由于 EBSD 技术能提供大量的取向差或取向关系统计规律,这对材料的性能分析会有大的帮助。特别是对各类孪晶的分析。

EBSD 可提供的信息有:由取向算出的取向差的分布统计规律,还可确定界面的晶面指数,特别重要的是两大类(小角晶界的转轴分布,CSL 关系)晶界特征。对这些信息的分析包括:晶界、相界、滑移线、裂纹、断口表面。具体应用在脆性断口、疲劳裂纹、晶界腐蚀裂纹的定量分析。这里只介绍界面类型及结构,第 3 章将介绍用 EBSD 技术测界面指数的原理。

EBSD 技术在分析界面时可起重要作用,但首先要注意,晶界的描述要 5 个自由度。测出的晶界两侧的取向差只提供了 3 个自由度,晶界在样品水平面的截线又只提供了一个参数,必须再在另一个截面上测该晶界的走向,才能最终确定晶界面的取向。多数情况下 EBSD 使用者未完成最后这一参数的测定,因而只给出定性的分析。

2.4.1 晶界类型

在 EBSD 数据中任选两个位置的取向数据,利用软件便可算出两者的取向差或取向关系,它用绕某一晶体学轴旋转的角度表示,即 $\theta[uvw]$(θ 单位为(°))。在取向成像数据中则自动绘出不同类型的晶界及定量数据,如总长度及比例。在

《材料科学基础》课程中已学到，小角晶界是取向差小于 15°（或 10°）的晶界；它可用位错模型描述，典型的是平行刃位错组成的倾转晶界和两组相互垂直的螺位错组成的扭转晶界。高于 15°的晶界为大角度晶界。大角度晶界可分为普通大角度晶界和重合位置点阵（或称相符点阵及 Σ 关系）晶界；EBSD 取向成像后可自动给出各类 Σ 晶界的位置及比例。关键是使用者了解 Σ 晶界的含义及可能对自己研究材料造成的影响。目前晶界、相界结构的研究是个热点，有不少分子动力学及其他原子匹配模拟软件，关于这方面的原理已超出本书的范围，不再介绍。

2.4.2　小角度晶界

小角度晶界是由排列的位错构成，有两种简单的模型，一种是倾转晶界，另一种为扭转晶界。设 **u** 是获得两晶粒间取向差的旋转轴单位矢量，**n** 是晶界面法线单位矢量。倾转晶界的条件是 **u** · **n** 等于 0，即 **u** 是躺在晶界上；扭转晶界的条件是 **u** 等于 **n**，即 **u** 垂直于界面。晶界平面是两个晶粒的共同晶体学平面。

图 2-16*a* 是简单立方晶体中的对称倾转晶界的示意图。晶界两侧的相对取向是以[001]轴转动 θ 角产生的，交界面是一个对称面，并和两晶粒的平均（100）面平行。两个晶粒以这种方式结合起来必会在连接区域产生畸变，为了松弛这些畸变，在界面上出现一排刃位错，柏氏矢量 **b** 是[100]，从图 2-16 很容易看出，位错柏氏矢量 **b**，位错间距 D 和旋转角 θ 间应有如下关系：

$$\frac{b}{D}=2\sin\frac{\theta}{2}\approx\theta \tag{2-17}$$

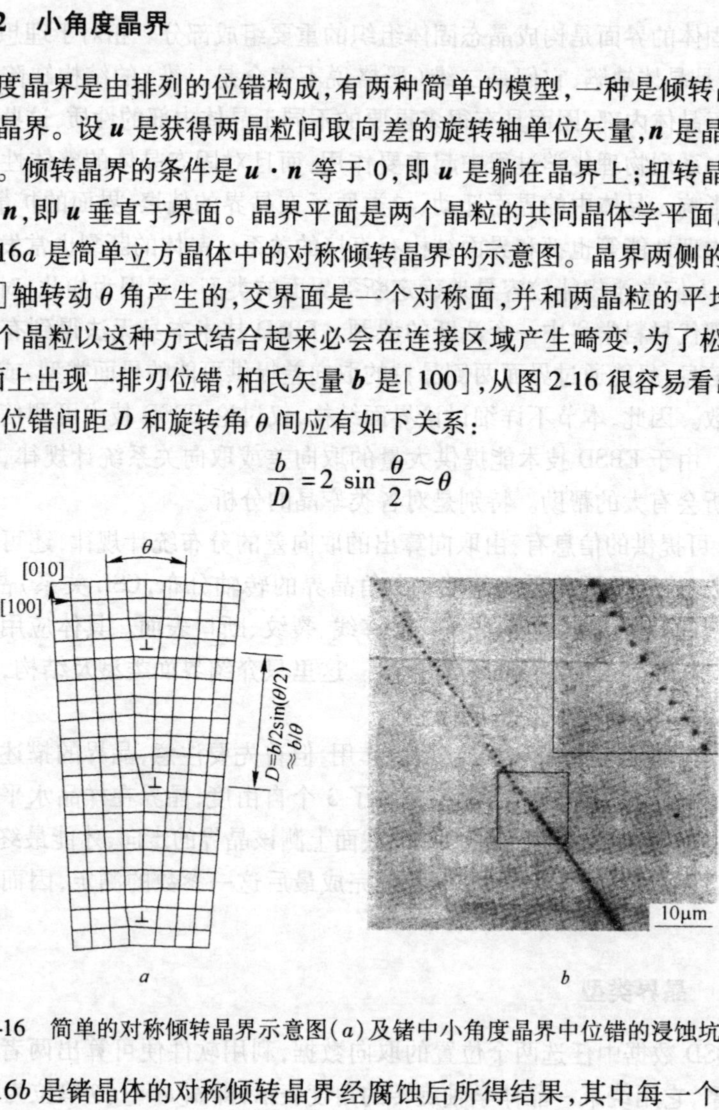

a　　*b*

图 2-16　简单的对称倾转晶界示意图（*a*）及锗中小角度晶界中位错的浸蚀坑（*b*）

图 2-16*b* 是锗晶体的对称倾转晶界经腐蚀后所得结果，其中每一个浸蚀坑对应一个位错露头，测得位错间距为 2.585 μm。X 射线法测出两晶粒间取向的旋转

角 θ 为 38″，按式 2-17 计算位错间距为 2.972 μm，它和实际基本吻合。

如果晶界偏离对称面位置，例如晶界处于它和平均的[100]方向成 ϕ 角的位置，这种晶界称非对称倾转晶界。如图 2-17 所示，这时界面上要靠两组柏氏矢量不同的刃位错共同松弛结合面的畸变。一组位错的柏氏矢量是[100]($\boldsymbol{b}_{\perp}$)，另一组位错的柏氏矢量是[010]($\boldsymbol{b}_{\vdash}$)，它们均匀地分布在晶界上。⊥类型的位错数目应是 $n_{\perp}=(\overline{EC}-\overline{AB})/b$，⊢类型的位错数目则应是 $n_{\vdash}=(\overline{CB}-\overline{EA})/b$。因为晶界面和平均的[100]夹角为 ϕ，所以晶界和右侧晶体的[100]的夹角是 $\phi+\theta/2$，和左侧晶体的[100]夹角为 $\phi-\theta/2$。假设 AC 等于 1，则这两类位错的平均间距是

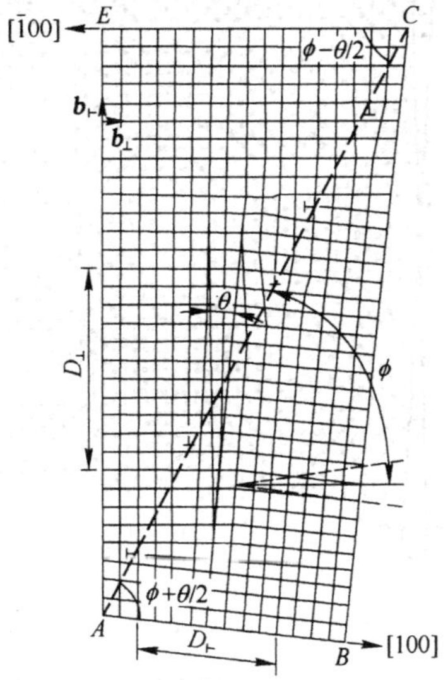

图 2-17 简单立方晶体中的非对称倾转晶界的位错模型

$$D_{\perp}=\frac{1}{n_{\perp}}=\frac{b}{\cos\left(\phi-\dfrac{\theta}{2}\right)-\cos\left(\phi+\dfrac{\theta}{2}\right)}\approx\frac{b}{\theta\sin\phi}$$

$$D_{\vdash}=\frac{1}{n_{\vdash}}=\frac{b}{\sin\left(\phi+\dfrac{\theta}{2}\right)-\sin\left(\phi-\dfrac{\theta}{2}\right)}\approx\frac{b}{\theta\cos\phi}$$

(2-18)

图 2-18 是描述简单立方晶体中晶界面平行于(001)面的扭转界面示意图。图中晶界面平行于纸面，其中实心圆是晶界的一侧以旋转轴 $\boldsymbol{u}$ 即[001]（在图的中心位置）顺时针方向转动了 2.6°的原子，空心圆则是晶界的另一侧反时针方向转动了 2.6°的原子，这样刚性转动后，晶界两侧的倾向差就是 5.2°。从图 2-18 可以看出，出现比原子间距大得多的周期花样，其中晶界两侧的原子几乎精确地重叠，在这些"好的适配"区域之间沿着[100]和[010]方向是适配不好的带。如果沿着上述两个方向引入螺位错来收纳这些错配（如图 2-16b 所示），就会扩大晶界的"好的适配"区域，从而降低晶界的能量。结果，简单立方以(001)面为界面的扭转晶界结构由两组相互垂直的螺位错构成，位错的间距 D 仍是 b/θ。

如果知道晶界两侧晶粒的取向差数据，用下面的 Frank-Billy 公式可估算界面上的位错分布。图 2-19a 中左边和右边的晶体点阵分别是 L_1 和 L_2，设 L_1 和 L_2 的取向分别由参考点阵 L 以原点 O 经均匀线性变换（即旋转）A_1 和 A_2 获得的。以 $\boldsymbol{n}$ 表示界面的单位法向矢量，$\boldsymbol{OP}$ 即为 $\boldsymbol{P}$，是界面上的一个矢量。现在讨论界面上 $\boldsymbol{P}$ 矢量所截的位错的柏氏矢量总和 $\boldsymbol{B}^{L}$。假设位错线正向指出纸面，根据 FS/RH(fi-

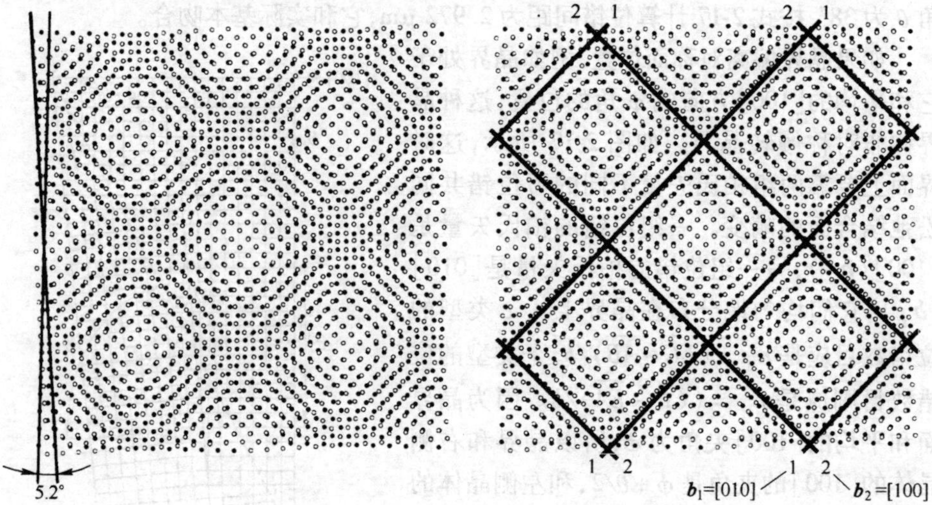

图 2-18 简单立方晶体中(001)扭转界面的原子位置

a—经刚性扭转后的原子位置；b—由螺位错组成的晶界结构

nal-start/right hand）规则作闭合回路，在图 2-19a 中的以 P 点为起点作右旋回路 $PB_1A_1OA_2B_2P$；然后在完整晶体（如图 2-19b 的 L）中作同样的回路 $Q_1Y_1X_1OX_2Y_2Q_2$，这个回路并不闭合，由回路终点 Q_2 指向起点 Q_1 的矢量将是所求的 $\boldsymbol{B}^{\mathrm{L}}$。

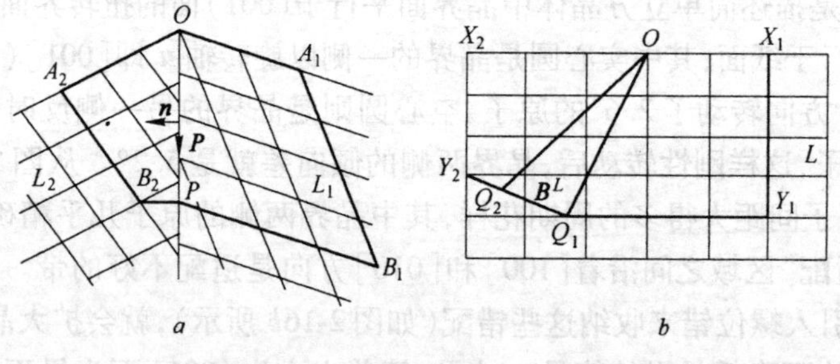

图 2-19 导出 Frank-Billy 公式的示意图

a—含界面位错区域内的柏氏回路示意图；b—完整晶体内同样的柏氏回路示意图

因为

$$\boldsymbol{B}^{\mathrm{L}} = \boldsymbol{Q_2Q_1} = \boldsymbol{OQ_1} - \boldsymbol{OQ_2} \tag{2-19}$$

而

$$\boldsymbol{A_1} \cdot \boldsymbol{OQ_1} = \boldsymbol{P} = \boldsymbol{A_2} \cdot \boldsymbol{OQ_2} \tag{2-20}$$

即

$$\boldsymbol{OQ_1} = \boldsymbol{A_1}^{-1}\boldsymbol{P} \qquad \boldsymbol{OQ_2} = \boldsymbol{A_2}^{-1}\boldsymbol{P}$$

所以

$$\boldsymbol{B}^{L} = \boldsymbol{Q_2Q_1} = (\boldsymbol{A_1}^{-1} - \boldsymbol{A_2}^{-1})\boldsymbol{P} \tag{2-21}$$

如果以 L_2 作为参考条件，则 $\boldsymbol{A}_2$ 变为单位矩阵 $\boldsymbol{I}$，以 $\boldsymbol{A}$ 表示 $\boldsymbol{A}_1$，则上式可改写为

$$\boldsymbol{B}^L=(\boldsymbol{A}^{-1}-\boldsymbol{I})\boldsymbol{P} \tag{2-22}$$

注意：应用上面的 Frank-Bilby 公式对位错界面的分析只能得到位错的方向和位错的平均距离，但并不能确切了解位错真实分布情况，也不能给出任何关于位错核心处原子排列情况的信息，这是晶界几何结构理论的共同弱点。

例 1 求图 2-17 中的非对称倾转晶界上的位错分布。

解：若以右侧晶体点阵为参考点阵，以晶体坐标作坐标，则从右侧晶粒的取向变换到左侧晶粒取向的变换矩阵

$$\boldsymbol{A}=\begin{bmatrix}\cos\theta & -\sin\theta & 0\\ \sin\theta & \cos\theta & 0\\ 0 & 0 & 1\end{bmatrix}$$

因为讨论小角度晶界，θ 很小，可以作如下近似：$\cos\theta\approx1$；$\sin\theta\approx\theta$，则

$$(A^{-1}-I)=\begin{bmatrix}0 & \theta & 0\\ -\theta & 0 & 0\\ 0 & 0 & 0\end{bmatrix}$$

在晶界上取一单位长度的矢量 $\boldsymbol{r}$，这个矢量应表示为$[\cos\phi \quad \sin\phi \quad 0]$，结果 $\boldsymbol{B}^L$ 为

$$\boldsymbol{B}^L=\begin{bmatrix}0 & \theta & 0\\ -\theta & 0 & 0\\ 0 & 0 & 0\end{bmatrix}\begin{bmatrix}\cos\phi\\ \sin\phi\\ 0\end{bmatrix}=\begin{bmatrix}\theta\sin\phi\\ -\theta\cos\phi\\ 0\end{bmatrix}$$

即 $\boldsymbol{B}^L$ 在坐标 x,y,z 3 个方向上的分量 $\boldsymbol{B}_1^L$、$\boldsymbol{B}_2^L$ 和 $\boldsymbol{B}_3^L$ 分别为 $\theta\sin\phi$、$-\theta\cos\phi$ 和 0。因为 $\boldsymbol{r}$ 截过的位错和图中的纸面垂直，所以⊥类型位错的柏氏矢量总和等于 $\boldsymbol{B}_1^L$，而├型位错的柏氏矢量总和等于 $\boldsymbol{B}_2^L$。这和前面的分析是一致的。

形变过程产生的小角度晶界还可分为伴生位错晶界（incidental dislocation boundary，简称 IDB）和几何必需的晶界（geometrically necessary boundary，简称 GNB）。有了对这两种晶界的了解，就可与 EBSD 测出的大量小角度晶界转轴及转角分布规律联系起来，例如转轴特殊的分布是否对应几何必需的晶界，又与哪些类型的位错滑移相关，或与多大量的位错运动联系在一起。这些都是近些年研究的问题[10,11]。因为 EBSD 技术可为我们提供大量的小角度晶界取向差分布的数据，特别是转轴的分布。它可能直接与滑移系的晶面晶向指数有联系。

图 2-20 是轧制纯铝侧面观察的形变组织，含两类小角度晶界 IDB 和 GNB 。在位错胞块 CB 内的位错胞结构是形成低能量位错结构的结果，胞壁群集了随机分布的位错，胞壁称为“伴生位错边界”。位错胞状结构之间的取向差（即 IDB 两侧的取向差）是很小的，转轴分布也是随机的。随着应变量加大，普通位错胞的胞壁中的位错密度增至一定程度时，它们就成为新的胞块（CB），这样胞壁已从 IDB 转变成 GNB。所以，GNB 和 IDB 两侧的取向差都随应变量加大而增大，而它们之

间的间距都随应变量加大而减小，但 GNB 两侧的取向差增加量和间距的减小量比较大，GNB 常平行于滑移面{111}，因而比较容易形成垂直于滑移面和滑移方向的转动轴分布，如 <112>（⊥ <111> 和 <110>），而 IDB 两侧的取向差增加量和间距的减小量比较小，如图 2-21 所示。原则上，EBSD 技术可用来分析这些规律。

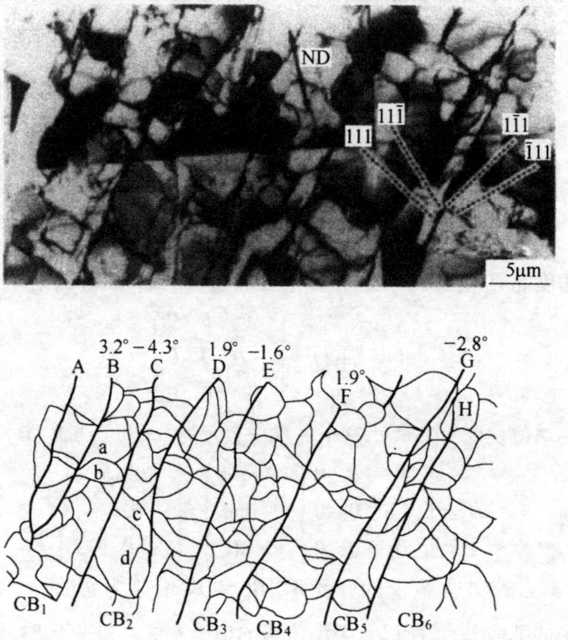

图 2-20　轧制纯铝侧面观察的形变组织，含两类小角度晶界 IDB 和 GNB[12]

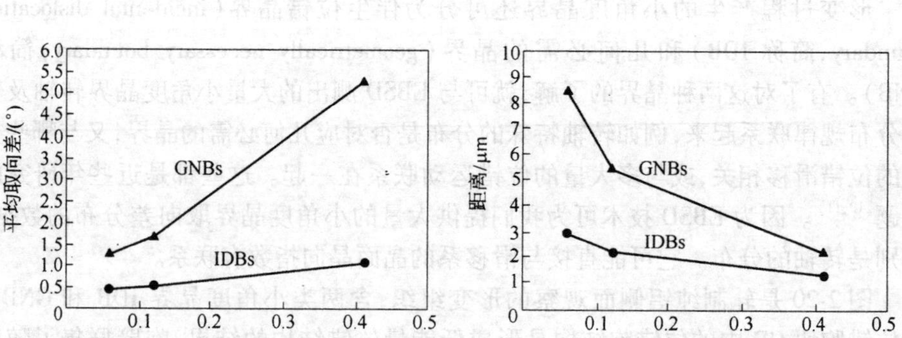

a　　　　*b*

图 2-21　胞状结构随应变量的变化

a—GNB 和 IDB 的平均取向差随应变量的变化；*b*—GNB 和 IDB 的间距随应变量的变化[12]

2.4.3 重合位置点阵 CSL 及 CSL 晶界

2.4.3.1 相符点阵基本概念

相符点阵也称为重合位置点阵或重位点阵。设想两个点阵($\boldsymbol{L}_1$ 和 $\boldsymbol{L}_2$)互相穿插，通常把 $\boldsymbol{L}_1$ 作为参考点阵，把获得两晶粒相对取向的所有转换(例如平移、旋转)都由 $\boldsymbol{L}_2$ 完成。当两个点阵的相对取向给定后，$\boldsymbol{L}_2$ 就可以由 $\boldsymbol{L}_1$ 绕公共轴[uvw]旋转 θ 角度而获得。互相穿插的 $\boldsymbol{L}_1$ 和 $\boldsymbol{L}_2$ 点阵，如果有阵点重合，这些点必然构成周期性的相对于 $\boldsymbol{L}_1$ 和 $\boldsymbol{L}_2$ 的超点阵，这个超点阵就是 CSL。如图 2-22 所示是简单立方晶体绕[001]轴旋转 28.1°后产生的 CSL。其中黑点是原来的点阵，白点是旋转后的点阵，用线连接起来的是 CSL。超点阵晶胞与实际点阵单胞体积之比记为 Σ(它只取奇数)，它的倒数代表两个点阵的相符点的密度，即实际点阵中每 Σ 个阵点有 1 个阵点重合。例如图 2-22 中 CSL 的 Σ 等于 17，图中每 17 个白点(黑点)就有 1 个点与黑点(白点)重合。Σ 值越低，两个穿插点阵中相符的阵点的频率越高。对于极端情况，当 Σ 为 ∞ 时，表示两个穿插的点阵之间完全不相符；若 Σ 等于 1，则两个点阵的阵点全部相符，也即是两个点阵是同一点阵。不是任何取向关系的两个点阵穿插后都会出现 CSL 的，对于立方结构点阵，一个点阵 L_1 绕[$u\ v\ w$]轴转动 θ 获得 L_2，两个穿插点阵能形成某一 Σ 值的 CSL 要满足以下条件

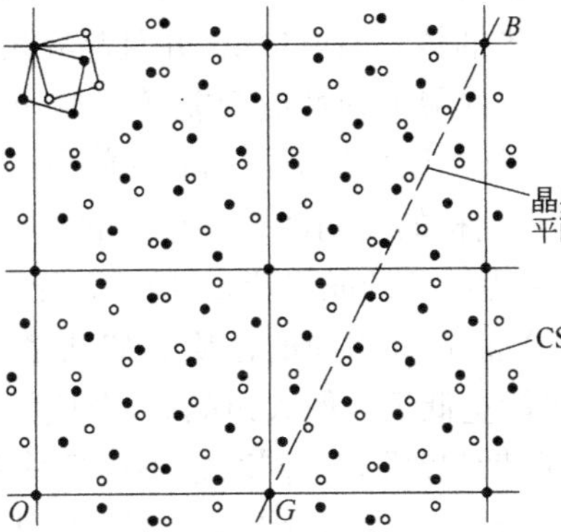

图 2-22 简单立方晶体绕[001]轴旋转 28.1°后产生的 CSL 点阵

$$\Sigma = X^2 + NY^2$$
$$N = u^2 + v^2 + w^2 \qquad (2\text{-}23)$$
$$\theta = 2\arctan(Y\sqrt{N}/X)$$

式中 u,v,w 是旋转轴方向指数；X 和 Y 是两个没有公因子的整数；Σ 为最小奇数。例如图 2-22 中的 CSL 点阵，因为旋转轴是[001]，所以 $N=1$，设 $X=4$，$Y=1$，得到 $\Sigma=17$，从而 $\theta=\arctan(1/4)=28.1°$，这个相符点阵是[001]/28.1°。又例如，面心

立方点阵，绕[111]轴转动，此时 $N=3$，设 $X=2$，$Y=1$，得到 $\Sigma=7$，$\theta=\arctan(\sqrt{3}/2)=81.8°$。因为[111]是三次轴，若顺时针转动 81.8°，它等效于逆时针转动 120° − 81.8° = 38.2°，这个相符点阵是[111]/38.2°。又例如绕[111]轴转动 60°，得 Σ 等于 3 的相符点阵，两个点阵的这种取向关系是孪晶取向关系。表 2-6 列举了立方系绕低指数轴旋转而获得的一些相符点阵的旋转角 θ 和 Σ。

表 2-6　立方系绕低指数轴旋转而获得的一些相符点阵的旋转角 θ 和 Σ

旋转轴	Σ	最小转角 θ/(°)	旋转轴	Σ	最小转角 θ/(°)
100	5	36.9	210	3	131.8
100	13	22.6	210	5	96.4
100	17	28.1	211	5	101.6
110	3	70.5	211	11	63
110	9	38.9	310	7	115.4
110	17	86.6	310	13	76.7
110	19	26.5	311	9	67.1
111	3	60	311	15	50.7
111	7	38.2	322	9	152.7
111	19	46.8	322	13	107.9

2.4.3.2　研究 CSL 晶界的意义

如果两晶粒间的晶界通过两晶粒间 CSL 的密排或较密排面，则两晶粒在晶界处的原子有较好的匹配，晶界的核心能就较低，并且晶界长程应变场的作用范围和晶界结构的周期相近。这样，晶界的弹性应变能随 Σ 减小和随晶界周期缩短而降低。CSL 模型不能任意推广到与能量相关的晶界性能研究中去，尽管如此，CSL 模型对人们从几何上理解晶界结构的周期性是有意义的。

CSL 晶界的作用可概括为特殊的晶界能量、特殊的杂质偏析行为、特殊的迁移率。要注意的是不是所有 Σ 晶界有相同的性质。如共格 $\Sigma3$ 晶界能量很低，杂质偏析少，不可迁移；$\Sigma7$ 晶界能量低于一般大角晶界，杂质偏析少，迁移率高；但只有倾转型晶界才有此特点，扭转晶界没有。同时铝中高迁移率的是 40° <111> 型晶界，而不是38° <111>，其差异并不是测量误差。但一般认为 Σ 晶界的特殊行为是存在的。注意，重合位置点阵关系只说明晶界两侧晶粒间的取向差，与界面类型不一定有必然联系。但已知晶界过这类点阵密排面时，有一部分键未被破坏，因而界面能较低，所以，有 Σ 取向差的晶粒间容易出现平直的 Σ 晶界。因 CSL 能量较低，杂质偏析少，迁移率较高（$\Sigma1$ 和 $\Sigma3$ 除外），因而这类晶界常引起人们的关注。一般晶界很平直时，应留意是否存在 CSL 晶界。

图 2-23 的实验数据表明，CSL 晶界的能量较低；其晶界是对称倾转晶界，而不是只满足 CSL 关系的任一晶界。fcc 中 40° <111> 的关系对于倾转晶界才有高的迁移率[14]。

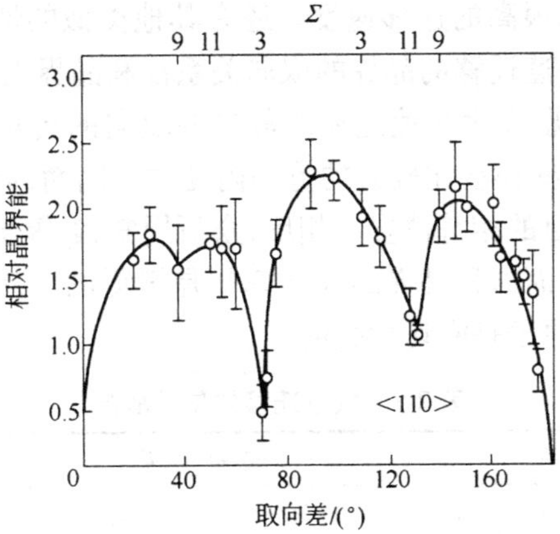

图 2-23 铝中 <110> 为转轴的对称倾转晶界在 650℃下晶界能的测量值[13]

图 2-24*a* 中的实验数据是最经典的杂质对 FCC 结构铅中晶界类型影响的例子。说明 CSL 晶界迁移较快,受杂质干扰小;注意不是所有 CSL 晶界都有此特征。图 2-24*b* 是不同纯度铝中测出的晶界迁移激活能数据。表明,铝纯度极高时,晶界迁移激活能与取向差无关,只有在一定量杂质存在时,CSL 晶界的特性才显示出来。若纯度很低,迁移率的差异又消失。

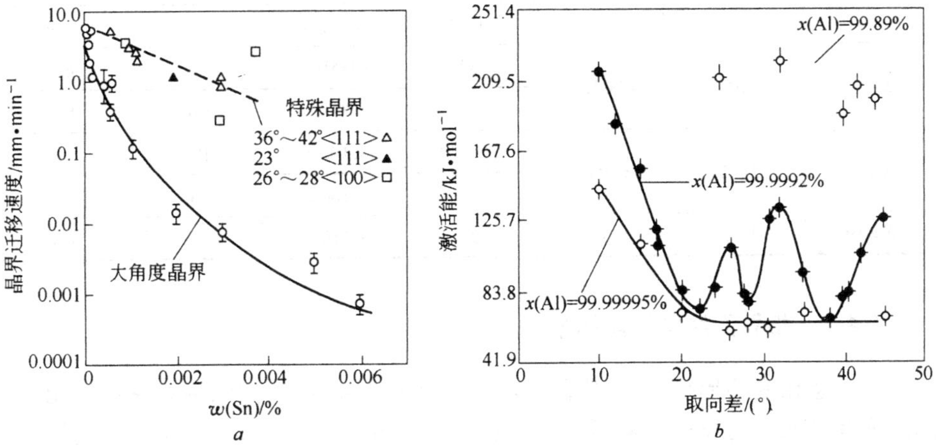

图 2-24 300℃时在相同驱动力下微量锡对区域提纯铅的一般大角度晶界和特殊晶界移动速度的影响[15](*a*)及不同纯度的铝晶界迁移激活能与晶界取向差的关系[13](*b*)

晶界取向差对晶界迁移率的影响和杂质浓度有密切关系,很多实验工作发现,高纯度金属晶界取向差在某些特殊取向附近时晶界迁移率很高。例如:铝取向差为 <111>/约 40°的晶界有很高的迁移速度;铜取向差为 <111>/(22°~38°)和

<100>/19°的晶界有很高的迁移速度。还有其他类似的情况，一并归纳于表2-7中。表面来看，发生快速迁移的晶界的取向关系都和晶界上有很多相符位置有关。但仔细研究表2-7发现，发生快速迁移的晶界的取向的转角并非精确地对应于该Σ值所要求的角度，有些还在比较大的范围内变动。因而，高迁移速度的晶界不是必须在晶界有大量数目的相符位置。相反，众所周知，Σ等于3的孪晶界上所有原子位置都是相符位置，而这种晶界的迁移率却是极低的。晶界迁移率与晶界取向差之间的关系和溶质原子是密切相关的。

表2-7　快速迁移的晶界取向

最近的相符关系			实验关系		金属	结构
Σ	转角/(°)	轴	转角/(°)	轴		
$\Sigma=7$	38.2	<111>	35~45	<111>	Al	fcc
			38	<111>	Cu	fcc
			36~42	<111>	Pb	fcc
$\Sigma=13a$	22.6	<100>	23	<100>	Al	fcc
			19	<100>	Cu	fcc
$\Sigma=13b$	27.8	<111>	30	<111>	Cu	fcc
			30	<111>	Ag	fcc
			20~30	<111>	Nb	bcc
$\Sigma=13$	30	<0001>	30	<0001>	Zn	hcp
			30	<0001>	Cd	hcp
$\Sigma=17$	28.1	<100>	26~28	<100>	Pb	fcc
			30	<100>	Al	fcc
$\Sigma=19$	26.5	<110>	27	<110>	Fe-Si	bcc

2.4.4　相界面结构及晶体学

在固态相变的形核阶段，因阻力项界面能及应变能的作用，新相常沿母相特定的晶面及晶向析出及长大从而使两相有特定的取向关系。通常，规则形状的第二相常与母相有特定的取向关系。由于相界面两侧是不同的相，一般它们的结构对称性不同，或点阵参数不同，或键合类型不同，这都使相界面具有较复杂的结构。所以，除非两个相的点阵碰巧或设计成两个点阵矢量的比值为有理数，否则不可能存在精确的CSL。若相界面中完全有序，两相完全匹配，称为共格相界；如果界面中的原子错配通过弛豫使错配局限在错配位错处，其余大部分区域仅有很小弹性畸变，称为半共格相界；完全无序的界面则是非共格相界。

具有严格共格关系的相界是极为少见的，而半共格相界却是极为常见的。半共格相界的结构比较简单，当界面两侧的结构（界面上的二维结构）相似，原子间距相差不大时，会形成这类相界面。图2-25给出了两个简单立方结构相的简单界面例子。它们的点阵常数不同（相界面上侧的点阵常数 a_1 等于1，相界面下侧的点阵常数 a_2 等于1.05），以{100}面为界面。相界面两侧的原子不能对齐，它们之间的错配度 $\delta \approx (1.05-1)/1=0.05\%$。当错配度比较低时（一般小于5%，当然还取决于弹性模量的大小），相界面两侧原子直接连接引起的弹性能不很大，界面可以完全共格。如图2-25*a*的例子，如果完全共格，则存在一个二维的CSL，其 Σ 等于20。如果形成相界面引起的弹性能太大，相界面不能承受时，为了降低相界面能量，会在界面上产生界面位错（错配位错）来吸纳相界面两侧的错配，如图2-25*b*所示，这就是半共格相界面。对这样的半共格相界面更合理的描述是，它是 Σ 等于1加上界面上错配位错的界面，相界面位错的柏氏矢量 $\boldsymbol{b}$ 应等于DSC（完整性位移）点阵的矢量。这里，位错的柏氏矢量大小为 $b=(a_1+a_2)/2$。

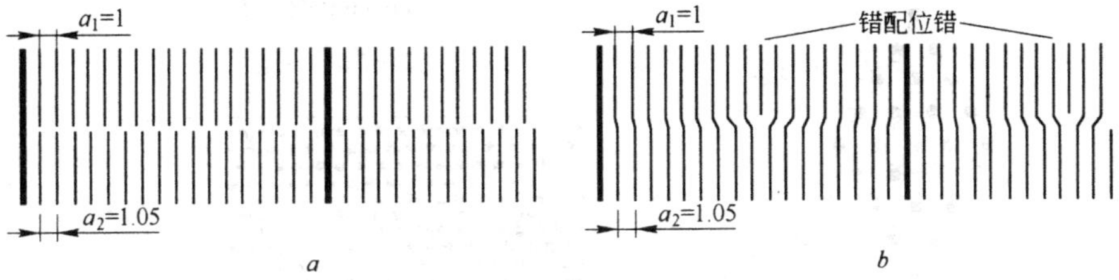

图2-25 两个点阵常数不同的简单立方结构以{100}面为界面

a—完全共格；*b*—半共格

对于fcc-hcp相界面，如果两相的原子尺寸相近，有可能形成完全共格的界面。这时两个相有一定的取向关系：

$$(111)_{fcc} \parallel (0001)_{hcp};[10\bar{1}]_{fcc} \parallel [11\bar{2}0]_{hcp} \tag{2-24}$$

这种取向关系称SN（Shoji-Nishiyama）取向关系。相界面是 $(111)_{fcc}$ 和 $(0001)_{hcp}$。图2-26*a*是这种共格相界面两侧两相中的晶面的堆垛示意图，很容易看出它们有 Σ 等于3的关系。图2-26*b*是观察Al-Ag合金中析出相 γ'（Ag_2Al，hcp）与基体（fcc）间的界面的高分辨电镜照片，照片中的横线是相界面。

对于fcc-bcc相界面，fcc的最密排面（111）与bcc的密排面（110）可能结合成半共格界面。这时它们之间具有所谓的KS（Kurdjumov-Sachs）取向关系：

$$(111)_{fcc} \parallel (110)_{bcc};[0\bar{1}1]_{fcc} \parallel [1\bar{1}1]_{bcc} \tag{2-25}$$

图2-27*a*给出这种关系的示意图。由图可知，为了匹配较好，实际上两个点阵已经稍许偏离严格的取向关系。另外，$(111)_{fcc}$具有三次对称，而$(110)_{bcc}$具有二次对称，所以，这样的界面是不可能完全共格的。如果以一个阵点重合，只会在很小的一个菱形区域中双方原子匹配较好，接近完全共格。离开这个区域越远，界面两

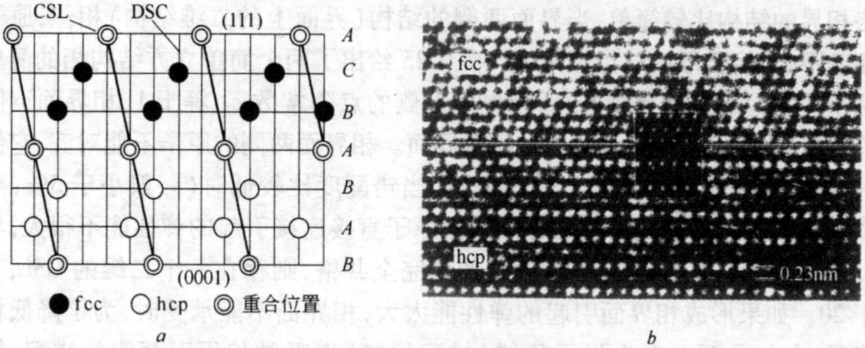

图 2-26　fcc 与 hcp 间的共格相界面

a—界面两侧晶面的堆垛；*b*—Al-Ag 合金中析出相 γ′(Ag_2Al, hcp)与基体(fcc)间界面的高分辨电镜照片

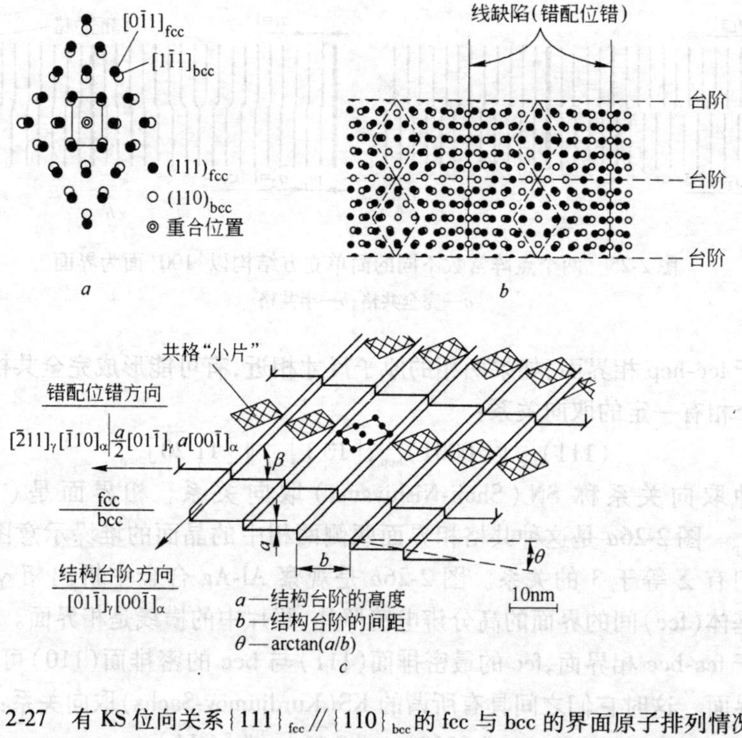

图 2-27　有 KS 位向关系 $\{111\}_{fcc} // \{110\}_{bcc}$ 的 fcc 与 bcc 的界面原子排列情况

a—有 KS 关系的两个点阵在界面上原子排列示意图；*b*—界面上通过结构台阶和错配位错提高共格程度，结构台阶的存在，使界面偏离共格平面；*c*—*b* 图中界面的等效示意图

侧原子越不匹配。钢中奥氏体(fcc)和铁素体(bcc)的界面上，为了提高共格程度，在界面上插入与界面垂直的单原子厚的结构小台阶，在每个台阶的顶面上都可以

通过原子位置的局部调整而生成许多共格小块，如图2-27*b*所示，结果使整个界面上的共格程度增加至25%（原来约8%）。在结构台阶的顶面上，两个共格小块之间用错配位错来吸纳这个区域内的错配，使界面的共格程度又进一步提高至32%，如图2-27*c*所示。结构台阶的存在使得界面偏离原来的共格平面，偏离角度θ随两相的点阵常数比例和位向关系而变化。例如，含硅的低碳钢中奥氏体（fcc）与魏氏体（bcc）的这种界面，θ角在9°~18°之间。这类界面的结构特征是固定的，不能离开界面。所以，这类界面是不可能移动的，只能通过形成成长台阶和这些台阶的侧向移动来完成界面的法向移动，即由台阶机制来完成界面移动。成长台阶和结构台阶无论在几何尺寸、共格程度、可动性等方面都不相同。

EBSD技术可很方便地确定两相的取向关系并算出转变矩阵，也可确定两相在界面处的界面晶面指数。由此数据及点阵常数可计算界面处的原子排列情况和两相原子匹配情况，从而进行深入的分析。但应注意，EBSD技术直接提供的是取向关系、相界面的晶面指数和偏差程度。界面上的原子排列要靠高分辨电镜分析或通过分子动力学模拟。EBSD技术至少可回答两相在多大程度上存在特定的取向关系。

参考文献

1 余永宁. 材料科学基础. 北京:高等教育出版社,2006

2 胡庚祥,蔡珣. 材料科学基础. 上海:上海交通大学出版社,2000

3 余永宁,毛卫民. 材料的结构. 北京:冶金工业出版社,2001

4 International Tables for Crystallography/ Space-group symmetry. 1983

5 Pearson's Handbook, Desk Edition, Crystallographic data for intermetallic phases, ASM international, ISBN 0-87170-603-2. 1997

6 American Mineralogist-an extensive database, http://www.geo.arizona.edu/xtal-cgi/test Institute of Experimental Mineralogy RAN. www-mincryst: http://database.iem.ac.ru/mincryst/

7 Deer FRS W A, Howie R A, Zussman J. An introduction to the Rock-forming Minerals (and related volumes). ISBN:0582300940

8 王萍,李国昌. 晶体学教程. 北京:国防工业出版社,2006

9 Wenke H-R, Kocks U F. The representation of orientation distribution. Met Trans., 1987(18A): 1083

10 Pantleon W, Stoyan D. Correlations between disorientation in neighboring dislocation boundaries. Acta mater., 2000(48): 3005 ~ 3014

11 Pantleon W, Hansen N. Dislocation boundaries-the distribution function of disorientation angles. Acta mater., 2002(49): 1479 ~ 1493

12 Liu Q, Hansen N. Geometrically necessary boundaries and incidental dislocation boundaries formed during cold deformation. Scripta metall mater., 1995(32): 1289 ~ 1295

13 Gottstein G and Shvindlerman L S. Scripta Metall. & Mater. ,1992(27):1515 ~ 1520
14 Nes E, Vatne H E. The 40° < 111 > orientation relationship in recrystallization. Z. Metallkd. , 1996(87):448 ~ 453
15 Aust K T, Rutter J W. Grain boundary migration in high-purity lead and dilute lead-tin alloys. Trans AIME, 1959(215):119 ~ 127

3　晶体取向(差)、织构及界面晶体学

▶**本章导读**

应用 EBSD 技术完成的第二个主要工作是确定晶体取向、取向差或取向关系,以及晶界晶面指数。本章将阐述相关的基本原理。熟练地看懂晶体投影图是材料专业学生和织构分析初学者最主要的问题,晶体投影使我们更直观地、一目了然地了解晶粒取向分布特点、相互间的关系以及可能存在的取向关系,而不会面对一大群表示晶体方向或面的数字而产生茫然。这正是本章要介绍的内容。界面晶体学是研究许多种材料失效的关键,如断裂、疲劳、腐蚀等,尽管目前 EBSD 技术在界面分析上的应用还远不如在晶粒取向方面的应用广泛,但是界面晶体学和相间取向关系将是未来 EBSD 应用的巨大领域。本章第 3 节介绍了与 EBSD 相关的界面晶体学知识,但并未涉及界面原子排列规律,因为这是 EBSD 技术所不能直接揭示的内容。

3.1　晶体取向及其表示法

3.1.1　晶体取向的概念

虽然从晶体单胞中原子排列规律可知,不同晶面或晶向上原子排列的密度不同,对应的能量、键合力、力学性能及物理性能就不同,即存在各向异性。但在实际样品中,并不能直接观察到不同的晶体学方向或晶面,只能看到晶粒的形貌。这就要求确定晶体的不同方向与宏观样品可观察到的特征方向间的关系,简言之,就是要确定晶体坐标系与外界样品坐标系的关系。确定的方法是通过对衍射出现的菊池带进行分析进而得出结论,这是将要在第 5 章讲述的内容,而本节先要了解两坐标系关系的表达,这就是取向的概念。

晶体取向定义为晶体的 3 个晶轴(如[100]-[010]-[001])在样品坐标系(如轧板的 *RD*(rolling direction,轧向)-*TD*(transverse direction,侧向或横向)-*ND*(normal direction,法向))的相对方位。

从“静态”的角度看,取向的概念就是如图 3-1 所示的两个坐标系各轴相互间的夹角关系。设 $\alpha_1,\beta_1,\gamma_1$ 是晶体坐标轴[100]与样品坐标轴 *RD*,*TD*,*ND* 的夹角,$\alpha_2,\beta_2,\gamma_2$ 是晶体坐标轴[010]与样品坐标轴 *RD*,*TD*,*ND* 的夹角,$\alpha_3,\beta_3,\gamma_3$ 是晶体坐标轴[001]与样品坐标轴 *RD*,*TD*,*ND* 的夹角。这样,$\alpha_1,\alpha_2,\alpha_3$ 就是样品坐标轴

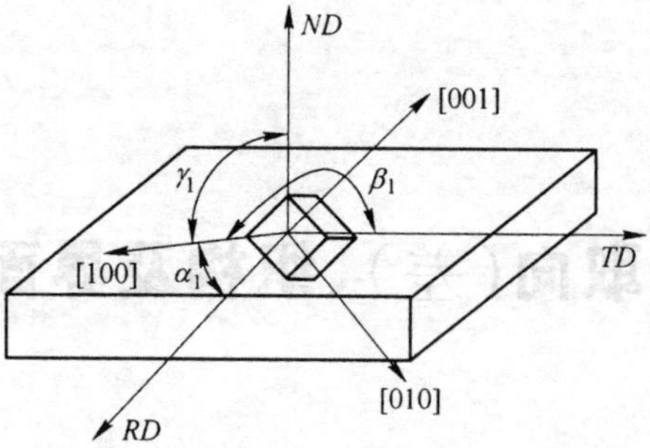

图 3-1　两个坐标系各轴及相互间的夹角

RD 与晶体坐标轴[100],[010],[001]的夹角,β_1,β_2,β_3 就是样品坐标轴 TD 与晶体坐标轴[100],[010],[001]的夹角,γ_1,γ_2,γ_3 是样品坐标轴 ND 与晶体坐标轴[100],[010],[001]的夹角。方向余弦矩阵

$$g = \begin{bmatrix} \cos\alpha_1 & \cos\beta_1 & \cos\gamma_1 \\ \cos\alpha_2 & \cos\beta_2 & \cos\gamma_2 \\ \cos\alpha_3 & \cos\beta_3 & \cos\gamma_3 \end{bmatrix} \tag{3-1}$$

就是两坐标系静态位置关系的坐标变换矩阵。3 个行矢量分别是晶体坐标轴在样品坐标轴的投影,3 个列矢量分别是样品坐标轴在晶体坐标轴的投影。该矩阵是正交矩阵,其逆矩阵等于转置矩阵。9 个分量中只有 3 个是独立的。例如,单位矢量在 3 个坐标轴的分量的平方和等于 1,这样就有 3 个约束条件;另外,晶系的 3 个晶轴之间也有确定的关系,例如立方系 3 个晶轴相互垂直,这样它们也有 3 个约束条件。所以只需 3 个独立的参数就可以描述晶体的取向。

从"动态"角度看,晶粒取向代表一种坐标变换或一种旋转操作的结果。式 3-1 也是将样品坐标系转到与晶体坐标系重合的旋转操作矩阵。

另一种表示取向的方法是用 3 个所谓的欧拉角对应的转动表示。先使两个坐标系重合,得到初始取向。按如下方式转动。首先绕晶体的[001](也是板法线 ND)转动 φ_1 角,然后以转动后的[100]轴转 Φ 角,最后绕转动后的[001]再转动 φ_2 角。这时 3 个晶轴和轧制坐标轴的关系如图 3-2 所示。φ_1、Φ 和 φ_2 3 个独立的转角称欧拉角。以 3 个欧拉角为坐标,构成取向空间。最一般的情况,φ_1、Φ 和 φ_2 的取值范围都是 $0 \sim 2\pi$。考虑晶体和试样的对称性,对于立方系,φ_1、Φ 和 φ_2 的取值范围在 $0 \sim \pi/2$ 就可以了。根据坐标变换获得经欧拉角转动后的晶体取向 g 为[1]:

$$g = \begin{bmatrix} \cos\varphi_2 & \sin\varphi_2 & 0 \\ -\sin\varphi_2 & \cos\varphi_2 & 0 \\ 0 & 0 & 1 \end{bmatrix} \begin{bmatrix} 1 & 0 & 0 \\ 0 & \cos\Phi & \sin\Phi \\ 0 & -\sin\Phi & \cos\Phi \end{bmatrix} \begin{bmatrix} \cos\varphi_1 & \sin\varphi_1 & 0 \\ -\sin\varphi_1 & \cos\varphi_1 & 0 \\ 0 & 0 & 1 \end{bmatrix}$$

$$= \begin{bmatrix} \cos\varphi_1\cos\varphi_2 - \sin\varphi_1\sin\varphi_2\cos\Phi & \sin\varphi_1\cos\varphi_2 + \cos\varphi_1\sin\varphi_2\cos\Phi & \sin\varphi_2\sin\Phi \\ -\cos\varphi_1\sin\varphi_2 - \sin\varphi_1\cos\varphi_2\cos\Phi & -\sin\varphi_1\sin\varphi_2 + \cos\varphi_1\cos\varphi_2\cos\Phi & \cos\varphi_2\sin\Phi \\ \sin\varphi_1\sin\Phi & -\cos\varphi_1\sin\Phi & \cos\Phi \end{bmatrix} \tag{3-2}$$

关于 3 个欧拉角的描述有两种不同的、但本质上是等价的解释。一是 Bunge 的定义[1]，它指先使两个坐标系的轴重合，然后依次以晶体坐标系的[001]轴转 φ_1 角，以新的[100]轴转 Φ 角，再以新的[001]轴转动 φ_2 角，从而得到一般的、两个不重合的坐标系关系；二是德国的亚琛工业大学金属研究所习惯用的绕样品坐标系转动的方法[2,3]。其定义的初始情况是两个不重合的坐标系。取向矩阵的定义是使样品坐标系与晶体坐标系重合，即 $\{C_i\} = g_{ij}\{S_i\}$。即取向矩阵使样品坐标系转动到与晶体坐标系重合。他们定义三个欧拉角的特征都是绕样品坐标系上的轴转动，即样品坐标系先绕自己的 *ND* 转 φ_1 角，这时样品的 *RD* 和 *TD* 转变为 *RD'* 和 *TD'*；φ_1 转动的结果是使晶体的[001]、样品的 *ND* 和 *TD'* 3 个轴共面；样品坐标系再绕与该三轴垂直的 *RD'* 转动 Φ 角，以使晶体的[001]轴与样品的 *ND* 轴重合。这时晶体的[100]、[010]，样品的 *RD'*、*TD'* 四轴必共面。最后样品坐标系绕 *ND'* 转 φ_2 角，[100]与 *RD'*，[010]与 *TD'* 必重合，最终两个坐标系重合。

有关欧拉角的进一步解释见图 3-3。Φ 是两个坐标系第三个轴的夹角，也是两个坐标系的 *RD-TD* 平面和[100]-[010]平面的夹角；φ_1 是两个坐标系的第一、第二轴组成的平面的交线与 *RD* 的夹角，φ_2 是两个坐标系的第一、第二轴组成的平面的交线与[100]的夹角。

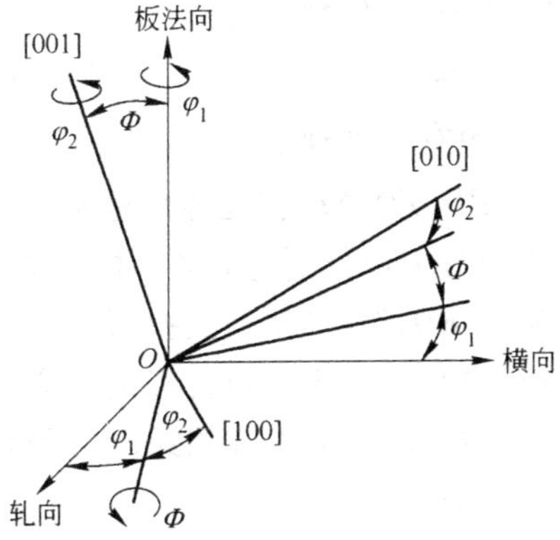

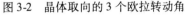

图 3-2 晶体取向的 3 个欧拉转动角

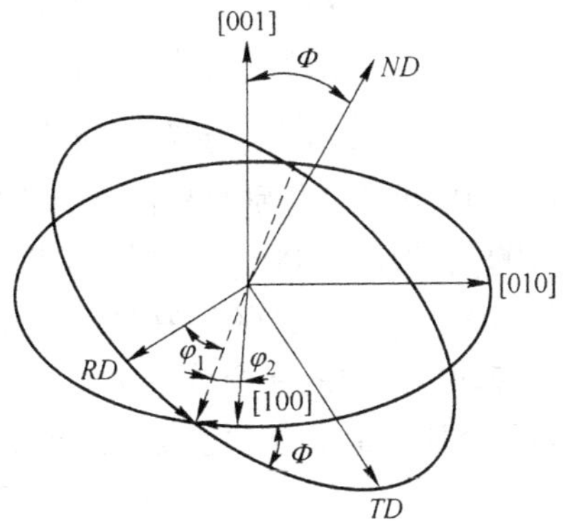

图 3-3 用欧拉角表示的两坐标轴的关系

在描述晶体取向时也不一定采用 3 个晶轴，而是采用某一晶面{*hkl*}的法线（立方系法线的晶向指数和晶面指数相同）、晶面上的某一晶向[*uvw*]以及在晶面上和[*uvw*]垂直的另一方向[*rst*]3 个相互垂直的方向在参考坐标上的取向来描述。3 个晶轴转换到晶体的任意 3 个互相垂直的方向[uvw]、[rst]和[hkl]的转换矩阵 g 可以用它们的单位矢量在 3 个坐标轴的分量构成的矩阵来表示：

$$g=\begin{bmatrix} u & r & h \\ v & s & k \\ w & t & l \end{bmatrix} \tag{3-3}$$

注意，式 3-3 矩阵中的元素已不是原来的方向指数，而是经归一化处理的数值。例如[112]，在取向矩阵中 3 个分量分别是 $1/\sqrt{6}$、$1/\sqrt{6}$和 $2/\sqrt{6}$。

3.1.2　取向的各种表示方法

3.1.2.1　取向的数字表示法

在 EBSD 技术获取的原始数据中最主要的就是有关取向的数据，因此应对这些数据非常熟悉。所有图像信息或其他数据都是这些数据的派生。以下结合铜型取向说明各种数据的表示方法。

(1) 密勒指数：$(\bar{1}12)[1\bar{1}1]=(hkl)[uvw]$。它表示晶胞的$(\bar{1}12)$面平行于轧板的(样品坐标系)轧面，$[1\bar{1}1]$方向平行于轧向，如右所示：。这样就确定了两个坐标系的静态放置关系。6 个数字中 3 个是独立的，3 个约束条件是两组指数的归一化条件和相互垂直。

(2) 矩阵。如果用 g_{ij}表示转动矩阵中各分量，则取向矩阵中两个坐标系的方向余弦关系就如式 3-4 所示。

$$\begin{bmatrix} g_{RD}^{[100]} & g_{TD}^{[100]} & g_{ND}^{[100]} \\ g_{RD}^{[010]} & g_{TD}^{[010]} & g_{ND}^{[010]} \\ g_{RD}^{[001]} & g_{TD}^{[001]} & g_{ND}^{[001]} \end{bmatrix}=\begin{bmatrix} \cos\alpha_1 & \cos\beta_1 & \cos\gamma_1 \\ \cos\alpha_2 & \cos\beta_2 & \cos\gamma_2 \\ \cos\alpha_3 & \cos\beta_3 & \cos\gamma_3 \end{bmatrix} \tag{3-4}$$

矩阵中，列矢量分别是样品坐标系的 3 个基矢 RD、TD、ND 在晶体坐标系 3 个基矢[100]，[010]，[001]上的投影或方向余弦；3 个行矢量分别是晶体坐标系的 3 个基矢[100]，[010]，[001]在样品坐标系 3 个基矢 RD，TD，ND 上的投影或方向余弦。转动矩阵中的 9 个分量中也只有 3 个是独立的，存在 3 个行分量的平方和是 1 和 3 个列分量平方和也是 1 的 6 个约束条件。铜型取向的矩阵如式 3-5 所示：

$$\begin{bmatrix} 0.577 & 0.707 & -0.408 \\ -0.577 & 0.707 & 0.408 \\ 0.577 & 0 & 0.816 \end{bmatrix} \tag{3-5}$$

(3) 欧拉角(φ_1，Φ，φ_2)。铜型取向为(90，35，40)。这里只介绍 Bunge 表示法(Roe 和 Koch 取向法则见相关织构文献[1，2]或 EBSD 软件说明)。它表示处于铜型取向的晶体单胞沿样品参考坐标系的法向、新轧向、新法向分别转动 3 个角度后将与晶体坐标系重合。

(4) 角轴对 $\theta[r_1, r_2, r_3]$。铜型取向为 56.6°/[0.245,0.590,0.769]。它表示铜型取向的晶体坐标系[100]-[010]-[001]沿自己的[0.245,0.590,0.769]轴转56.6°后将与样品坐标系重合。其本质与矩阵轴动是一致的。这里的4个变量(1个角度,3个转轴分量)中有3个是独立的,即转轴3个分量中的2个和1个转角。

与角轴对相似的另一种表示取向的方法是用罗德里格斯矢量(Rodrigues Vector)[3,4]。该矢量定义为:$\boldsymbol{R} = \boldsymbol{r}\tan(\theta/2)$,其中$|\boldsymbol{r}| = 1$。从该定义看出,$\boldsymbol{R}$ 将两个参数 $\theta/\boldsymbol{r}$ 统一到一个变量中。$\boldsymbol{R}$ 矢量的长度是随转角而变的,而角轴对中的转轴矢量总是单位长短。$\boldsymbol{R}$ 矢量可在样品坐标系的3个轴上投影,也可在晶体坐标系上的3个轴上投影。$R_1 = r_1\tan(\theta/2)$,$R_2 = r_2\tan(\theta/2)$,$R_3 = r_3\tan(\theta/2)$ 。不同 $\boldsymbol{R}$ 确定的空间就是 Rodrigues 空间,这是一种新的表示旋转的方法,特别适合描述取向差分布,在3.3.1取向差一节中再作进一步介绍。

3.1.2.2 各种取向表示法之间的关系

以下列出各取向数据表达式间的关系。最基本的出发点是取向矩阵 g_{ij}(虽然它很不直观),内含9个分量,受正交矩阵性质的约束,存在6个等式,所以只有3个是独立的。EBSD 软件一般都是以欧拉角给出取向数据,其他表达只要给出要求就可计算输出。

A 密勒指数与欧拉角之间的换算

由式3-2和式3-3可进行两者间的换算。

$$\begin{pmatrix} u & r & h \\ v & s & k \\ w & t & l \end{pmatrix} = \begin{bmatrix} \cos\varphi_1\cos\varphi_2 - \sin\varphi_1\sin\varphi_2\cos\Phi & \sin\varphi_1\cos\varphi_2 + \cos\varphi_1\sin\varphi_2\cos\Phi & \sin\varphi_2\sin\Phi \\ -\cos\varphi_1\sin\varphi_2 - \sin\varphi_1\cos\varphi_2\cos\Phi & -\sin\varphi_1\sin\varphi_2 + \cos\varphi_1\cos\varphi_2\cos\Phi & \cos\varphi_2\sin\Phi \\ \sin\varphi_1\sin\Phi & -\cos\varphi_1\sin\Phi & \cos\Phi \end{bmatrix} \tag{3-6}$$

对比式3-6左、右侧,可由右侧的欧拉角表达式算出左侧矩阵的各分量从而求出(hkl)和[uvw]。但这是归一化的指数,还应将其换算成互质的整数(HKL)[UVW],才是常用的密勒指数。

而3个欧拉角可按式3-7反算出:

$$\begin{aligned} \Phi &= \arccos l \\ \varphi_2 &= \arccos\left(\frac{k}{\sqrt{h^2 + k^2}}\right) = \arcsin\left(\frac{h}{\sqrt{h^2 + k^2}}\right) \\ \varphi_1 &= \arcsin\left(\frac{w}{\sqrt{h^2 + k^2}}\right) \end{aligned} \tag{3-7}$$

若已知的是互质化的整数密勒指数$(HKL)[UVW]$,则可按式3-8求欧拉角:

$$
\begin{aligned}
\Phi &= \arccos\left(\frac{L}{\sqrt{H^2+K^2+L^2}}\right)\\
\varphi_2 &= \arccos\left(\frac{K}{\sqrt{H^2+K^2}}\right) = \arcsin\left(\frac{H}{\sqrt{H^2+K^2}}\right)\\
\varphi_1 &= \arcsin\left\{\left(\frac{W}{\sqrt{U^2+V^2+W^2}}\right)\cdot\frac{\sqrt{H^2+K^2+L^2}}{H^2+K^2}\right\}
\end{aligned}
\tag{3-8}
$$

B 角轴对$\theta/\boldsymbol{r}$数据与取向矩阵g_{ij}及密勒指数的换算

以下先推导出角轴对与取向矩阵的关系,再给出它们之间的指数换算公式[5]。

如图3-4所示,在晶体坐标系内作一半径为1的球面。设用α,β角可确定某一晶向$\boldsymbol{r}$的方位,再通过绕这一晶向转动θ角来确定一取向。单位矢量$\boldsymbol{r}$可表示成极角(α,β)方向,所以一个取向g可由轴/转动角表示:$g=g(\alpha,\beta,\theta)=g(\boldsymbol{r},\theta)$。设矢量$\boldsymbol{r}$与三晶轴之间在球面上的大圆弧长间距分别是$\Psi_1,\Psi_2,\Psi_3$。$\boldsymbol{r}$矢量在3个晶轴上的投影分别为:

$$
\begin{aligned}
r_1 &= \cos\beta\sin\alpha = \cos\Psi_1\\
r_2 &= \sin\beta\sin\alpha = \cos\Psi_2\\
r_3 &= \cos\alpha = \cos\Psi_3
\end{aligned}
\tag{3-9}
$$

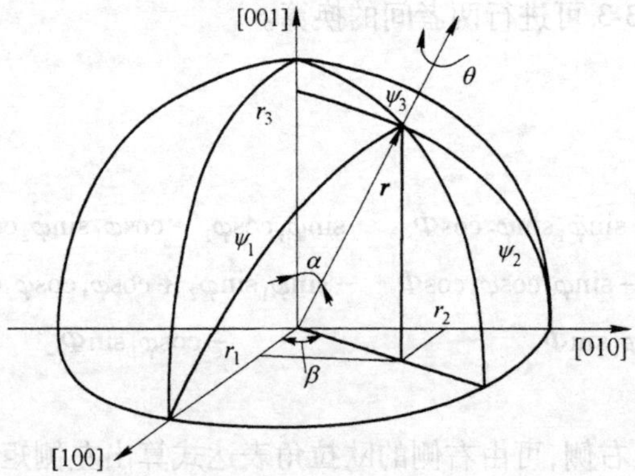

图3-4 $\boldsymbol{r},\theta$确定取向

令球面上弧Ψ_1与Ψ_2的夹角为Ψ_{12},弧Ψ_2与Ψ_3的夹角为Ψ_{23},弧Ψ_3与Ψ_1的夹角为Ψ_{31}。对[100]-[010]-$\boldsymbol{r}$在球面交点构成的曲面三角形,利用球面三角几何中边的余弦定理可求得:

$$
\cos\frac{\pi}{2} = \cos\Psi_1\cos\Psi_2 + \sin\Psi_1\sin\Psi_2\cos\Psi_{12}
$$

即:

$$\cos\Psi_{12} = -\frac{r_1 \cdot r_2}{\sqrt{r_3^2 + r_1^2 \cdot r_2^2}} \tag{3-10}$$

同理有：

$$\cos\Psi_{23} = -\frac{r_2 \cdot r_3}{\sqrt{r_1^2 + r_2^2 \cdot r_3^2}} \tag{3-11}$$

$$\cos\Psi_{31} = -\frac{r_3 \cdot r_1}{\sqrt{r_2^2 + r_3^2 \cdot r_1^2}} \tag{3-12}$$

现将坐标轴绕 $\boldsymbol{r}$ 转 θ 角（如图 3-5 所示），将[100]方向与球面交点转至 P 点，令 P 点到原 3 个晶轴的大圆弧长分别为 Ψ_u,Ψ_v,Ψ_w。再根据球面三角几何中边的余弦定理有（下面第一式是由 $\boldsymbol{P}$-[100]-$\boldsymbol{r}$ 在球面交点构成的曲面三角形得出，其余类推）：

$$\begin{aligned} \cos\Psi_u &= \cos\Psi_1\cos\Psi_1 + \sin\Psi_1\sin\Psi_1\cos\theta = (1 - r_1^2)\cos\theta + r_1^2 \\ \cos\Psi_v &= \cos\Psi_1\cos\Psi_2 + \sin\Psi_1\sin\Psi_2\cos(\Psi_{12} + \theta) = r_1 r_2(1 - \cos\theta) - r_3\sin\theta \\ \cos\Psi_w &= \cos\Psi_1\cos\Psi_3 + \sin\Psi_1\sin\Psi_3\cos(\Psi_{31} - \theta) = r_1 r_3(1 - \cos\theta) + r_2\sin\theta \end{aligned} \tag{3-13}$$

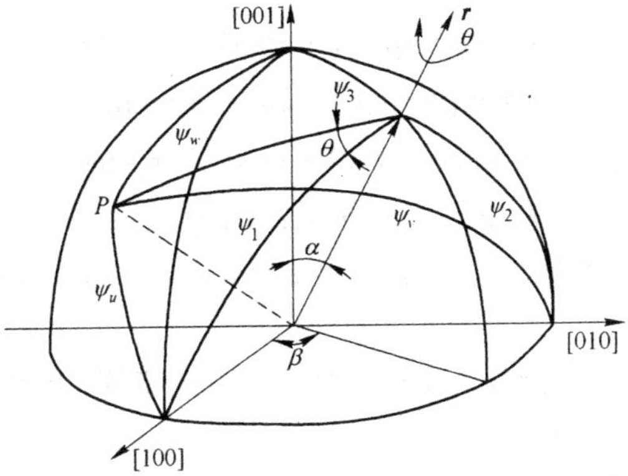

图 3-5 获得任一取向的轴对称操作

同理，令 Ψ_h,Ψ_k,Ψ_l 为[001]晶向经$(\boldsymbol{r},\theta)$转动后在球面上与原 3 个晶轴所夹大圆弧长，令 Ψ_r,Ψ_s,Ψ_t 为[010]晶向经$(\boldsymbol{r},\theta)$转动后在球面上与原 3 个晶轴所夹大圆弧长，亦可求出：

$$\begin{aligned} \cos\Psi_h &= r_1 r_3(1 - \cos\theta) - r_2\sin\theta \\ \cos\Psi_k &= r_2 r_3(1 - \cos\theta) + r_1\sin\theta \\ \cos\Psi_l &= (1 - r_3^2)\cos\theta + r_3^2 \\ \cos\Psi_r &= r_1 r_2(1 - \cos\theta) + r_3\sin\theta \\ \cos\Psi_s &= (1 - r_2^2)\cos\theta + r_2^2 \\ \cos\Psi_t &= r_2 r_3(1 - \cos\theta) - r_1\sin\theta \end{aligned} \tag{3-14}$$

参照前述晶面晶向指数的矩阵表达式 3-3，轴转动亦可表达成矩阵形式，即：

$$g = g(\boldsymbol{r},\theta) = \begin{pmatrix} \cos\boldsymbol{\Psi}_u & \cos\boldsymbol{\Psi}_r & \cos\boldsymbol{\Psi}_h \\ \cos\boldsymbol{\Psi}_v & \cos\boldsymbol{\Psi}_s & \cos\boldsymbol{\Psi}_k \\ \cos\boldsymbol{\Psi}_w & \cos\boldsymbol{\Psi}_t & \cos\boldsymbol{\Psi}_l \end{pmatrix} =$$

$$\begin{pmatrix} (1-r_1^2)\cos\theta + r_1^2 & r_1 r_2(1-\cos\theta) + r_3\sin\theta & r_1 r_3(1-\cos\theta) - r_2\sin\theta \\ r_1 r_2(1-\cos\theta) - r_3\sin\theta & (1-r_2^2)\cos\theta + r_2^2 & r_2 r_3(1-\cos\theta) + r_1\sin\theta \\ r_1 r_3(1-\cos\theta) + r_2\sin\theta & r_2 r_3(1-\cos\theta) - r_1\sin\theta & (1-r_3^2)\cos\theta + r_3^2 \end{pmatrix} \quad (3\text{-}15)$$

式 3-15 与第 2.1.2 节中式 2-6 是等价的。注意,欧拉角的矩阵表达是将不重合的样品坐标系转到晶体坐标系;这也是取向的定义。上面推导时是将原重合的两个坐标系,将样品坐标系绕晶体坐标系的 $\boldsymbol{r}$ 轴转 θ 角,这也是以轴角对表示取向的定义,两个含义是相同的。

由式 3-15 可从角轴对 $\theta/\boldsymbol{r}$ 数据算出取向矩阵参数 $\{g_{ij}\}$ 及密勒指数:

$$\begin{aligned} u &= g_{11} = (1-r_1^2)\cos\theta + r_1^2 \\ h &= g_{13} = r_1 r_3(1-\cos\theta) - r_2\sin\theta \\ v &= g_{21} = r_2 r_1(1-\cos\theta) - r_3\sin\theta \\ k &= g_{23} = r_2 r_3(1-\cos\theta) + r_1\sin\theta \\ w &= g_{31} = r_3 r_1(1-\cos\theta) + r_2\sin\theta \\ l &= g_{33} = (1-r_3^2)\cos\theta + r_3^2 \end{aligned} \quad (3\text{-}16)$$

但这是归一化的指数,即 $u^2 + v^2 + w^2 = h^2 + k^2 + l^2 = 1$,还应将其换算成互质的整数。

反之,若已知由密勒指数或欧拉角算出的取向矩阵,由式 3-16 可从取向矩阵参数算出旋转角/轴数值:

$$\begin{aligned} &1 + 2\cos\theta = g_{11} + g_{22} + g_{33} \\ &2\,r_1\sin\theta = g_{23} - g_{32} \quad 2\,r_2\sin\theta = g_{31} - g_{13} \quad 2\,r_3\sin\theta = g_{12} - g_{21} \end{aligned} \quad (3\text{-}17)$$

若 θ 为 180°,则 $\boldsymbol{r}$ 为:

$$r_1 = ((g_{11}+1)/2)^{1/2},\ r_2 = ((g_{22}+1)/2)^{1/2},\ r_3 = ((g_{33}+1)/2)^{1/2}$$

例如:黄铜取向(011)[2 $\bar{1}$1]的旋转轴角是:56.44°[0.77178,0.24334,0.58748]。一般习惯用正的 θ,出现负 θ 时,可将 r 改变方向。

3.1.2.3　取向的图形表示法

在 2.3.1 节谈到,有时用数字表示取向很不直观,用二维投影可弥补这一不足。前面的极射赤面投影知识是本节的理论基础。

A　取向用极图表示

极图是表示某一取向晶粒的某一选定晶面 $\{hkl\}$ 在包含样品坐标系方向的极射赤面投影图上的位置的图形。例如,一个取向的 $\{100\}$ 极图是将该取向的晶胞的3个{100}晶向的极射赤面投影位置表示出来，见图3-6。其基本过程是：小单胞处在参考球中心，其任意的方位表示其对外界参考系（*RD-ND-TD*）的取向，这时其（*hkl*）面平行于轧面（*RD-TD* 组成），其[*uvw*]平行于 *RD*。现在要用3个{100}极点表示单胞相对于样品坐标系的取向，即看它的3个{100}点在极图上的位置。由3个{100}点的位置，应可联想其单胞的空间方位。当然，这需要反复的练习。

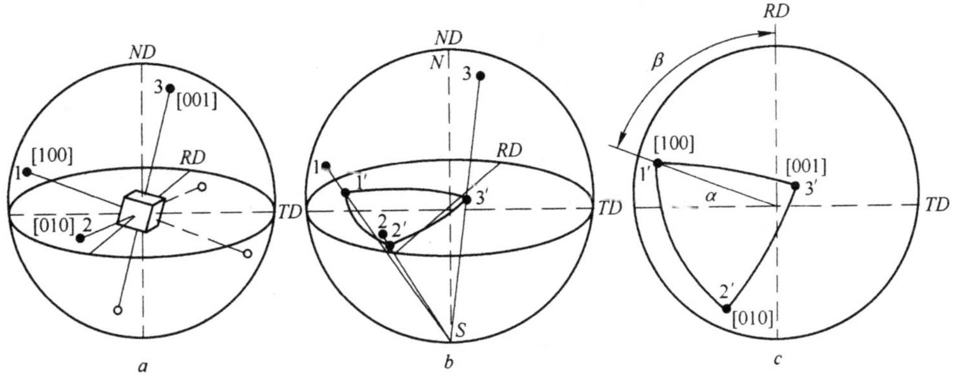

图3-6 {100}极图的做法

a—参考球与单胞；*b*—极射赤面投影法；*c*—投影图/只给出{100}点

当用图3-6*c* 中的极角 α,β 表示极轴 $\boldsymbol{r}$ 在样品坐标系下的坐标时（α 是极轴 $\boldsymbol{r}$ 与 *ND* 的夹角，β 是极轴 $\boldsymbol{r}$ 在轧面上的投影线与 *RD* 的夹角），$\boldsymbol{r}$ 可表达为：

$\boldsymbol{r}=\sin\alpha\cos\beta\ \boldsymbol{s}_1+\sin\alpha\sin\beta\ \boldsymbol{s}_2+\cos\alpha\ \boldsymbol{s}_3$。$\boldsymbol{s}_1,\boldsymbol{s}_2,\boldsymbol{s}_3$ 是 *RD*，*TD*，*ND* 方向的单位矢量。

同时 $\boldsymbol{r}$ 又可在晶体坐标系下表达为：

$\boldsymbol{r}=x\ \boldsymbol{c}_1+y\ \boldsymbol{c}_2+z\ \boldsymbol{c}_3$。$\boldsymbol{c}_1,\boldsymbol{c}_2,\boldsymbol{c}_3$ 是[100]，[010]，[001]方向的单位矢量，(x,y,z) 经过了归一化处理。

这时，极轴的极角 $\boldsymbol{r}$ 坐标（α,β）、晶体坐标（x,y,z）和取向矩阵 g_{ij} 的关系为：

$$\begin{pmatrix}\sin\alpha\cdot\cos\beta\\ \sin\alpha\cdot\sin\beta\\ \cos\alpha\end{pmatrix}=\begin{pmatrix}u & v & w\\ q & r & s\\ h & k & l\end{pmatrix}\cdot\begin{pmatrix}x\\ y\\ z\end{pmatrix}\tag{3-18}$$

注意，这里是取向矩阵（式3-4）的逆矩阵，因为它要将晶体坐标系转到样品坐标系（取向矩阵是将样品坐标系转到与晶体坐标系重合）。从式3-18可求出极轴（x,y,z）在极图上的位置。但此处的 β 角与图2-15和式2-16中的 β 角不同，后者是极轴与 *RD* 的夹角。

另外要注意的是，求出的极角（α，β）用吴氏（Wulff）网标在极图中就是极射赤面投影图，也就是最常用的极图。若用 Schmid 网标在极图中就是等面积投影图。

例 1　已知立方系某一取向的密勒指数表达为$(HKL)[UVW]$,归一化处理后为$(hkl)[uvw]$。求该取向在{001}极图中的坐标位置。

解: 原题要求将{001}晶面族中的(100),(010),(001)极点分别表示出来,如图 3-7 所示。已知 $ND=[hkl]$,$RD=[uvw]$,则侧向 $TD=[hkl]\times[uvw]$。(100)极,即其法线[100]与$[hkl]$,$[uvw]$的夹角为 α_1,β'_1。

$$\cos\alpha_1=h;\cos\beta'_1=u$$

[010]与$[hkl]$,$[uvw]$的夹角为 α_2,β'_2。

$$\cos\alpha_2=k;\cos\beta'_2=v \tag{3-19}$$

[001]与$[hkl]$,$[uvw]$的夹角为 α_3,β'_3。

$$\cos\alpha_3=l;\cos\beta'_3=w$$

参见第 2 章式 2-16,便可算出各{100}极点的坐标(x_i,y_i)。(100)极点的位置见图 3-7。类似地,可求出该取向在任一种极图中的坐标位置。

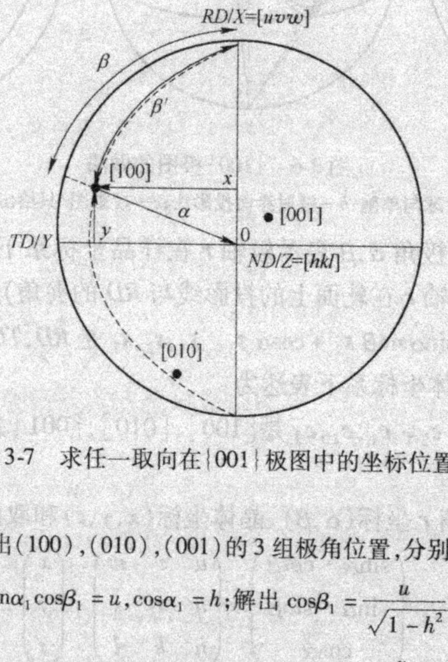

图 3-7　求任一取向在{001}极图中的坐标位置

用式 3-18 同样可算出(100),(010),(001)的 3 组极角位置,分别为:

$$\sin\alpha_1\cos\beta_1=u,\cos\alpha_1=h;解出\ \cos\beta_1=\frac{u}{\sqrt{1-h^2}}$$

$$\sin\alpha_2\cos\beta_2=v,\cos\alpha_2=k;解出\ \cos\beta_2=\frac{v}{\sqrt{1-k^2}}$$

$$\sin\alpha_3\cos\beta_3=w,\cos\alpha_3=l;解出\ \cos\beta_3=\frac{w}{\sqrt{1-l^2}} \tag{3-20}$$

式 3-20 与上面的结果式 3-19 对比,可见两个角 β,β'的关系是:

$$\sin\alpha\cos\beta=\cos\beta' \tag{3-21}$$

实际这些过程可由计算机轻易的完成。

在许多文献书籍上，提到{100}极图，有时{111}极图，又有时为{110}极图，这些都是不同研究者的习惯用法。同一取向在不同极图上表现是不一样的，但所指的单胞空间方位或取向是相同的。下面再以例子说明此问题。

例2 分别给出立方取向(100)[010]，铜型取向$(\bar{1}12)[1\bar{1}1]$和高斯取向(110)[001]的{111}、{100}和{110}极图。

解： 如图3-8所示，{111}极图上每个取向有4个点，即四个{111}极点；{100}极图上每个取向有3个点，{110}极图上每个取向有6个点。对应各自的晶面族数。

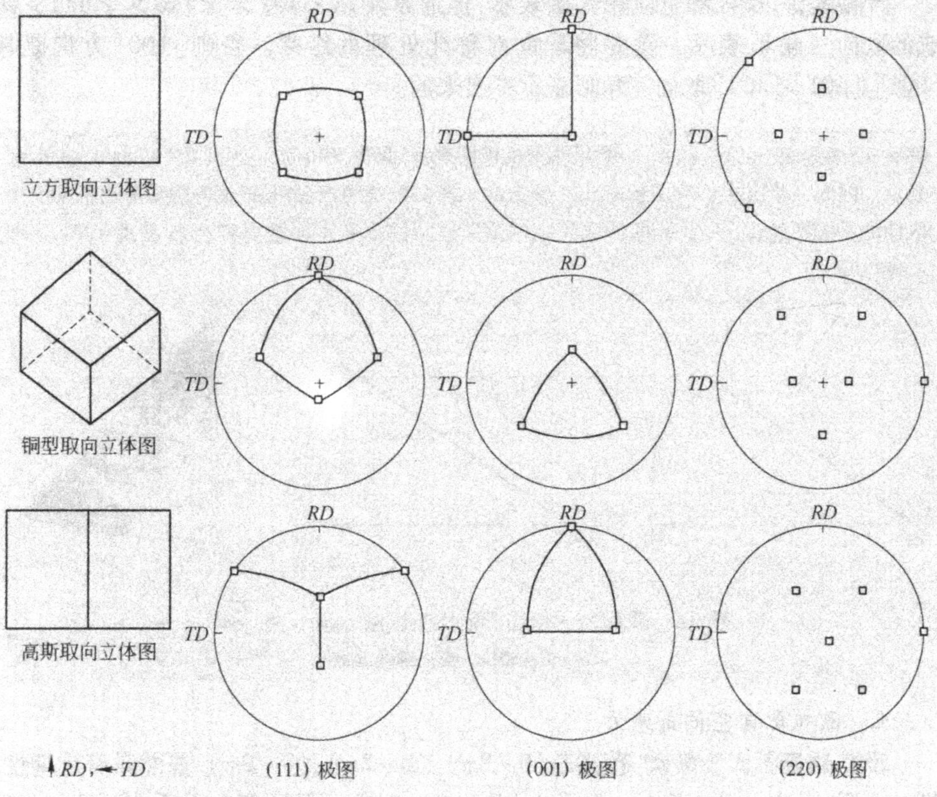

图3-8 立方取向(100)[010]、铜型取向$(\bar{1}12)[1\bar{1}1]$和高斯取向(110)[001]的{111}、{100}和{110}极图

B 反极图

与极图相反，反极图是描述多晶体材料中平行于材料的某一外观特征方向的晶向在晶体坐标架的空间分布的图形，参考坐标架的3个轴一般取晶体的3个晶轴（或低指数的晶向）。作反极图时将设定的外观特征方向（如*ND*）的晶向标于其中，从而反映该外观特征方向在晶体学空间的分布。

类似极图中两个坐标系下取向矩阵与极角和极轴的关系，反极图下也有下列

关系:

$$\begin{pmatrix} \sin\gamma \cdot \cos\delta \\ \sin\gamma \cdot \sin\delta \\ \cos\gamma \end{pmatrix} = \begin{pmatrix} u & q & h \\ v & r & k \\ w & s & l \end{pmatrix} \cdot \begin{pmatrix} x \\ y \\ z \end{pmatrix} \tag{3-22}$$

(x,y,z)是某一晶轴 $\boldsymbol{r}$ 在样品坐标系(RD,TD,ND)中的坐标,(δ,γ)是 $\boldsymbol{r}$ 在晶体坐标系[100]-[010]-[001]构成的极图中的极角坐标。这里使用的是取向矩阵,而不是逆矩阵。

严格地讲,反极图也应用大圆表示,但通常用以<100>-<110>-<111>组成的取向三角形表示。这是将取向对称化处理的结果。否则[$\bar{1}$00]方向是用[001]-[101]-[111]取向三角形表示不出来的。

例3　铜型取向(112)[11$\bar{1}$]。要用两个反极图表示,见图3-9*a*,*b*。这里 RD=[11$\bar{1}$]是等效表示。因为一个反极图中只能标出一个方向。图3-9*c* 为热压缩低碳钢等距离测出的400个取向的反极图表达,只标出每个取向中的 ND 方向的分布。多数晶粒已转动到<001>和<111>取向。

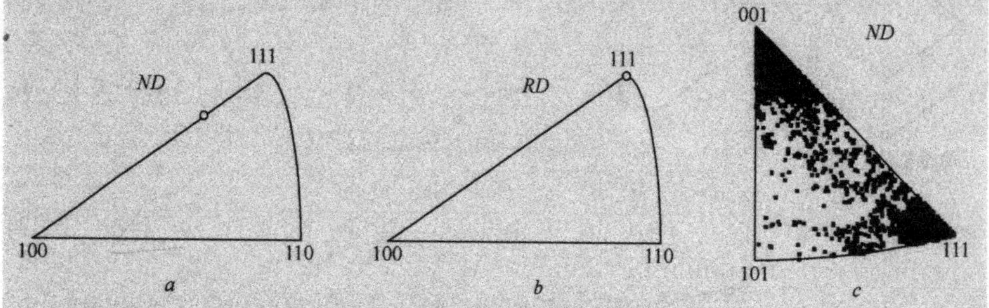

图3-9　反极图一般用于描述线织构<*uvw*>或{*hkl*}

a,*b*—反极图;*c*—热压缩低碳钢

C　欧拉取向空间的表示

欧拉角表示3个转动,范围是$(0\sim2\pi)$、$(0\sim2\pi)$、$(0\sim2\pi)$,显然具有周期性,即:$g=f(\varphi_1,\Phi,\varphi_2)=f(\varphi_1+2\pi,\Phi+2\pi,\varphi_2+2\pi)$。但还存在关系[2,5]:$f(\varphi_1,\Phi,\varphi_2)=f(\varphi_1+\pi,2\pi-\Phi,\varphi_2+\pi)$,即在 Φ 等于 π 时存在一个镜面对称性。因此,欧拉空间范围是$(0\sim2\pi)$、$(0\sim\pi)$、$(0\sim2\pi)$。晶体对称性和样品对称性会进一步减小欧拉空间范围,见3.1.2.4节。对立方晶系中的铜取向(90,35,45),见图3-10。虽然简单,但不如二维图形表达得直观易懂。

D　罗德里格斯矢量

罗德里格斯矢量或角轴对都是三维矢量,也可以用图形表示。对单个角轴对,轴的位置可用类似反极图的取向三角形表示,角度只是一个数字,不需用图形表示。而 $\boldsymbol{R}$ 矢量要表示在罗德里格斯空间中。这两种取向表示方法更适合描述晶粒间的取向差分布，这将在第 3.3.1 节中进一步介绍。

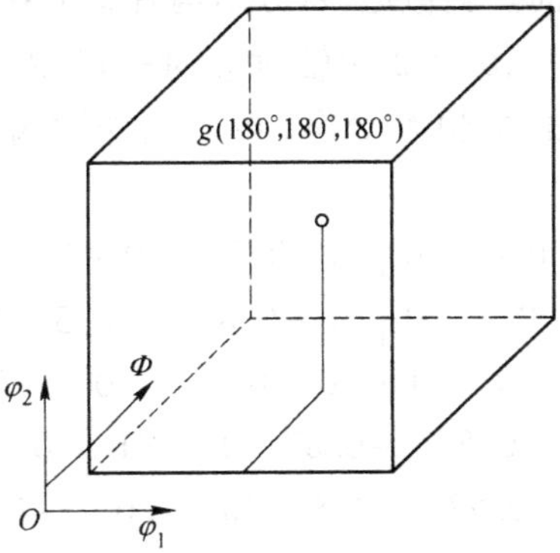

图 3-10 欧拉取向空间的表示

3.1.2.4 晶体对称性与样品对称性产生等效取向的运算

A 晶体对称性

已知立方系(最高)的对称元素可有 3 个 4 次轴，4 个 3 次轴，6 个 2 次轴。因此，每个取向有 4×3×2 = 24 个对称(等效)取向。这 24 个对称取向或对称位置可用 24 个对应的矩阵运算得到。它们是：9 个 4 次轴对应的矩阵($4_{[100]}$，$4^2_{[100]}$，$4^3_{[100]}$；$4_{[010]}$，$4^2_{[010]}$，$4^3_{[010]}$；$4_{[001]}$，$4^2_{[001]}$，$4^3_{[001]}$)，8 个 3 次轴对应的矩阵($3_{[111]}$，$3^2_{[111]}$；$3_{[11\bar{1}]}$，$3^2_{[11\bar{1}]}$；$3_{[1\bar{1}1]}$，$3^2_{[1\bar{1}1]}$；$3_{[\bar{1}11]}$，$3^2_{[\bar{1}11]}$)，6 个 2 次轴对应的矩阵($2_{[110]}$，$2_{[1\bar{1}0]}$，$2_{[101]}$，$2_{[10\bar{1}]}$，$2_{[011]}$，$2_{[01\bar{1}]}$)，1 个 1 次轴(即恒等变换)。这 24 个矩阵可用前面任一轴的转动矩阵通式 3-15，式 2-6 求出，分别是[3]：

$$
\begin{pmatrix}1&0&0\\0&1&0\\0&0&1\end{pmatrix}
\begin{pmatrix}0&0&\bar{1}\\0&\bar{1}&0\\\bar{1}&0&0\end{pmatrix}
\begin{pmatrix}0&0&\bar{1}\\0&1&0\\1&0&0\end{pmatrix}
\begin{pmatrix}\bar{1}&0&0\\0&1&0\\0&0&\bar{1}\end{pmatrix}
\begin{pmatrix}0&0&1\\0&1&0\\\bar{1}&0&0\end{pmatrix}
\begin{pmatrix}1&0&0\\0&0&\bar{1}\\0&1&0\end{pmatrix}
$$
$$
\begin{pmatrix}1&0&0\\0&\bar{1}&0\\0&0&\bar{1}\end{pmatrix}
\begin{pmatrix}1&0&0\\0&0&1\\0&\bar{1}&0\end{pmatrix}
\begin{pmatrix}0&\bar{1}&0\\1&0&0\\0&0&1\end{pmatrix}
\begin{pmatrix}\bar{1}&0&0\\0&\bar{1}&0\\0&0&1\end{pmatrix}
\begin{pmatrix}0&1&0\\\bar{1}&0&0\\0&0&1\end{pmatrix}
\begin{pmatrix}0&0&1\\1&0&0\\0&1&0\end{pmatrix}
$$
$$
\begin{pmatrix}0&1&0\\0&0&1\\1&0&0\end{pmatrix}
\begin{pmatrix}0&0&\bar{1}\\\bar{1}&0&0\\0&1&0\end{pmatrix}
\begin{pmatrix}0&\bar{1}&0\\0&0&1\\\bar{1}&0&0\end{pmatrix}
\begin{pmatrix}0&1&0\\0&0&\bar{1}\\\bar{1}&0&0\end{pmatrix}
\begin{pmatrix}0&0&\bar{1}\\1&0&0\\0&\bar{1}&0\end{pmatrix}
\begin{pmatrix}0&0&1\\\bar{1}&0&0\\0&\bar{1}&0\end{pmatrix}
$$
$$
\begin{pmatrix}0&\bar{1}&0\\0&0&\bar{1}\\1&0&0\end{pmatrix}
\begin{pmatrix}0&1&0\\1&0&0\\0&0&\bar{1}\end{pmatrix}
\begin{pmatrix}\bar{1}&0&0\\0&0&1\\0&1&0\end{pmatrix}
\begin{pmatrix}0&0&1\\0&\bar{1}&0\\1&0&0\end{pmatrix}
\begin{pmatrix}0&\bar{1}&0\\\bar{1}&0&0\\0&0&\bar{1}\end{pmatrix}
\begin{pmatrix}\bar{1}&0&0\\0&0&\bar{1}\\0&\bar{1}&0\end{pmatrix}
\qquad (3\text{-}23)
$$

也就是说,立方系中任一取向,用除第一个恒等矩阵外的其余23个矩阵相乘就得出全部24个等效取向。类似地,六方结构有5个6次轴对应的矩阵($6_{[0001]}$,$6^2_{[0001]}$,$6^3_{[0001]}$,$6^4_{[0001]}$,$6^5_{[0001]}$),6个2次轴对应的矩阵($2_{[11\bar{2}0]}$,$2_{[1\bar{2}10]}$,$2_{[\bar{2}110]}$,$2_{[1\bar{1}00]}$,$2_{[10\bar{1}0]}$,$2_{[01\bar{1}0]}$),1个1次轴(即恒等变换)共12个矩阵组成。在3轴正交坐标系下,12个矩阵分别是[3]:

$$
\begin{pmatrix}1&0&0\\0&1&0\\0&0&1\end{pmatrix}
\begin{pmatrix}0.5&0.87&0\\-0.87&0.5&0\\0&0&1\end{pmatrix}
\begin{pmatrix}0.5&0.87&0\\-0.87&-0.5&0\\0&0&1\end{pmatrix}
\begin{pmatrix}-1&0&0\\0&-1&0\\0&0&1\end{pmatrix}
$$

$$
\begin{pmatrix}-0.5&-0.87&0\\0.87&-0.5&0\\0&0&1\end{pmatrix}
\begin{pmatrix}0.5&-0.87&0\\0.87&0.5&0\\0&0&1\end{pmatrix}
\begin{pmatrix}1&0&0\\0&-1&0\\0&0&-1\end{pmatrix}
$$

$$
\begin{pmatrix}0.5&0.87&0\\0.87&-0.5&0\\0&0&-1\end{pmatrix}
\begin{pmatrix}-0.5&0.87&0\\0.87&0.5&0\\0&0&-1\end{pmatrix}
\begin{pmatrix}-1&0&0\\0&1&0\\0&0&-1\end{pmatrix}
$$

$$
\begin{pmatrix}-0.5&-0.87&0\\-0.87&0.5&0\\0&0&-1\end{pmatrix}
\begin{pmatrix}0.5&-0.87&0\\-0.87&-0.5&0\\0&0&-1\end{pmatrix}
\tag{3-24}
$$

每个取向用除第一个恒等矩阵外的其余11个矩阵相乘就得出全部12个等效取向。而这12个矩阵也可用式3-15,式2-6算出。现在,读者就清楚了等效概念、等效取向的数目和等效取向的求法,也看到对称矩阵运算的重要性。

B　样品对称性

对于有正交对称性的样品,如多晶轧板,则存在3个相互垂直的2次轴。在该对称系中有4个对称位置。考虑两个2次轴即可概括轧制样品系的全部对称位置。同时考虑立方晶体系和轧制样品系的对称性时,一个取向共有24×4=96种可能的对称位置。也就是说,一个取向的多重性因子Z一般为96。对高对称性的取向,如立方取向{100}<001>,旋转立方取向{100}<011>,高斯取向{110}<001>,反高斯取向{110}<1$\bar{1}$0>,多重性因子降至24,在极图上只有1组位置;较高对称性的取向,如铜型取向{112}<11$\bar{1}$>,黄铜取向{110}<1$\bar{1}$2>,多重性因子降至48,在极图上有2组位置。低对称性的S取向{123}<63$\bar{4}$>有4组不同位置。用软件计算出晶体对称性相同的等效取向在极图上重合,样品对称等效的取向(位置)不重合。这给初学者辨认取向带来困惑,也造成极图上强度高、低的体积分数的不可比性。如同样强度的立方织构和S织构对应不同晶粒体积分数,即极图上强度很高的立方织构与强度较低的S织构可能有相同的体积分数(后者是4个不同取向位置计算出的相对量的叠加)。

表3-1为晶体对称性及样品对称性对欧拉空间的影响。可见,样品对称性只

影响 φ_1，晶体对称性只影响 Φ，φ_2。

表 3-1 晶体对称性及样品对称性对欧拉空间的影响[3]

晶体结构	晶体对称性		样品对称性		
			正交	单斜	三斜
	Φ/(°)	φ_2/(°)	φ_1/(°)	φ_1/(°)	φ_1/(°)
立方	90	90	90	180	360
四方	90	90			
正交	90	180			
六方	90	60			
菱方	90	120			
单斜	90	360			
三斜	180	360			

在 EBSD 数据处理软件中，首先要进行的就是确定样品对称性。软件中对样品对称性有 3 种选择：三斜对称性（triclinic），就是样品没有对称性；单斜对称性（monoclinic），就是样品存在 1 个 2 次轴，如平行四边形；正交对称性（orthorhombic），就是有 2 个新的 2 次轴，如轧板。了解这些概念的意义在于，取向成像后要计算不同织构对应晶粒的面积分数时，要考虑多重性因子的影响，否则会少算一部分等效取向。例如，统计 S 取向时，要同时给出处在极图中 4 个不同位置的 S 值取向，才能计算全面。而计算立方取向晶粒的面积分数时，只需给出 1 组取向数据。

3.2 织构的概念及表达

3.2.1 织构存在的普遍性

H. J. Bunge 提到，大量结果表明，材料性能 20% ~50% 受织构影响。织构会影响弹性模量、泊松比、强度、韧性、塑性（包括深冲性）、磁性、电导、线膨胀系数。最典型的例子有：取向硅钢中高斯织构的控制、IF 钢中{111}织构的控制、铝制易拉罐制耳的控制、高压电容器阳极铝箔中立方织构的控制、超导带镍基衬底中立方织构的控制。X 射线法测出的织构表示出整体织构分布及各类织构数量，但不能表明它们在样品中是怎样分布的（轧板中沿厚度方向存在织构梯度时，也可用层磨法测出表面到样品中心的织构变化，但不是晶粒尺度上的）。微观织构（microtexture）描述了一群晶粒的取向在空间的位置关系，是组织与取向的结合，也称取向拓扑学。微观织构分析可用于界面参数与性能关系、晶粒形貌参数、单个晶粒内取向变化、相之间的取向关系、直接的取向分布函数（ODF）的计算等分析。

多晶体的晶粒取向集中分布在某一个或某些取向附近的现象称择优取向

(preferred orientation),多晶体的择优取向称织构。织构的含义还不限于此,从广义看,多晶体中晶粒取向偏离随机分布的现象都称为织构(虽然绝大多数学者都接受织构就是多晶体中取向的择优分布现象,但 texture 一词的本身含义是纺织行业编织的图案之意,与"择优"与否无关。因此,有人认为,多晶体中晶粒取向分布本身就是织构,不一定非要出现择优分布)。取向与织构的区别是"单"与"多"的关系。

晶粒取向择优分布的出现有其必然性,这与凝固时晶体生长速度、热流的作用和不同晶体学方向导热系数差异都有关系;又如形变过程中的晶粒择优取向是晶体固定的滑移/孪生面和拉伸时产生力矩作用的结果;再结晶过程中晶粒取向的择优是形变后在形变不均匀区或其他潜在的形核位置形成特定取向的亚晶(择优形核理论)或特殊取向差对应的界面高迁移率晶界造成的结果(择优生长),也可能是表面能或特殊退火气氛造成的(如二次再结晶织构的出现);薄膜制备过程中晶粒取向及形貌的择优可能是不同晶面应变能差、表面能和晶界迁移速度的作用结果;固态相变中出现的新/母相之间的取向关系;连续脱溶,马氏体相变都受应变能/界面能的共同作用。总之,晶体内部的各向异性,外界的温度场、电磁场、应变场都可引起织构。形貌择优与取向择优是两个不同的概念,但常有一定联系。

图 3-11 给出了凝固过程中的晶粒取向择优(柱状晶、定向凝固、共晶)。

图 3-11　凝固过程中的晶粒取向择优(柱状晶、定向凝固、共晶)
a—铝铸锭;*b*—平行凝固方向(×400);*c*—垂直凝固方向(×400)

图 3-12 给出了金刚石薄膜中的柱状晶,通常也存在织构。

出现晶粒取向择优后会带来怎样的性能变化?视具体情况不同,织构出现所造成的各向异性利害不同。单晶形变或再结晶织构造成冲压时的制耳是有害的,电容器高压铝箔内强的立方织构是有利的,Fe-3% Si 取向硅钢中的高斯织构因优异的软磁性能是有利的;IF 钢{111}织构造成的高 *R* 值冲压性也是所希望的;为超导服务的镍基衬底内强的立方织构是有利。这方面的例子很多,见文献[6]。

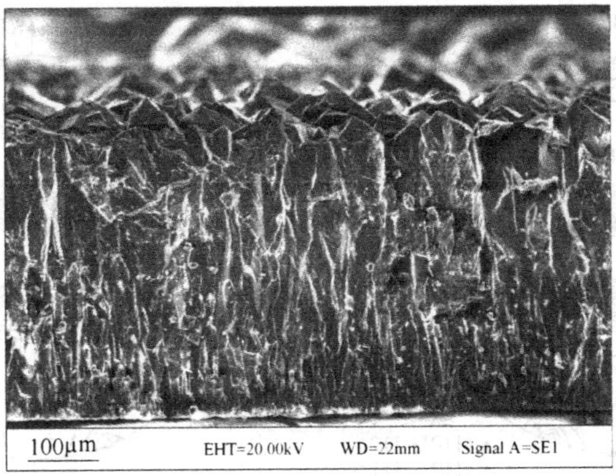

图 3-12 金刚石薄膜中的柱状晶

3.2.2 织构的表示法

3.2.2.1 极图

既然织构是多晶体中各晶粒的取向分布，就不可能用一大组取向数字来表示，这样太不直观。一般用散点表示，即将测到的所有晶粒的取向以散点的方式表示在极图、反极图或欧拉取向空间中。但更多的是以等高线的方式表示。这时将每个单点数据看成有一定半高宽的高斯分布函数，相互叠加，计算出所谓的 C 系数和极密度分布，然后在相应的图上表示。以散点表示时，除可看到主要择优取向处以外，还可看到少数晶粒的取向位置或偏差的程度；但许多点会重叠导致看不出两类织构的强度差异，而等高线可清楚显示各织构的强度差别和锋锐程度，但有时会忽略弱取向的位置。有时因对称性的影响，最强织构峰下的晶粒体积分数反而低于次强峰织构的量。

在介绍取向概念时已介绍了极图的含义。如果理解了用各种极图表示取向的含义，又理解等高线的含义，就较容易理解织构的极图表达方式了。这里补充说明一下各等效取向出现的常见问题：学生明白单个取向的极图表示，但看不懂多晶织构的极图。以下以实例对此进行说明。可注意到，不少文献对极图的描述是基于X射线法的，这时常提到极密度的概念。极图表示法中，以轧向 *RD*、横向 *TD* 和轧面法线 *ND* 作坐标架。以轧面作为投影面，作出各晶粒某晶面{*hkl*}在参考球球面上极点，把每个点代表的晶粒体积作为这个点的权重，这些极点在球面上的加权密度分布称为极密度分布，球面上极密度分布在赤道面上的投影称为{*hkl*}极图。图3-13 是 fcc 金属轧制时出现的最典型的两类取向分布。图 3-13*a* 是高层错能金属，如铝、镍轧后出现的所谓铜型织构。它主要包含 3 种织构，$C\{112\}<11\bar{1}>$，$S\{123\}<63\bar{4}>$，$B\{110\}<1\bar{1}0>$，但实际取向集中在一条取向管道上，称 β 线和

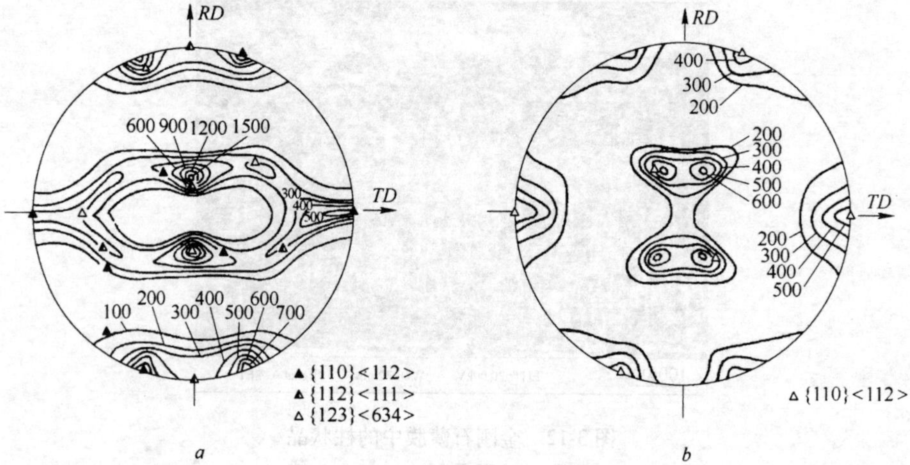

图 3-13　轧制极图

a—经 95% 形变量轧制纯铝的{111}极图;*b*—Cu-30% Zn 合金经 96% 形变量轧制的{111}极图

α 线,如图 3-14 所示。所以极图上不是几组不连续的点或峰。图 3-13*b* 是 fcc 低层错能金属(如黄铜、银、奥氏体不锈钢等)轧后出现的取向分布,它比较简单,只有一种织构,即 *B* 织构。

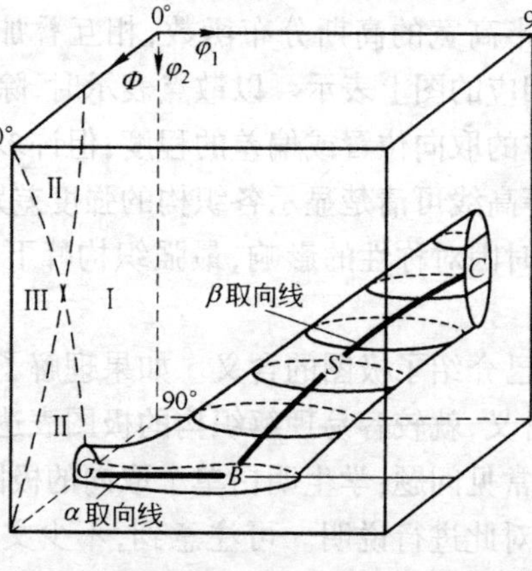

图 3-14　面心立方金属晶粒取向在取向空间的聚集区域

如何解读以上两个极图?先看较简单的低层错能 fcc 形变织构,黄铜织构{110} <112 >,见图 3-13*b*。密勒指数的含义是:晶粒的{110}面平行于轧面,晶粒的<112>方向平行于轧向,如图 3-15*a* 所示的两个大圆点。此时对应一个{110}标准投影图。但因是{111}极图,只需显示出 4 个{111}极点,见图中 4 个三角位置。再加上其等效对称位置(因是多晶,有正交对称性),存在 *RD*,*TD*,*ND*3 个 2 次轴;同时,大量晶粒取向落在这些点附近,按等高线分布画,则出现图 3-13*b* 的情况。类似地，将高层错能 fcc 形变织构（图 3-13*a*）中 3 个典型取向（两个{111}<11$\bar{2}$>，4 个{123}<634>，两个{110}<1$\bar{1}$2>）的变体取向的{111}极图作出，见图 3-15*b*，若大量晶粒取向在这 3 类主要取向附近，其中 *S* 取向比例是最大的，经叠加就会得出图 3-13*a*。

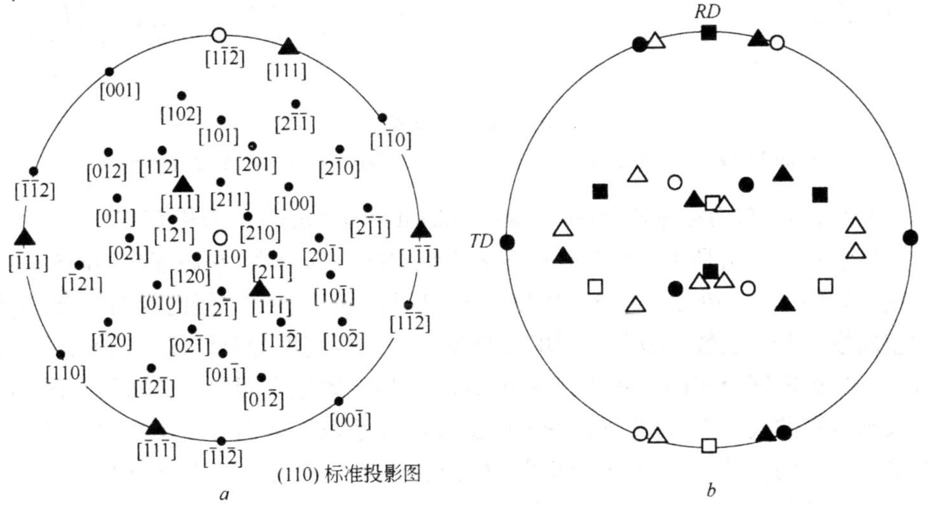

图 3-15 解释极图内织构的位置

a—解读 *B* 型织构；*b*—解读 *C* 型织构，{111}极图

3.2.2.2 织构的反极图表示

A 拉拔织构

单向拉伸和拉拔形变会使多晶体各晶粒某个晶向平行于拉伸或拉拔方向，这种晶粒的择优取向称丝织构，也称纤维织构（fibre texture），以平行于拉伸或拉拔方向的晶向<*uvw*>表示。面心立方金属的拉拔变形织构主要是<111>和<100>丝织构。六方金属的拉拔织构可能是<10$\bar{1}$0>/<11$\bar{2}$0>丝织构（钛或镁）。对于丝织构，经常用反极图来表示，即极图上标出拉拔方向在晶体坐标系中的分布密度，图 3-16*a* 是 Cu-30% Zn 合金的冷拔织构的反极图。

B 冷镦织构

冷镦压形变会使多晶体中各晶粒的某一晶面垂直于压力轴方向，这种择优取向分布亦称纤维织构。面心立方金属冷镦压产生的织构因层错能高低而异，层错能高的（如铜）主要是<110>纤维织构，它的反极图如图 3-16*b* 所示。层错能低的（如 Cu-30% Zn）会同时产生一些<111>纤维织构，它的反极图如图 3-16*c* 所示。

体心立方与 fcc 一般相反，即压缩时出现<111>和<100>织构，见图 3-9*c*；拉伸时是<110>织构。当然，随成分、温度和形变量的不同，各织构强度会变化。六方金属镁拉伸时是<1$\bar{1}$00>和<11$\bar{2}$0>，压缩时是<0001>∥压缩轴。

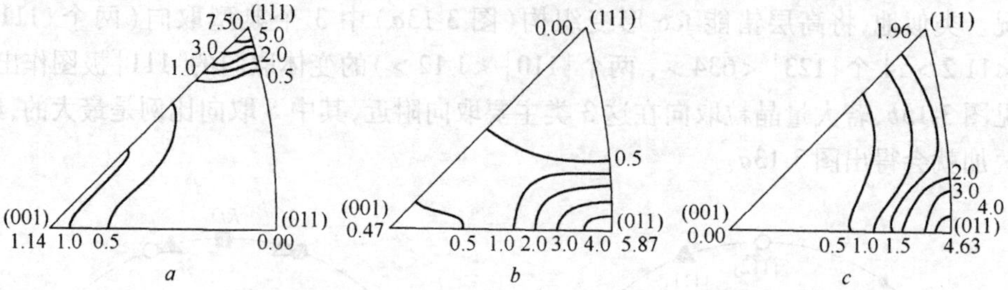

图 3-16　反极图[7]

a—Cu-30% Zn 合金的拔丝织构;*b*—纯铜的冷镦织构;*c*—Cu-30% Zn 合金的冷镦织构

3.2.2.3　取向分布函数(orientation distribution function,简称 ODF)

极图和反极图是用二维图形来描述三维空间取向分布,它们都有局限性。采用空间取向 $g(\varphi_1,\Phi,\varphi_2)$ 的分布密度 $f(g)$ 则可以表达整个空间的取向分布,这称为空间取向分布函数(ODF)。ODF 是根据极图的极密度分布计算出来的,计算的方法是把极密度分布函数展开成球函数级数,相应地把空间取向分布函数展开成广义球函数的线性组合,建立极密度球函数展开系数和取向分布函数的广义球函数展开系数的关系,测量若干个极图(极密度分布),就可以计算出 ODF。ODF 是三维图形,用立体图表示不方便,所以,一般用固定 φ_2(或固定 φ_1)的一组截面来表示。例如,用每 5°为间隔的 φ_2 作出 0°,5°,…,90°等 19 个截面的一组 ODF 图形(图 3-17)。

体心立方金属轧制织构主要有 $\{111\}<uvw>$ 和 $\{hkl\}<110>$ 两类,如 $\{112\}<1\bar{1}0>$、$\{111\}<1\bar{1}0>$、$\{111\}<11\bar{2}>$、$\{001\}<110>$ 和 $\{110\}<1\bar{1}0>$ 等类型。表 3-2 给出这些取向在取向空间的欧拉角,注意这些织构都处在欧拉取向空间的 φ_2 为 45°等截面上,所以从 φ_2 为 45°的 ODF 截面上最易看出各类织构的特点。

表 3-2　轧制 bcc 金属的织构组分

$\{hkl\}$	$<uvw>$	φ_1	Φ	φ_2
001	110	0	0	45
112	110	0	35	45
111	011	60	54.7	45
111	112	90	54.7	45
110	110	0	90	45

图 3-18*a* 给出了体心立方金属形变以及再结晶时取向聚集的区域。其中的 α 取向线是 φ_1 等于 0°,Φ 等于 0°→90°,φ_2 等于 45°的线,α 取向线上的重要取向有 $\{001\}<110>$,$\{112\}<110>$,$\{111\}<1\bar{1}0>$ 等。γ 取向线是 φ_1 等于 0°→90°,Φ 等于 54.7°,φ_2 等于 45°的线。γ 取向线上重要的取向有 $\{111\}<011>$,$\{111\}<11\bar{2}>$。

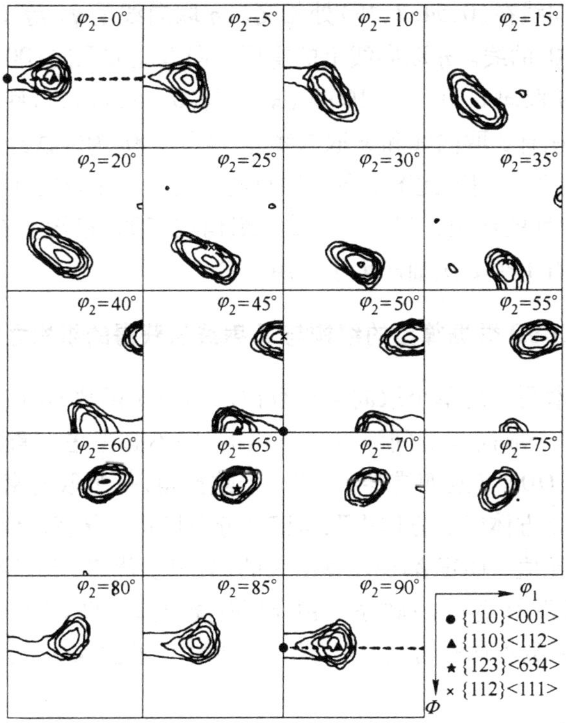

图 3-17 工业纯铝经 95% 形变量冷轧的织构(密度水平:2,4,7,12,20,30,最大密度 = 27.0)

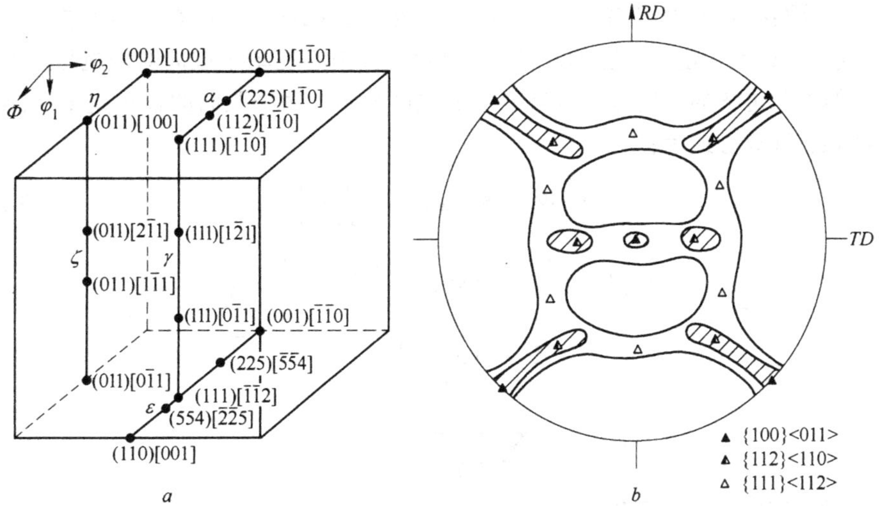

图 3-18 体心立方金属晶粒取向在空间内的聚集区域(a)

以及纯铁经 98.5% 形变量冷轧的{200}极图(b)

(注:一个取向在{200}极图上有 3 个点;因样品对称性,{111}<11$\bar{2}$>织构在{200}极图上有两组共 6 个点)

α 取向线与 γ 取向线在(0,54.7,45)处相交。η 取向线是 φ_1 等于 0°,90°,Φ 等于 0°→45°,φ_2 等于 0°的线。η 取向线上的重要取向有立方取向{001}<100>(取向角(0,0,0));高斯取向 G{011}<100>(取向角(0,45,0)),这些取向一般在再结晶时出现。此外还有 ζ 取向线和 ε 取向线等。图 3-18*b* 为纯铁经 98.5% 形变量冷轧的{200}极图。注意理解此图上各点数目的特征。一个取向在{200}极图上有 3 个点;因样品对称性的作用,{111}<11$\bar{2}$>织构在{200}极图上有两组共 6 个点,样品对称性中只有 1 个 2 次轴产生了作用。

3.2.3　由 EBSD 数据算出的织构与 X 射线法获得的织构之间的差异

由 EBSD 技术测出的单个取向可计算出取向分布函数 ODF,但要赋予每个取向一个权重,若每个取向是等间隔方式测出的,则不必考虑权重的差异。ODF 图看起来较难理解,ODF 涉及四维参数,即三个欧拉角,一个取向密度值。许多小软件可给出其对应立方体或长方体内取向密度分布形状。该密度值表达为与随机取向分布时密度的比值。ODF 都是计算出来的,有很多优点,也有不足。例如,欧拉空间和样品空间没有直接的联系。由 EBSD 数据算出的 ODF 没有"鬼峰"问题[11],它的取向差数据同样可用来计算取向差分布函数 MODF(取向差的概念见 3.3 节)。

Bunge 提出[1]用 Dirac 函数表达单个取向用于计算织构参数 C 系数的系统。以后人们都用高斯函数。用 EBSD 数据计算 ODF 最主要方法是级数展开法,它包含两个步骤:一是计算 C 系数,二是由 C 系数计算 ODF。计算 C 系数时把每个取向看成一个具有一定半高宽的高斯分布函数,其中心在单个取向对应的欧拉角位置,在偏离此位置的一定范围也有一定的强度分布。每个取向的权重是 $1/N$,N 是总取向数,计算公式为:

$$S(\Psi) = S_0 \exp\left[-\left(\frac{\Psi}{\Psi_0}\right)^2\right] \tag{3-25}$$

$$C_l^{mn} = \frac{1}{N}\frac{\exp\left(-\frac{l^2\Psi_0^2}{4}\right) - \exp\left(-\frac{(l+1)^2\Psi_0^2}{4}\right)}{1 - \exp\left(-\frac{\Psi_0^2}{4}\right)}\sum_{i=1}^{N} T_l^{mn}(g_i) \tag{3-26}$$

$$f(g) = \sum_{l=0}^{l_{\max}}\sum_{m=1}^{M(l)}\sum_{n=1}^{N(l)} C_l^{mn}\cdot T_l^{mn}(g) \tag{3-27}$$

式中　S——取向密度分布;

Ψ_0——高斯峰的半高宽(由使用者确定,一般为 5°);

l——最大谐函数(由使用者定,在 1~22 之间),越大分辨率越高,所需计算时间越长;

T_l——归一化的球谐函数,软件已定,或参阅文献[8];

m——反映晶体对称性的指数;

n——反映样品对称性的指数。

在授课时,学生常问到的问题是,给出一个测出的极图,如何知道存在哪种织构?

若该极图来自 EBSD 数据,可从对应的 ODF 图中读出强织构位置的 3 个欧拉角;也可用 EBSD 软件的极图与取向的互动模式,在极图最强位置放上光标,原始取向数据表中就可看到取向值。对 X 射线法测出的极密度数据,从几个极图数据算出的 ODF 中,也可读出欧拉角。对只有一个 X 射线法测出的极图,原则上单凭一个极图不能准确定出织构的密勒指数,因不同织构组分可能占据某个相同的极点位置。要通过取向转动重叠法寻找。就是用软件(见第 4 章),输入一个取向,转动该取向使其与所测织构最强位置重叠,读出相应的密勒指数。还可通过吴氏网和前面介绍的极射投影数学表达式计算出来。再有就是参考已发表的同类材料、相似工艺下的织构文献数据,进行对比得出。

3.3 取向差、取向关系及界面晶体学

上一章介绍了晶体内部界面的类型及结构模型。晶体中的界面迁动、异类原子在晶界的偏聚、界面的扩散率、材料的力学和物理性能等也都和界面结构有直接的关系。本节介绍 EBSD 技术可测定的有关界面的一些参数,它们包括取向差、取向关系、取向差分布函数、界面晶面指数的确定等内容。相关的分析包括晶界、相界、滑移线、裂纹、断口表面。具体应用在脆性断口、疲劳裂纹、晶界腐蚀裂纹的定量分析上。因为晶界的描述需要 5 个自由度;测出的晶界两侧的取向差只提供了 3 个自由度,晶界在水平面的截线只再提供一个参数,必须再在另一个截面上测该晶界的走向,才能最终确定晶界面的取向。多数情况下 EBSD 使用者未完成最后这一参数的测定,因而只给出定性的分析。但 EBSD 能提供大量的取向差和转轴分布统计规律,这对揭示材料中特殊界面对性能的影响会有大的帮助,特别是对各类孪晶的分析。取向差数据再结合取向数据还可定性地表明界面两侧晶粒在形变时的协调能力大小(由 Taylor 因子分布确定)。

3.3.1 同种晶粒间的取向差或角/轴对关系

取向关系一般指不同相之间的晶体学位向关系,同种晶粒间的取向关系用角轴对或取向差表示。它指一个晶粒相对于另一个晶粒的转动关系,用一个转轴和一个转角表示。取向差与表示取向用的角轴对的差异仅在于选用的参考坐标系不同。对单个晶粒取向,参考坐标是样品坐标系,如 *RD-TD-ND* 或 *X-Y-Z*;取向差指两个相邻的晶粒中,以另一个晶粒的晶体学坐标系为参考坐标。

3.3.1.1　取向差的表示

若一晶粒的取向矩阵为 M_1，另一晶粒的取向矩阵为 M_2，则两者的关系可定义为：$M_2 = M_{1\to2} \cdot M_1$；或 $M_{1\to2} = M_2 \cdot M_1^{-1}$。其中 $M_{1\to2}$ 为取向差矩阵，M_1^{-1} 为 M 的逆矩阵，也是转置矩阵。晶粒 2 是由晶粒 1 受 $M_{1\to2}$ 的作用转动后得到的。取向差也可用描述（绝对）取向时介绍的不同方法表示，但最直接的物理意义就是角轴对和罗德里格斯矢量，这种表达的最大优点是可马上看出两晶粒间是大角晶界还是小角晶界。还有欧拉角的表示方法，对应的是取向差分布函数（MODF）。这样把两个晶粒的相对位置信息变成一个“晶粒”的信息是把焦点放在晶界的研究上。某些类晶界具有特殊的性质，比如 CSL 晶界。有人提出晶界工程概念[9,10]，其含义是人为控制、设计、提高所希望类型的晶界。孪晶关系是取向差中研究最多的内容。对 fcc，bcc 结构，孪晶类型很固定，都是 60° <111> 的关系，可以很方便地测出。最近研究表明[11]，只有大量的非共格孪晶界面才对“切断”连续分布的普通大角度晶界有大的作用，从而提高材料的抗蚀能力。对六方结构晶体，EBSD 技术可用来分辨不同类型的孪晶及相对量。EBSD 技术还可用来研究孪生型马氏体中的变体选择规律[12]，与 TEM 方法相比，提高了分析速度。

大量的取向差数据也构成取向差分布函数，也会出现择优分布。其中小角晶界的大量出现意味着形变组织或强织构的出现；而大量 CSL 晶界出现时可能对应 fcc 低层错能的退火组织。为比较取向差分布在多大程度上偏离了随机分布，Mackanzie 计算了晶粒取向随机分布时晶粒间取向差的分布[13]，见图 3-19*a*。可见，与随机分布时晶粒取向在极图上均匀分布不同，此时，对立方系取向差峰值处在 45° 的位置。对六方结构，随机取向分布时的取向差分布特征见图 3-19*b*。人们常比较形变、再结晶、二次再结晶时取向差分布的变化、确定其与随机取向分布时差异的

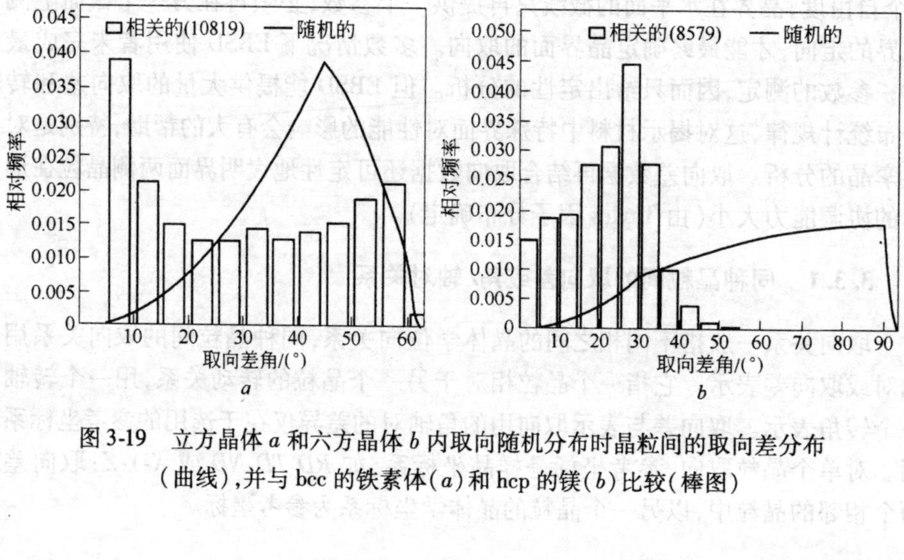

图 3-19　立方晶体 *a* 和六方晶体 *b* 内取向随机分布时晶粒间的取向差分布（曲线），并与 bcc 的铁素体（*a*）和 hcp 的镁（*b*）比较（棒图）

大小，从而了解工艺过程产生的原因和对性能的影响。EBSD 数据中对大量的晶粒取向数据处理便可产生大量的取向差数据。通常，相邻晶粒间的取向差数据才有实际意义。

Brandon 判据[14]如下所述：

CSL 晶界起重要的作用，但实际晶体中往往测到的不是严格的 CSL 关系，到底多大的轴偏差和角偏差是允许的，Brandon 给出其判据，$V_m = 15° X\Sigma^{-1/2}$。这样 Σ1 正好对应小角晶界允许的 15°角，而 Σ3 孪晶界允许 8.5°的偏差。两侧晶粒点阵的重合程度越低，允许的偏差越小。给出一定允许偏差的原因是，在一定偏差内，可通过引入位错调整界面上原子的排列，使原子位置尽可能少地被扰乱。超过一定角度偏差，就不能靠引入位错调整了。比如，小角度晶界结构为位错模型，超过 15°后，界面上位错太多，位错间距太小，位错模型已失去意义。EBSD 分析软件中已将该判据输入，这样，对测出的取向成像图，就会自动给出 CSL 晶界的位置、总长度值和相对比例。

3.3.1.2 Rodrigues 矢量 ***R*** 及 ***R*** 空间

用棒图表示取向差中的转角分布，用反极图表示取向差中的转轴分布，对于少数的 CSL 关系的表达还比较方便，但频繁出现各种 CSL 关系时，用 Rodrigues 矢量 ***R*** 就显出优势，如低、中层错能再结晶面心立方金属中，黄铜、银、奥氏体、镍、铜等。***R*** 矢量的引入比其他取向表示法要晚得多，大约在 20 世纪 80 年代末。虽然 Randle 在文献[3,4]中作了详细介绍，但应用得一直不够广泛。主要原因是大部分织构研究者已习惯用极图或 ODF 了，即使是研究取向差分布，在取向三角形中表示转轴分布就足以说明问题了。因 EBSD 技术的最大特点之一是获取大量的取向差角轴对数据，而表达其分布的 ***R*** 空间有特殊的优点，因而 EBSD 使用者应逐渐了解这种表达方式。

以立方结构为例，***R*** 空间是由 ***R*** 矢量的 3 个投影值（分量）R_1, R_2, R_3 组成的正交立方体构成。因立方结构的 24 次对称性，同一取向差或角轴对也有 24 个等效值，***R*** 空间选最小转角对应的值为其边界。这样，***R*** 空间就是最大立方体的 1/48，是个多面体，见图 3-20*a*，图中正方体“缺角”的原因是 <111> 方向的取向差最大只有约 62.8°，对应的 $\boldsymbol{R}_{111}$ 不可能达到边长 $\boldsymbol{R}_{100}$ 的 $\sqrt{3}$ 倍。图 3-20*b* 是大立方体的 1/8，图3-20*c* 又是图 *b* 小立方体的 1/6，标出重要的 CSL 关系（见表 2-7）对应的 ***R*** 矢量的位置，注意与图 *b* 中符号对比。

因立体图不如 2 维平面图表达方便，习惯又如图 3-20*c* 所示从上方向下投影，得到图 3-21。这是[111]，[110]，[221]，[331]轴重叠，因此会出现不同 CSL 关系对应的 *R* 点重叠的现象。不过，通过这个图已可很方便地看出是否出现 CSL 关系的择优。

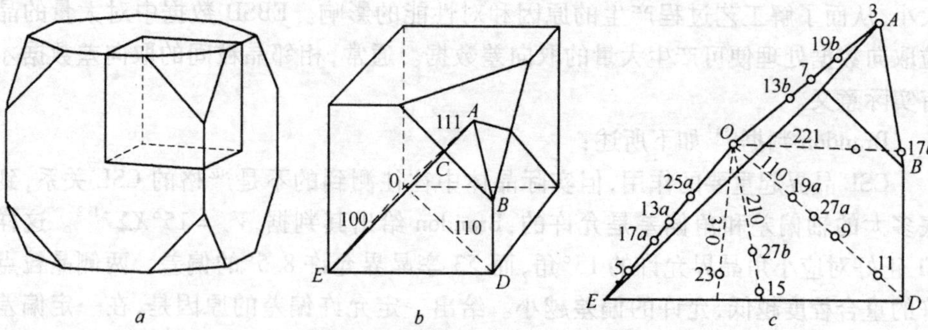

图 3-20　立方结构晶体的 ***R*** 空间(*a*)及简化空间(*b*)
最小单元体是原立方体的 1/48[3] (*c*)

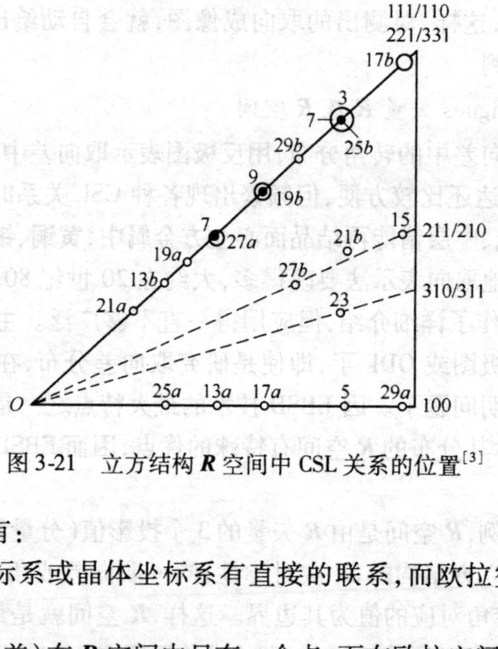

图 3-21　立方结构 ***R*** 空间中 CSL 关系的位置[3]

R 空间的特点有：

(1) 与样品坐标系或晶体坐标系有直接的联系，而欧拉空间则没有直接的联系。

(2) 每个取向(差)在 ***R*** 空间中只有一个点，而在欧拉空间中有 3 个点。

(3) 丝织构在 ***R*** 空间内是直线。

(4) 在 ***R*** 空间中可一目了然地看出各种 CSL 分布的关系，见图 3-21。这时角轴对表示在反极图中也难看到。

有关 ***R*** 空间的进一步介绍可参考文献[3,4]。

3.3.2　不同相之间的取向关系

两相或多相存在时，它们之间常会出现特定的取向关系，比如共晶、共析反应、脱溶转变、马氏体相变及不少有色合金内的多形性转变。这时，常用两种结构相中某一类面平行和某一类方向平行来表示，如珠光体中铁素体和渗碳体的取向关系是：$(110)_{\alpha} \parallel \sim (011)_{C}$，$[1\bar{1}1]_{\alpha} \parallel [100]_{C}$；铝铜合金时效时铝与 θ'' 的取向关系是：$(001)_{\alpha} \parallel (001)_{\theta''}$，$[100]_{\alpha} \parallel [100]_{\theta''}$；奥氏体与马氏体间的 K-S 关系；高锰钢 TRIP 效应下出现取向关系是，$\{110\}_{bcc} \parallel \{0001\}_{hcp}$，$<1\bar{1}1>_{bcc} \parallel <11\bar{2}0>_{hcp}$[15]。这种关系是否广泛存在，用 EBSD 方法比 TEM 方法要方便得多。软件程序可很快地计算出转变矩阵，都表示在某一类极图上，也可很快地辨认是否是同一类。因常出现本质是同一类的取向关系，却因获取数据的样品表面不同方向而有不同形式的表达，致使不能马上辨认其取向关系。

图 3-22 是钛合金中六方结构的 α 相向立方结构的 β 相转变时取向关系的确定。左下角为 α 相和 β 相的菊池花样，右侧分别是 $(0002)_{\alpha}$ 和 $\{111\}_{\beta}$ 极图，注意黑色实心的(0002)极点和一个{111}极点重合，说明存在 $\{0002\}_{\alpha} \parallel \{111\}_{\beta}$ 的取向关系，再写出与两个重合的极点成 90°的两相的晶向指数，就是一组完整的取向关系。

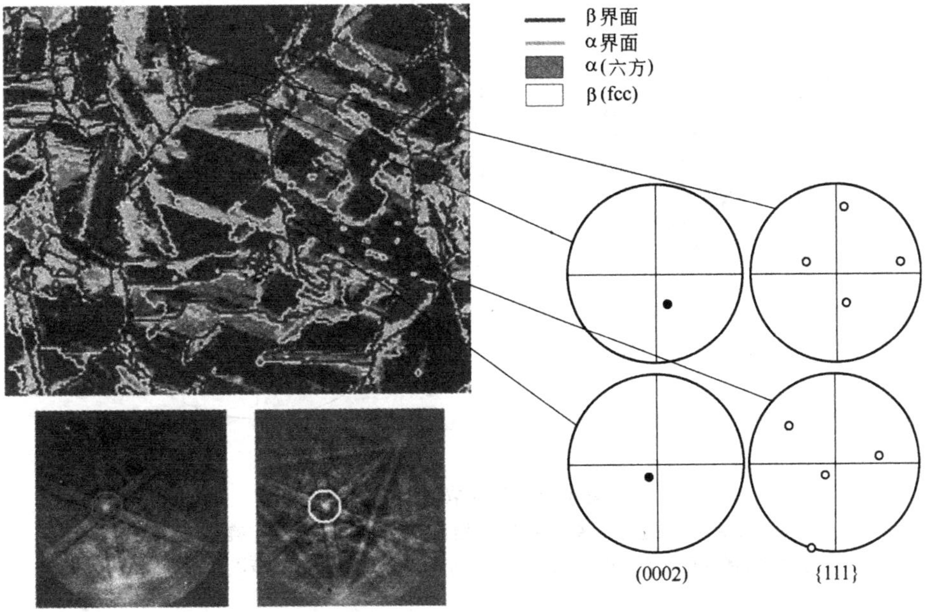

图 3-22 钛合金中六方结构的 α 相向立方结构的 β 相转变时取向关系的确定
（左下角为 α 相和 β 相的菊池花样，右侧分别是(0002)和{111}极图，注意黑色实心点的(0002)极点和一个{111}极点重合，说明存在{0002} ∥ {111}的取向关系[16]）

3.3.3 界面法线晶面指数的测定

前面提到，描述晶界的几何关系要 5 个自由度。确定晶界两侧晶粒间的角/轴关系要3个参量,确定晶界面法线 $\boldsymbol{n}$ 要两个参量。该单位矢量在样品坐标系或晶体坐标系的投影关系是3个角 α,β,γ 的方向余弦,但其平方和为1,因而只有两个是独立的。测量时观察不到晶体坐标系,只能看到晶界面在样品表面的迹线。显然要得到晶界在样品两个不同的面上的迹线才能确定反映晶界几何取向的法线 $\boldsymbol{n}$。实际测定过程就是通过确定晶界在样品坐标下的两个几何参量算出晶界法线在晶体坐标下的晶向指数。以下介绍测量原理。

3.3.3.1　两垂直截面分析法

从两个相互垂直的截面上分别测同一晶界与样品坐标的 X 方向的夹角 α,β,见图3-23a。α 角在 X-Y 平面上,β 角在 X-Z 平面上。晶界在两个面上的迹线矢量分别为 $\boldsymbol{A},\boldsymbol{B}$。这时,晶界在 X-Y 面上的单位矢量 $\boldsymbol{A}$ 在样品坐标系下的坐标为 $\boldsymbol{A}=(\cos\alpha,\sin\alpha,0)$,单位矢量 $\boldsymbol{B}$ 的坐标为 $\boldsymbol{B}=(\cos\beta,0,-\sin\beta)$。晶界法线单位矢量为:

$$\boldsymbol{n}=\frac{\boldsymbol{A}x\boldsymbol{B}}{|AxB|}=(-\sin\alpha\cdot\sin\beta,\cos\alpha\cdot\sin\beta,-\sin\alpha\cdot\cos\beta)/\sqrt{\sin^2\beta+\cos^2\beta\cdot\sin^2\alpha} \tag{3-28}$$

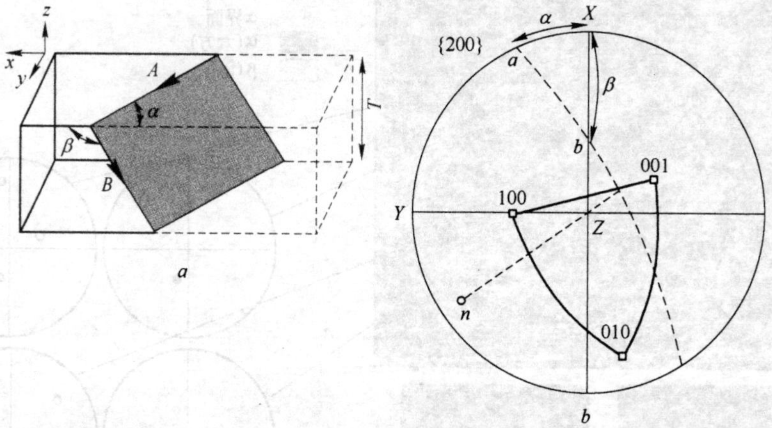

图3-23　晶界取向的确定[2]

a—晶界与样品坐标的夹角 α,β;b—用几何法在极射投影图上确定晶界的面指数(图a中 β 在90°~180°,图b中的下半球,b点是反向,所以 β 小于90°)

晶界法线在晶体坐标系下的表达式要再乘上该晶粒的取向矩阵 $\boldsymbol{g}$,即:

$$\boldsymbol{n}(c)=\boldsymbol{g}\cdot\boldsymbol{n}(s) \tag{3-29}$$

该式与前面的式3-22是等价的。其本质是,晶界面上的一个坐标系(其中法线 $\boldsymbol{n}=(0,0,1)$)经过由 α,β 两个角度组成的旋转矩阵转到样品坐标系 X-Y-Z,再由样品坐标系转到晶体坐标系([100]-[010]-[001])。而后者就是该晶粒的取向矩阵。也可以用晶界另一侧的晶粒取向表示,这时要乘这个晶粒的取向。

这种几何关系也可用几何法在极射投影图上作出。图3-23b为一个晶粒取向的{200}极图,该取向有3个{200}极点。在极图上沿 X-Z 线和 X-Y 圆周线分别找到与 X 轴成 α,β 角的位置 a,b,用吴氏网作出过 a,b 点晶界面的迹线,再找出该面对应的法线极点 $\boldsymbol{n}$(相距90°),读出 $\boldsymbol{n}$ 点的两个坐标角(α',β'),就可按前面极射赤面投影一节中给出的公式算出晶面指数。在{200}极图中,测量或计算出 $\boldsymbol{n}$ 极点与3个{100}点的夹角也可定出晶面指数。

V. Randle 教授一直致力于用 EBSD 技术对界面类型的分析[17,18]。右侧也可是断口表面。

在实际测量中,可先用 EBSD 法测出晶粒取向,然后在光学镜下分别照下两个相互垂直截面的形貌像,测出两个角度 α、β。也可在扫描电镜下,将样品的 X 轴平行于扫描电镜的倾转轴的方式,将样品放入电镜,在倾转条件下测出两个角度,然后通过下面修正公式计算出真实的角度 α_T、β_T。

$$\alpha_T = \tan^{-1}(\tan\alpha_M/\cos\theta)$$

$$\beta_T = \tan^{-1}(\tan\beta_M/\cos(90° - \theta)) \tag{3-30}$$

式中,α_M,β_M 是样品倾转 θ 后测出的角度。

3.3.3.2 层磨法

除上面从样品两个相互垂直的截面测量晶界的两个迹线夹角外,还可通过层磨法在同一样品表面磨前磨后确定所需的两个独立参数。首先在 X-Y 面上测 α 角。然后按图3-24所示方法通过硬度计用金刚石压头在样品表面压入一个凹坑,经层磨后确定 β 角。具体做法是,因金刚石压头两对应的锥面角为136°,设层磨厚度为 T,可通过测出磨前、磨后凹坑中心到边上最近距离 D_b、D_a,再按下式测出厚度 $T = (D_b - D_a)/\tan(136°/2)$。这一步完成了用已知的金刚石压头锥面角确定层磨厚度。第二步,若层磨后,原来 X-Y 面上的晶界线在样品的表面偏离距离为 O,见图3-24c。则涉及厚度方向(Z 向)的 X-Z 面上的 $\beta = \tan^{-1}(O/T) + 90°$ 或 $90° - \tan^{-1}(O/T)$。这样,α,β 角都测到,就可按上一节的式3-28,式3-29计算晶界面法线指数了。

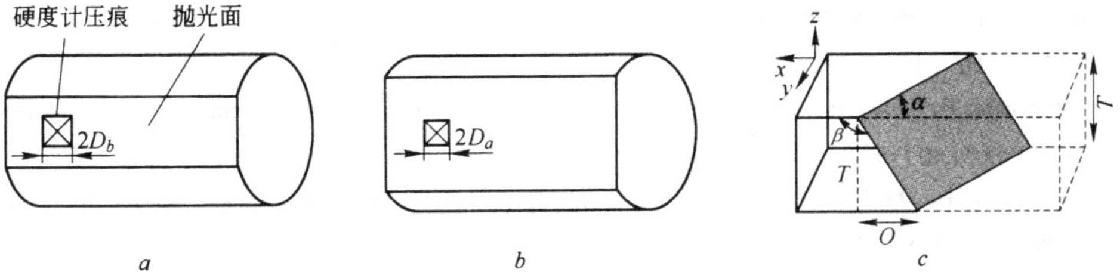

图3-24 用层磨法和压痕法确定 β 角的示意图[2]

a—层磨前;b—层磨后;c—确定层磨厚度 T

直接方法:使样品断口平面与样品台表面平行,这时测出的取向密勒指数的第一个面指数就是断口面指数。

用 EBSD 的取向成像技术测定样品表面各晶粒的取向和晶粒间的取向差分布后,利用层磨技术或聚焦离子束(FIB)切割技术可在样品表面一定深度下再进行取向成像,此时又获取了晶界指数数据(当然对两侧晶粒,晶界面指数是不同的);经一定数量的层磨,就可构造出三维条件下的晶粒取向、晶粒尺寸、晶界面指数和界面类型等多种数据,现在称 3D-OIM。该分析过程已属体视学范畴。这些数据为组织的模拟预测也提供了很好的数据,以往的组织演变模拟常常未能考虑取向及晶界类型的影响,现在可更全面地考虑这些参数的影响了。

参考文献

1 Bunge H J. Quantitative texture analysis. DGM-Informationsgesellschaft, Oberursel, Germany, 1981/Texture Analysis in Materials Science. Cuviller Verlag, 1993

2 Gottstein G. Rekristallisation metallischer Werkstoffe. Deutsche Gesellschaft für Metallkunde, 1984

3 Randle V, Engler O. Introduction to texture analysis macrotexture, microtexture and orientation mapping. Gordon and breach science publishers, 2000

4 Rajan K. Rodrigues-Frank representations of crystallographic texture-Foundations for Misorientation Imaging Microscopy. In: Electron Backscatter Diffraction in Materials Science. Eds: Schwartz A J, Kumar M, Adams B L. Kluwer Academic/Plenum Publishers. 2000, 39 ~ 50

5 毛卫民,张新民. 晶体材料织构定量分析. 北京:冶金工业出版社,1995

6 毛卫民. 金属材料的晶体学织构与各向异性. 北京:科学出版社,2002

7 余永宁. 材料科学基础. 北京:高等教育出版社,2006

8 Hansen J, Pospiech J, Lücke K. Table for texture analysis of cubic crystal. Springer-Verlag, Berlin, 1978

9 Watanabe T. A new approach to materials desigh and development for advanced materials: interfacial architecture in material systems. Iron and steel, 1996(82): 15 ~ 22(Japanese)/ Texturing and grain boundary engineering for materials design and development in the 21st century. Mater. Sci. Forum, 2002(408 ~ 421): 39 ~ 48

10 Watanabe T, Tsurekawa S. Preface to the special issue on grain boundary engineering. J. Mater. Sci., 2005(40): 817

11 Randle V, Davies P, Hulm B. Grain boundary plane reorientation in copper. Philo. Mag., A, 1999(79): 305 ~ 316

12 Wang R, Gui J, Chen X, Tan S. EBSD and TEM study of self-accommodating martensites in Cu75.7Al15.4Mn8.9 shape memory alloy. Acta Materialia, 2002(50): 1835 ~ 1847

13 MacKenzie J K. The distribution of rotation axes in a random aggregate of cubic crystals. Acta Metall., 1964(12): 223

14 Brandon D G. The structure of high angle grain boundaries. Acta Metall. ,1966(14):1479 ~ 1484

15 Petein A, Jacques, P J. On the relationship between mechanical properties and mechanisms of plastic deformation in metastable austenitic steels. Steel Research,2004,75(No. 11):724 ~ 729

16 Wright S I and Nowell M M. A review of in-situ EBSD experiments. 中国体视学与图像分析, 2005,10(No. 4):193 ~ 198

17 Randle V. The measurement of grain boundary geometry. Institute of physics publishing, Bristol/ London. UK. 1993

18 Randle V. A methodology for grain boundary assessment by single-section trace analysis. Scripta Mater. ,2001,44:2789-2794/Randle V. Mater Characterization,1995(43):1741

19 Saylor D M, El-Dasher B S, Adams B L. Measuring the five-parameter grain-boundary distribution from observations of planar sections. Metall. Mater. Trans. ,2004(35A):1981 ~ 1989

4 取向运算及一些取向/织构分析软件

▶本章导读

应用 EBSD 技术与 X 射线衍射织构分析技术的一个主要差异在于前者要非常频繁的与单个取向打交道。只有较熟练地掌握单个取向的运算，才能更好地揭示材料内部发生的微观过程。以下在介绍单个取向运算的基础上，通过一些例题使读者熟悉取向的操作。前面已介绍了立方晶系取向的操作，下面介绍六方晶系的取向特点和操作，特别是孪生关系的运算，它最能体现 EBSD 单个取向特点和优势。虽然这些结果在取向/织构分析软件中都可轻易地得出，但只有亲自算过，才有能力进一步处理其他数据。

4.1 取向运算的例子

有了前面介绍的各种取向表达式的换算关系，计算立方系的取向应是比较简单的。但六方晶系的取向运算稍微麻烦一些，它涉及四轴制向正交的三轴制转换。另外，孪生过程的取向运算也很有应用价值，这里一并介绍。

4.1.1 六方结构取向的运算

已知六方系某一材料以密勒－布拉菲指数（4 轴制）表示的取向，求对应的欧拉角。

(1) 根据式 3-6 有正交坐标系下密勒指数与欧拉角的取向换算关系：

$$\begin{bmatrix} u & h \\ v & k \\ w & l \end{bmatrix} = \begin{bmatrix} \cos\varphi_1\cos\varphi_2 - \sin\varphi_1\sin\varphi_2\cos\Phi & \sin\varphi_2\sin\Phi \\ -\cos\varphi_1\sin\varphi_2 - \sin\varphi_1\cos\varphi_2\cos\Phi & \cos\varphi_2\sin\Phi \\ \sin\varphi_1\sin\Phi & \cos\Phi \end{bmatrix} \tag{4-1}$$

这些密勒指数都已经归一化了。

(2) 对于六方系，首先把四轴坐标指数转换成（非正交的）三轴指数。设四轴坐标方向指数为$[u\ v\ t\ w]$，则三轴坐标指数$[u^h\ \ v^h\ \ w^h]$为：

$$u^h = 2u + v \quad v^h = u + 2v \quad w^h = w \tag{4-2}$$

对于四轴坐标面指数，把指数中的第三个指数去掉就是三轴坐标面指数。例如$(h\ k\ i\ l)$对应的三轴坐标指数是$(h\ k\ l)$。

(3) 因六方系晶面的法线指数与晶面指数不同名。所以，要求出$(h\ k\ l)$面的法线指数。设在六方晶系的晶面的三轴坐标指数为($h^h\ k^h\ l^h$),其法线指数为[h' k' l'],则有

$$\begin{bmatrix} h' \\ k' \\ l' \end{bmatrix} = \begin{bmatrix} a^* \cdot a^* & a^* \cdot b^* & a^* \cdot c^* \\ b^* \cdot a^* & b^* \cdot b^* & b^* \cdot c^* \\ c^* \cdot a^* & c^* \cdot b^* & c^* \cdot c^* \end{bmatrix} \begin{bmatrix} h^h \\ k^h \\ l^h \end{bmatrix} \tag{4-3}$$

式中,a^*,b^*和c^*是六方点阵倒易点阵的基矢量(倒易点阵的概念详见文献[1]),$a^*=2/a\sqrt{3}$,$b^*=2/a\sqrt{3}$,$c^*=1/c$;$\alpha^*=90°$,$\beta^*=90°$,$\gamma^*=60°$。上式则可写成:

$$\begin{bmatrix} h' \\ k' \\ l' \end{bmatrix} = \frac{1}{a^2}\begin{bmatrix} 4/3 & 2/3 & 0 \\ 2/3 & 4/3 & 0 \\ 0 & 0 & a^2/c^2 \end{bmatrix} \begin{bmatrix} h^h \\ k^h \\ l^h \end{bmatrix} \tag{4-4}$$

即 $h'=4h^h/3+2k^h/3 \quad k'=2h^h/3+4k^h/3 \quad l'=l^h(a/c)^2$

简化为: $$[h'\ k'\ l'] = [2h+k\ \ h+2k\ \ 3l(a/c)^2/2] \tag{4-5}$$

注:法线指数[h' k' l']还不是正交坐标下的表达。

(4) 再把六方系的三轴坐标的方向指数换成正交坐标系下的指数(它们一般不会是整数)。原则上,正交坐标的设立是任意的,但惯例的设法如图4-1所示。设六方系(非正交)的三轴方向指数为[u^h v^h w^h],这两个坐标系的关系为:

$$S = a\begin{bmatrix} \sqrt{3}/2 & 0 & 0 \\ -1/2 & 1 & 0 \\ 0 & 0 & c/a \end{bmatrix} \tag{4-6}$$

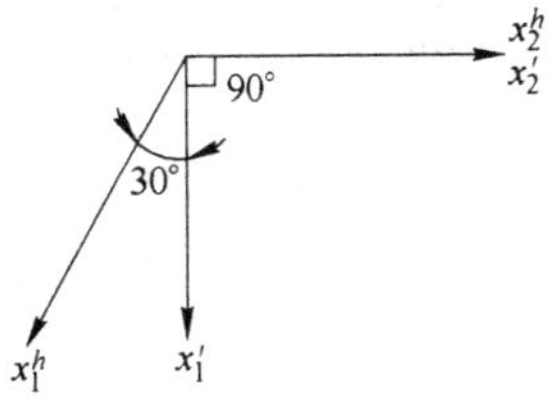

图4-1 六方坐标与立方坐标的关系约定

故,六方系的三轴方向指数为[u^h v^h w^h]在正交坐标下的指数[u v w]之间的关系为:

$$u=u^h\sqrt{3}/2 \quad v=(v^h-u^k/2) \quad w=w^hc/a \tag{4-7}$$

(5) 综合上述的各个步骤,如果六方晶系的晶面的四轴坐标指数是(h k i l)晶面上的晶向是[u v t w],最后获得的正交坐标系下的对应指数[h' k' l']和[u' v' w']为:

$$[h'\ k'\ l'] = [(2h+k)\sqrt{3}/3 \quad k \quad l(a/c)]$$

$$[u'v'\ w'] = [(2u+v)\sqrt{3}/2 \quad 3v/2 \quad wc/a]$$

简化为:

$$[h'\ k'\ l'] = [2h+k \quad \sqrt{3}k \quad \sqrt{3}l(a/c)]$$

$$[u'v'\ w'] = [(2u+v)\sqrt{3}/2 \quad 3v/2 \quad wc/a]$$

把上式归一化才能进行最后的计算。[h' k' l']的模为

$$d_{hkl}=[(2h+k)^2+3k^2+3l^2(a/c)^2]^{1/2} \tag{4-8}$$

$[u'\ v'\ w']$的模为

$$d_{uvw}=[3(u+v/2)^2+9v^2/4+w^2(c/a)^2]^{1/2} \tag{4-9}$$

归一化了的指数：

$$[h'k'l']=[2h+k\quad \sqrt{3}k\quad \sqrt{3}l(a/c)]/d_{hkl}$$

$$[u'v'w']=[(2u+v)\sqrt{3}/2\quad 3v/2\quad wc/a]/d_{uvw} \tag{4-10}$$

(6) 最后按式4-11，得出六方系$(h\ k\ i\ l)[u\ v\ t\ w]$与取向欧拉角$(\varphi_1,\Phi,\varphi_2)$间的关系：

$$\begin{bmatrix} \dfrac{(2u+v)\sqrt{3}}{2d_{uvw}} & \dfrac{2h+k}{d_{hkl}} \\ \dfrac{3v}{2d_{uvw}} & \dfrac{\sqrt{3}k}{d_{hkl}} \\ \dfrac{wc}{ad_{uvw}} & \dfrac{\sqrt{3}la}{cd_{hkl}} \end{bmatrix} = \begin{bmatrix} \cos\varphi_1\cos\varphi_2-\sin\varphi_1\sin\varphi_2\cos\Phi & \sin\varphi_2\sin\Phi \\ -\cos\varphi_1\sin\varphi_2-\sin\varphi_1\cos\varphi_2\cos\Phi & \cos\varphi_2\sin\Phi \\ \sin\varphi_1\sin\Phi & \cos\Phi \end{bmatrix} \tag{4-11}$$

例1 镁的$c/a=1.624$，求与基面取向$(0001)[10\bar{1}0]$对应的欧拉角。

解：根据式4-8和式4-9，算出d_{hkl}和d_{uvw}：

$$d_{hkl}=[(2h+k)^2+3k^2+3l^2(a/c)^2]^{1/2}=[0+0+3(a/c)^2]^{1/2}=3^{1/2}a/c$$

$$d_{uvw}=[3(u+v/2)^2+9v^2/4+w^2(c/a)^2]^{1/2}=[3(1+0)^2+0+0]^{1/2}=3^{1/2}$$

对比式4-11的左、右两端，得：

$$\cos\Phi=\frac{\sqrt{3}la}{cd_{hkl}}=\frac{\sqrt{3}a}{c}\ \frac{c}{a\sqrt{3}}=1 \text{ 即 } \phi=\arccos(1)=0$$

根据$\cos\varphi_1\cos\varphi_2-\sin\varphi_1\sin\varphi_2\cos\Phi=(2u+v)\sqrt{3}/2d_{uvw}$，得：

$\cos(\varphi_1+\varphi_2)=(2u+v)3^{1/2}/2d_{uvw}=1$ 即 $\varphi_1+\varphi_2=0$

若在正的坐标下，$\varphi_1=\varphi_2=0$。

结果：镁的$(0001)[10\bar{1}0]$取向对应的欧拉角分别是$\varphi_1=0,\Phi=0,\varphi_2=0$。

例2 镁的$c/a=1.624$，求与柱面取向$(01\bar{1}0)[2\bar{1}\bar{1}0]$对应的欧拉角。

解：根据式4-8和式4-9，算出d_{hkl}和d_{uvw}，

$$d_{hkl}=[(2h+k)^2+3k^2+3l^2(a/c)]^{1/2}=[1+3+0]^{1/2}=2$$

$$d_{uvw}=[3(u+v/2)^2+9v^2/4+w^2(c/a)^2]^{1/2}=[3(2-1/2)^2+9/4+0]^{1/2}=3$$

对比式4-11的左、右两端，得：

$$\cos\Phi=\frac{\sqrt{3}la}{cd_{hkl}}=0 \quad \text{即 } \Phi=\arccos(0)=90。$$

$\cos\varphi_2\sin\Phi = \dfrac{\sqrt{3}k}{d_{hkl}} = \dfrac{\sqrt{3}}{2}$ 即 $\cos\phi_2\sin90° = \cos\varphi_2 = \sqrt{3}/2$ 得 $\varphi_2 = 30$。

$\sin\varphi_1\sin\Phi = \dfrac{wc}{ad_{uvw}} = 0$ 即 $\sin\phi_1\sin90° = \sin\varphi_1 = 0$ 得 $\varphi_1 = 0$。

结果：镁的柱面取向$(01\bar{1}0)[2\bar{1}\bar{1}0]$对应的欧拉角分别是：$\varphi_1 = 0, \Phi = 90, \varphi_2 = 30$。

这两个取向在{0002}、$\{10\bar{1}0\}$和$\{10\bar{1}1\}$极图中的位置见图 4-2。同一个取向，在{0002}极图中只有一个极点，在$\{10\bar{1}0\}$极图中有 3 个极点，在$\{10\bar{1}1\}$极图中有 6 个极点。

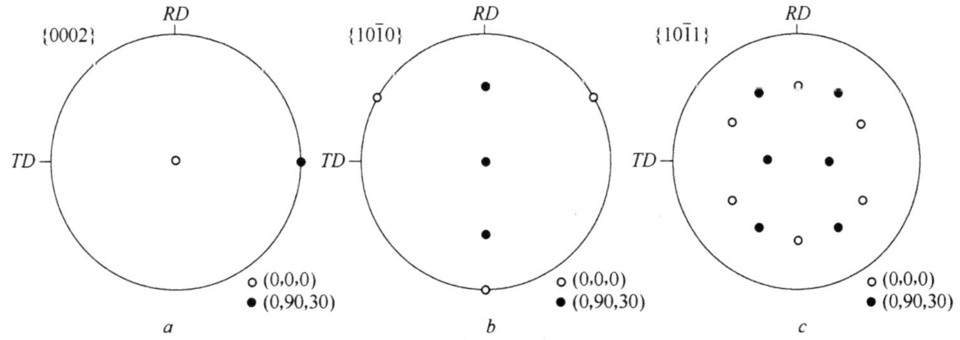

图 4-2 两个取向在各极图中的位置

a—{0002}极图；b—$\{10\bar{1}0\}$极图；c—$\{10\bar{1}1\}$极图

4.1.2 立方结构和六方结构晶体孪生过程取向运算

4.1.2.1 镜面对称矩阵

设 $\boldsymbol{ox}$ 矢量以晶面法线为 $\boldsymbol{n}$ 的面进行镜面反映（$\boldsymbol{n}$ 为单位矢量），结果为 $\boldsymbol{oy}$，它在投影面的另一侧，如图 4-3 所示。镜面对称实质上是对镜面法线正投影的两倍。由图 4-3 可知：

$\boldsymbol{oy} = \boldsymbol{ox} + 2\lambda\boldsymbol{n}$ 即 $y_i = x_i + 2\lambda n_i$

而 $\lambda = -\dfrac{n_k x_k}{n_j n_j} = -n_k x_k$

故 $y_i = (\delta_{ik} - 2n_i n_k)x_k = [p_{ik}]x_k$ (4-12)

式中 $p_{ik} = \delta_{ik} - 2n_i n_k$

$i = k$ 时，$\delta = 1$；$i \neq k$ 时，$\delta = 0$。写成矩阵形式为：

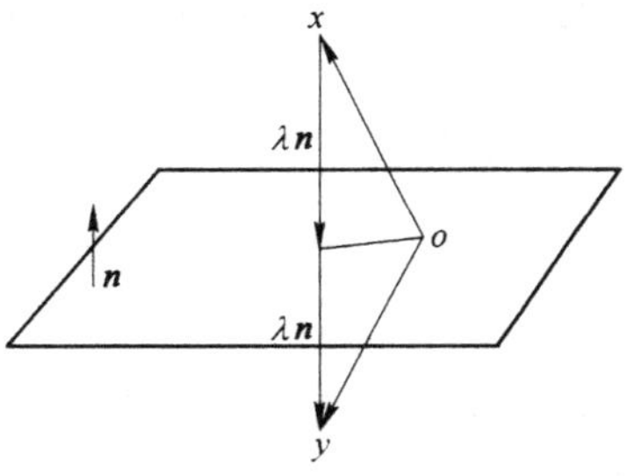

图 4-3 镜面对称

$$[p_{ik}] = \begin{bmatrix} 1-2n_1^2 & -2n_1n_2 & -2n_1n_3 \\ -2n_2n_1 & 1-2n_2^2 & -2n_2n_3 \\ -2n_3n_1 & -2n_3n_2 & 1-2n_3^2 \end{bmatrix} \tag{4-13}$$

上式就是第 2 章第 2.1 节给出的镜面反映矩阵。

例 3　求立方系的(001)[110]取向(称旋转立方取向)经(112)面镜面对称操作后的取向及欧拉角(bcc 结构金属的孪生面是{112})。

解：

(1)(112)面的法线单位矢量各分量为：$n_1=1/\sqrt{6}, n_2=1/\sqrt{6}, n_3=2/\sqrt{6}$。根据式 4-13，得

$$[p_{ik}] = \frac{1}{6}\begin{bmatrix} 4 & -2 & -4 \\ -2 & 4 & -4 \\ -4 & -4 & -2 \end{bmatrix} = \frac{1}{3}\begin{bmatrix} 2 & -1 & -2 \\ -1 & 2 & -2 \\ -2 & -2 & -1 \end{bmatrix}$$

(001)面的法线为[001]，用上式经镜面操作后变为：

$$y_1=-2/3 \quad y_2=-2/3 \quad y_3=-1/3$$

[110]方向经镜面操作后变为：

$$y_1=(2-1)/3=1/3 \quad y_2=(-1+2)/3=1/3 \quad y_3=(-2-2)/3=-4/3$$

即原来的(001)[110]取向经镜面变换后变成$(\bar{2}\,\bar{2}\,\bar{1})[11\bar{4}]$取向。

(2) (001)的法线单位矢量为[001]，而[110]单位矢量为$[110]/2^{1/2}$。根据式 4-1，求出立方系(001)[110]的欧拉角：

$\cos\Phi=1$，即 $\Phi=\arccos(1)=0$。

根据 $\cos\varphi_1\cos\varphi_2-\sin\varphi_1\sin\varphi_2\cos\Phi=u$，得

$\cos(\varphi_1+\varphi_2)=1/2^{1/2}$

又因存在：$-\cos\varphi_1\sin\varphi_2-\sin\varphi_1\cos\varphi_2\cos\Phi=-\sin(\varphi_1+\varphi_2)=1/\sqrt{2}$，要求 $\varphi_1+\varphi_2$ 在第Ⅳ象限，则 $\varphi_1+\varphi_2=315°$。取 $\varphi_1=315, \Phi=0, \varphi_2=0$。可等效简化为(45 90 0)。

(3) $(\bar{2}\,\bar{2}\,\bar{1})$的法线单位矢量为$[\bar{2}\,\bar{2}\,\bar{1}]/3$，而$[11\bar{4}]$的单位矢量为$[11\bar{4}]/\sqrt{18}$，根据式 4-1，求出立方系$(\bar{2}\,\bar{2}\,\bar{1})[11\bar{4}]$的欧拉角：

$\cos\Phi=-1/3$　即 $\Phi=\arccos(-1/3)=109.47°$。

$\cos\varphi_2\sin\Phi=-2/3$　即 $\varphi_2=\arccos(-2/3\sin 109.47°)=135°$。

$\sin\varphi_1\sin\Phi=-4/\sqrt{18}$　即 $\varphi_1=\arcsin(-4/\sqrt{18}\sin 109.47°)=-89.77°\to 270.23°$

镜面操作后的欧拉角是(270.23,109.47,135)；可等效简化为：$\varphi_1=89.77, \Phi=70.53, \varphi_2=45$。

分析孪晶关系可以用极射投影图和矩阵运算很方便地进行。孪晶关系有两种

表达，一是绕某一面的法线[*hkl*]转 180°，二是以该面作镜面反映 *m*。两者的差异在于某一晶向[*uvw*]经两种孪生矩阵作用后方向相反。绕孪晶面(*hkl*)法线转 180°的矩阵式为[2]：

$$T_{(hkl)}=\frac{1}{h^2+k^2+l^2}\begin{pmatrix}h^2-k^2-l^2 & 2hk & 2hl\\ 2hk & -h^2+k^2-l^2 & 2kl\\ 2hl & 2kl & -h^2-k^2+l^2\end{pmatrix} \tag{4-14}$$

容易证明，上式中各分量与式 4-13 差一负号。将上式作用的晶向加负号就得到反映操作产生的孪晶方向。对 fcc 结构，{111}是孪生面，按式 4-14，有 $T_{(111)}=\frac{1}{3}\begin{pmatrix}-1 & 2 & 2\\ 2 & -1 & 2\\ 2 & 2 & -1\end{pmatrix}$；对 bcc 结构，{112}为孪生面，因此旋转孪生矩阵为，$T_{(112)}=\frac{1}{3}\begin{pmatrix}-2 & 1 & 2\\ 1 & -2 & 2\\ 2 & 2 & 1\end{pmatrix}$。

4.1.2.2 六方系的镜面变换

六方系的镜面变换原则上和立方系的相同，但要按式 4-8 ~ 式 4-10 把六方系的晶向指数转换成直角坐标的指数，再用式 4-13 计算。

例 4 Mg($c/a=1.624$)的拉伸孪生面是$(10\bar{1}2)$，孪生后的取向是以$(10\bar{1}2)$为镜面的对称取向。该孪生面的三轴指数为(102)，根据式 4-5，求出其法线的方向指数$[h'\ k'\ l']$。

$$[h'\ k'\ l']=[2h+k,h+2k,3l(a/c)^2/2]$$

$h'=2h+k=(4+0)=4 \quad k'=h+2k=(2+0)=2 \quad l'=3l^h(a/c)^2=3\times2\times(1/1.624)^2=6(1/1.624)^2$

即法线$[4,2,6(1/1.624)^2]$。再转换成直角坐标的指数，根据式 4-7：

$u=h'\sqrt{3}/2 \quad v=k'-h'/2 \quad w=l'c/a$

$u=h'\sqrt{3}/2=4\times\sqrt{3}/2=2\sqrt{3}$; $v=k'-h'/2=2-4/2=0$; $w=l'c/a=6/1.624$

即$(10\bar{1}2)$面的法线三轴直角坐标的指数为$[2\sqrt{3},0,3.6946]$。再把此指数归一化，它的模为：$[(2\sqrt{3})^2+(6/1.624)^2]^{1/2}=5.06458$。归一化的指数是[0.68399,0,0.72950]。根据式 4-13，故孪生面$(10\bar{1}2)$的变换矩阵为：

$$[P_{ik}]=\begin{bmatrix}0.06432 & 0 & -0.99794\\ 0 & 1 & 0\\ -0.99794 & 0 & -0.06434\end{bmatrix} \tag{4-15}$$

例5 求镁的柱面取向($(01\bar{1}0)[2\bar{1}\bar{1}0]$)以孪生面$(10\bar{1}2)$发生孪生后的取向及欧拉角。

解：

(1) 用式4-8～式4-10得到$(01\bar{1}0)$面在直角坐标归一化了的法线指数为：$[1/2,\sqrt{3}/2,0]$，即$[0.5,0.866,0]$。$[2\bar{1}\bar{1}0]$方向在直角坐标的指数(归一化了的)为$[\sqrt{3}/2,-1/2,0]=[0.866,-0.5,0]$。

(2) 根据式4-15，$[0.5\ 0.866\ 0]$经$(10\bar{1}2)$镜面操作后变成：

$\gamma_1=0.06432\times0.5=0.03216\quad \gamma_2=0.866\quad \gamma_3=-0.99794\times0.5=-0.49897$

即孪生后，$[0.5\ 0.866\ 0]$变成$[hkl]=[0.03216,0.8660,-0.49879]$。

$[0.866\ -0.5\ 0]$经$(10\bar{1}2)$镜面操作后变成：

$\gamma_1=0.06432\times0.866=0.0557\quad \gamma_2=-0.5\quad \gamma_3=-0.99794\times0.866=-0.8642$

即孪生后，$[0.866\ -0.5\ 0]$变成$[uvw]=[0.0557,-0.5,-0.8642]$。这个取向相应的欧拉角：

$\cos\Phi=-0.49879$　即 $\Phi=\arccos(-0.49879)=119.91°$。

$\cos\varphi_2\sin\Phi=0.866$　即 $\cos\varphi_2=0.866/\sin119.91°=0.9991$　最后得 $\varphi_2=2.34°$

$\sin\varphi_1\sin\Phi=-0.8642$　即 $\sin\varphi_1=(-0.8642)/\sin119.91°=-0.997,\varphi_1=-85.627°\to 274.4°$

镁的$(01\bar{1}0)[21\bar{1}0]$取向经以孪生面$(10\bar{1}2)$发生孪生后的欧拉角为(274.4,119.9,2.34)。

更进一步的知识可参考文献[3]。

4.1.3 滑移及孪生过程的 Schmid 因子运算

在《材料科学基础》中的“晶体的形变”一章已学到，Schmid 因子 m_s(也称取向因子)是滑移系与力轴几何关系的表示。因滑移系由滑移面及滑移方向组成，Schmid 因子也是两个余弦角的乘积，即力轴与滑移面法线夹角 φ 的余弦乘以力轴与滑移方向夹角 λ 的余弦：

$$m_s=\cos\varphi\cdot\cos\lambda \tag{4-16}$$

现在的问题是，在单向拉伸、压缩及轧制条件下，如何从测出的 EBSD 取向数据算出 Schmid 因子及其分布，从而了解各晶粒的“软”、“硬”状态。

已知拉伸时 Schmid 取向因子的计算式为：$m_s=\cos\varphi\cdot\cos\lambda$。设外力轴为 Z 向(或 ND)。轧制时的应力状态可近似看成是轧向 RD 受拉应力，法向 ND 受压应力，因此，轧制时 Schmid 取向因子的计算式为：

$$m_s=\cos\alpha\cdot\cos\beta-\cos\gamma\cdot\cos\delta \tag{4-17}$$

式中，α,β 是轧向 RD 的拉应力与滑移方向 $\boldsymbol{b}$ 和滑移面的法线 $\boldsymbol{n}$ 的夹角；而 γ,δ 是轧板法向 ND 的压应力与滑移方向 $\boldsymbol{b}$ 和滑移面的法线 $\boldsymbol{n}$ 的夹角，见图 4-4。因压应力与拉应力相反，故式中用负号。注意力轴的晶体学方向数据的来源，它正好是每个晶粒用密勒指数 $(hkl)[uvw]$ 表示取向时的数据。例如，测出的晶粒取向是 $(001)[100]$，则 $[001]=ND$ 是压应力方向，而 $[100]=RD$ 是拉应力方向，两个力轴的晶体学方向就确定了。只要知道某一具体的滑移系 $\boldsymbol{n},\boldsymbol{b}$，就可算出该晶粒的 Schmid 因子。

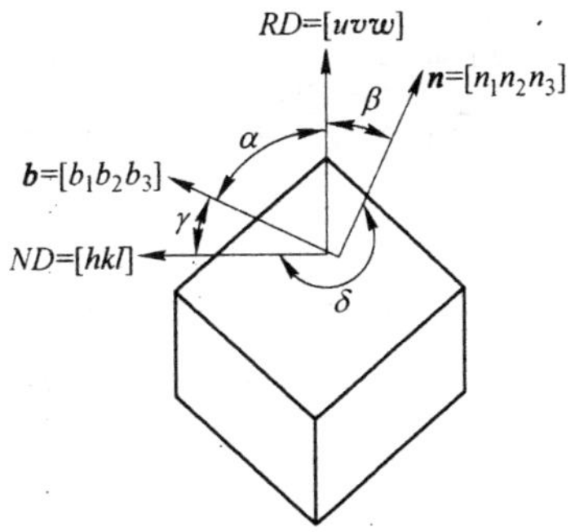

图 4-4 单胞取向与样品坐标系的关系

例 6 若测出的 fcc 结构中某一晶粒为铜型取向 $(112)[\bar{1}\bar{1}1]$（欧拉角为 90°，35°，45°），计算平面应变压缩（近似为轧制）条件下最大的 Schmid 因子，并判断有几个滑移系开动。

解：已知 fcc 结构金属有 12 个等效滑移系，分别是：(1) $(111)[1\bar{1}0]$；(2) $(111)[10\bar{1}]$；(3) $(111)[01\bar{1}]$；(4) $(11\bar{1})[1\bar{1}0]$；(5) $(11\bar{1})[101]$；(6) $(11\bar{1})[011]$；(7) $(1\bar{1}1)[110]$；(8) $(1\bar{1}1)[10\bar{1}]$；(9) $(1\bar{1}1)[011]$；(10) $(\bar{1}11)[110]$；(11) $(\bar{1}11)[101]$；(12) $(\bar{1}11)[01\bar{1}]$。因滑移没有极性，其反方向也可开动，故应是 24 个滑移系。

因此，用式 4-17 计算所列的 12 个滑移系的 Schmid 因子为：

(1) $m_{s1}=\{(-1\times1-1\times1+1\times1)/3\}\times\{(-1\times1+1\times1+0)/\sqrt{3}\sqrt{2}\}-\{(1\times1+1\times1+2\times1)/\sqrt{6}\sqrt{3}\}\times\{(1\times1-1\times1+0)/\sqrt{6}\sqrt{2}\}=0$；

(2) $m_{s2}=\{(-1\times1-1\times1+1\times1)/3\}\times\{(-1\times1+0-1\times1)/\sqrt{3}\sqrt{2}\}-\{(1\times1+1\times1+2\times1)/\sqrt{6}\sqrt{3}\}\times\{(1\times1+0-2\times1)/\sqrt{6}\sqrt{2}\}=2\sqrt{2}/3\sqrt{3}=0.544$；

(3) $m_{s3}=\{(-1\times1-1\times1+1\times1)/3\}\times\{(0-1\times1-1\times1)/\sqrt{3}\sqrt{2}\}-\{(1\times1+1\times1+2\times1)/\sqrt{6}\sqrt{3}\}\times\{(0+1\times1-2\times1)/\sqrt{6}\sqrt{2}\}=m_{s2}=0.544$；

(4) $m_{s4}=\{(-1\times1-1\times1-1\times1)/3\}\times\{(-1\times1+1\times1+0)/\sqrt{3}\sqrt{2}\}-\{(1\times1+1\times1-2\times1)/\sqrt{6}\sqrt{3}\}\times\{(1\times1-1\times1+0)/\sqrt{6}\sqrt{2}\}=0$；

(5) $m_{s5}=\{(-1\times1-1\times1-1\times1)/3\}\times\{(-1\times1+0+1\times1)/\sqrt{3}\sqrt{2}\}-\{(1\times1+1\times1-2\times1)/\sqrt{6}\sqrt{3}\}\times\{(1\times1+0+2\times1)/\sqrt{6}\sqrt{2}\}=0$；

(6) $m_{s6}=\{(-1\times1-1\times1-1\times1)/3\}\times\{(0-1\times1+1\times1)/\sqrt{3}\sqrt{2}\}-\{(1\times1+1\times1-2\times1)/\sqrt{6}\sqrt{3}\}\times\{(0+1\times1+2\times1)/\sqrt{6}\sqrt{2}\}=0$；

(7) $m_{s7}=\{(-1\times1+1\times1+1\times1)/3\}\times\{(-1\times1-1\times1+0)/\sqrt{3}\sqrt{2}\}-\{(1\times1-1\times1+2\times1)/\sqrt{6}\sqrt{3}\}\times\{(1\times1+1\times1+0)/\sqrt{6}\sqrt{2}\}=-2\sqrt{2}/3\sqrt{3}=-0.544$;

(8) $m_{s8}=\{(-1\times1+1\times1+1\times1)/3\}\times\{(-1\times1+0-1\times1)/\sqrt{3}\sqrt{2}\}-\{(1\times1-1\times1+2\times1)/\sqrt{6}\sqrt{3}\}\times\{(1\times1+0-2\times1)/\sqrt{6}\sqrt{2}\}=-\sqrt{2}/6\sqrt{3}=-0.136$;

(9) $m_{s9}=\{(-1\times1+1\times1+1\times1)/3\}\times\{(0-1\times1+1\times1)/\sqrt{3}\sqrt{2}\}-\{(1\times1-1\times1+2\times1)/\sqrt{6}\sqrt{3}\}\times\{(0+1\times1+2\times1)/\sqrt{6}\sqrt{2}\}=-1/\sqrt{6}=-0.408$;

(10) $m_{s10}=\{(1\times1-1\times1+1\times1)/3\}\times\{(-1\times1-1\times1+0)/\sqrt{3}\sqrt{2}\}-\{(-1\times1+1\times1+2\times1)/\sqrt{6}\sqrt{3}\}\times\{(1\times1+1\times1+0)/\sqrt{6}\sqrt{2}\}=-2\sqrt{2}/3\sqrt{3}=-0.544$;

(11) $m_{s11}=\{(1\times1-1\times1+1\times1)/3\}\times\{(-1\times1+0+1\times1)/\sqrt{3}\sqrt{2}\}-\{(-1\times1+1\times1+2\times1)/\sqrt{6}\sqrt{3}\}\times\{(1\times1+0+2\times1)/\sqrt{6}\sqrt{2}\}=-1/\sqrt{6}=-0.408$;

(12) $m_{s12}=\{(1\times1-1\times1+1\times1)/3\}\times\{(0-1\times1-1\times1)/\sqrt{3}\sqrt{2}\}-\{(-1\times1+1\times1+2\times1)/\sqrt{6}\sqrt{3}\}\times\{(0+1\times1-2\times1)/\sqrt{6}\sqrt{2}\}=-\sqrt{2}/6\sqrt{3}=-0.136$;

所以，m_{s2}，m_{s3}和$-m_{s7}$，$-m_{s10}$ 4 个滑移系先开动。

类似地，可计算出各孪生系的 Schmid 取向因子。这时，只需将滑移系参数 $\boldsymbol{b}$，$\boldsymbol{n}$，改成孪生要素 $\boldsymbol{K}$，$\boldsymbol{\eta}$。如上题的条件，设滑移与孪生的临界分切应力相等，可计算该取向的晶粒滑移容易还是孪生容易。

4.1.4 晶界面指数的确定

例 7 对退火镍板，测出一直线晶界在轧面上与 *RD* 的夹角为 32.5°，在侧面上与轧向的夹角为 95.5°。晶界两侧取向为 $g_1=(231.0, 38.4, 17.3)$，$g_2=(0.9, 38.2, 74.7)$。计算出的取向差为 59.1°[1 $\bar{1}$ 1]（用 Textools 软件，未归一化；用 TSL-OIM Analysis 软件算出为 59.1°[7 7 $\bar{6}$]）。求晶界面的晶面指数并在极射投影图上表示出来。

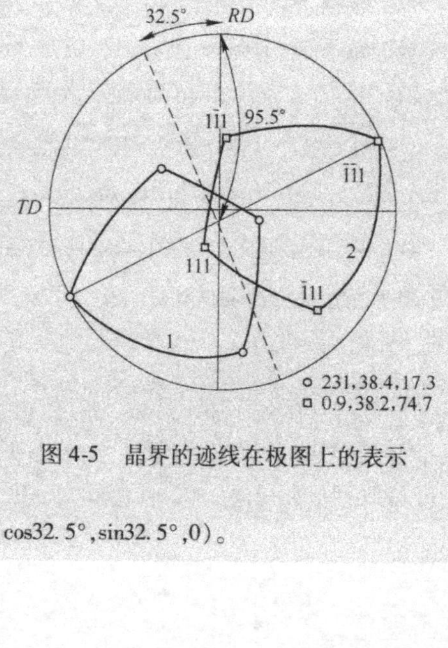

图 4-5　晶界的迹线在极图上的表示

解：如图 4-5 所示。虚线为晶界在轧面的迹线。在 *RD-ND* 组成的直线与迹线交点距 *RD* 为 85.5°，在 *RD-TD* 组成的大圆与迹线的交点与 *RD* 成 32.5°。两晶粒共同的转轴是两晶粒的[$\bar{1}$ $\bar{1}$1]。该轴对应的晶面($\bar{1}$ $\bar{1}$1)就是虚线表示的迹线。晶界面上的矢量（相对于 g_1）$A=(\cos32.5°, \sin32.5°, 0)$。

晶界面上的矢量 $\boldsymbol{B}=(\cos 95.5°, 0, -\sin 95.5°)$。

参照式 3-28,A-B 面组成的法线 $\boldsymbol{n}=\boldsymbol{A}\times\boldsymbol{B}/|\boldsymbol{A}\times\boldsymbol{B}|=(-\sin\alpha\sin\beta, \cos\alpha\sin\beta, -\sin\alpha\cos\beta)/\sqrt{\sin^2\beta+\cos^2\beta\cdot\sin^2\alpha}=(-0.535, 0.840, 0.052)/0.996=(-0.536, 0.842, 0.052)$。

参照式 3-8 算出取向 1 的转动矩阵为:

$$g_1=\begin{pmatrix}-0.420 & -0.889 & 0.185\\ 0.769 & -0.240 & 0.593\\ -0.483 & 0.391 & 0.783\end{pmatrix}$$

晶面法线在晶粒 1 中的指数是(式 3-29):$n_c=g_{ij}\cdot n_s=(-0.514\ \ -0.583\ \ 0.629)$。距理论值$[\bar{1}\,\bar{1}\,1]$偏差较大。

类似地可算出晶粒 2 中的取向矩阵为:

$$g_2=\begin{pmatrix}0.252 & 0.762 & 0.596\\ -0.968 & 0.192 & 0.163\\ 0.010 & -0.618 & 0.786\end{pmatrix}$$

晶面法线在晶粒 2 中的指数是(式 3-29):$n_c=g_{ij}\cdot n_s=(0.537\ \ 0.689\ \ -0.485)$。距理论值$[1\,1\,\bar{1}]$偏差也较大。

4.2 几个晶体学及织构分析(小)软件

为了能更深入地研究晶体材料的微观过程,研究者应首先熟练操作取向数据。现在已可从不同途径得到操作取向的软件,应不断练习。得到取向软件的途径有:(1)若本单位购置了 EBSD 系统,EBSD 取向获取或分析用软件都可用于取向操作练习;(2)从网上下载一些取向软件;(3)有条件的或有兴趣的研究者(如计算机编程较熟练的)可自己编写小软件(当然一般不如商用软件好用或全面)。以下介绍几个(小)软件,希望读者想法获得其中之一或类似的程序,不断练习,为深入研究晶体材料行为打好基础。

4.2.1 CaRIne Crystallography 晶体学软件(法国)

这是一个既适合于教学也适合于科研的晶体学计算软件。可调用已有的晶体结构库文件,了解不同结构晶体三维原子排列规律,对应的极射赤面投影图,倒易点阵结构;可以计算不同晶面、晶向间的夹角、面间距;也可以通过已有的晶体点阵参数、原子占位信息构造新相的晶体学库文件,算出其 X 射线衍射谱,进行相鉴定。

使用方法是:

(1) 激活该软件;

(2) 打开一个现有的晶体学库 File/Open cell (or Open crystal),如 Al_2Ni_3;

(3) 出现一个具体的晶体结构后,在 Rotation 窗口中输入绕各晶体学轴转动的角度,点击正负方向的红箭头,晶体便相应地转动,由此可了解晶体的空间结构及各原子的位置特征;

(4) 若要观察相应的极射赤面投影图,可点击极射赤面投影图小图标 Creation stereo projection 或对应菜单,便会出现基圆图;

(5) 在基圆图中点击鼠标右键,弹出菜单,选投影参数 Parameters stereographic projection;输入要显示的晶面/晶向/迹线(尽量用低指数),点击 OK。这时出现对应于晶体结构图方位的极射赤面投影图(即(hkl)标准投影图);点击 Rotation 窗口中的各轴转动箭头,晶体结构立体图和标准投影图便相应转动,由此可了解各种取向的极射赤面投影图;

(6) 若要观察对应的倒易点阵图,可点击倒易点阵小图标 Creation reciprocal lattice(它像衍射斑网络图)或对应菜单,这时出现倒易点阵图窗口。各图之间仍有转动过程的对应性。

(7) 点击区轴(zone axis)图标,输入某一晶体学方向,如[1 0 0],可得到对应该区轴的倒易点阵面。它也是对应的衍射斑谱。这种二维点阵图比较简单易懂。此时晶体结构立体图,标准投影图也相应转到与该晶向垂直的位置。

(8) 如果要了解该结构晶体的 X 射线粉末衍射峰的分布,可点击对应的小图标 Creation XRD 或对应菜单,在弹出的窗口中选择使用的 X 射线靶后,便出现对应的 X 射线粉末衍射峰分布。该功能在相鉴定中会用到。

其他功能可自己去摸索。

图 4-6 表示可对任一个给出的单胞进行任意方向、任意角度的转动,以便看清单胞的立体结构。同时给出与立体结构方位对应的极射赤面投影图和倒易点阵。还可算出 X 射线衍射强度与 2θ 角的关系。

图 4-7 显示出可计算任意两个方向、一个面与一个方向间的夹角以及两个面组成的晶带轴的界面。

图 4-8 显示根据(不同)原子的位置建造单胞晶体学库,从而可开展进一步的晶体学研究。不同类型原子的输入可用该界面左上角的门捷列夫周期表。

图 4-9 表示在计算不同 2θ 角的 X 射线衍射强度时,同时给出不同面的面间距。

该软件的织构分析功能很弱。仅可通过输入某一取向,画出对应的晶体坐标系和样品坐标系的关系。它对于了解取向的概念还是有帮助的。图 4-10 表示在主窗口下 Specials 菜单中的 Texture 一项中输入(110)[001]高斯取向,画出的晶体单胞相对于样品坐标系(轧向－法向－侧向)的关系,以便于区分晶体学方向和晶粒取向概念。

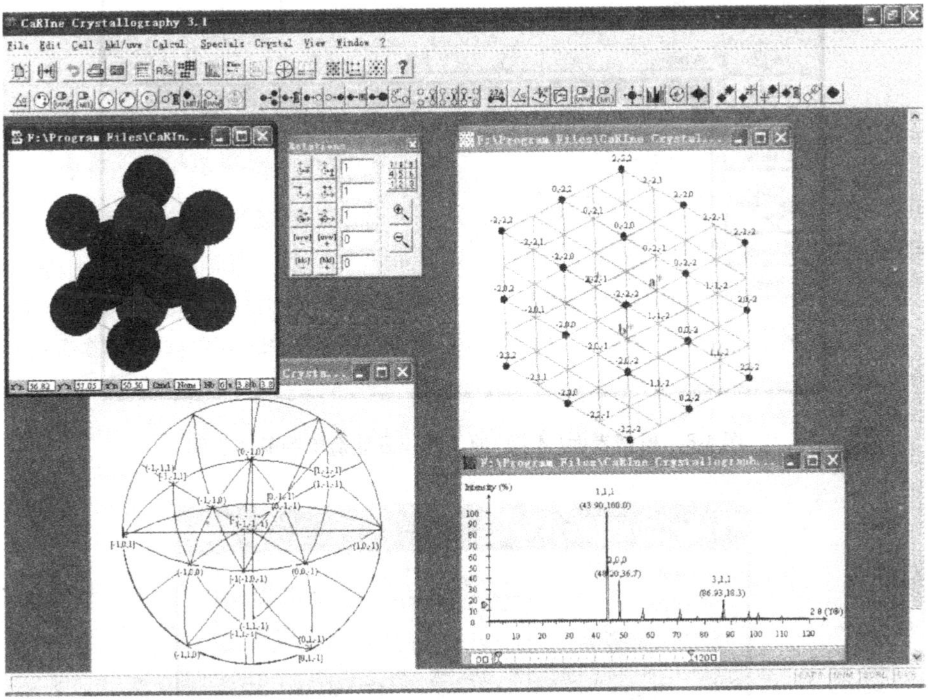

图 4-6 CaRine 软件主界面及单胞、标准投影、倒易点阵(衍射)、X 射线谱的关系

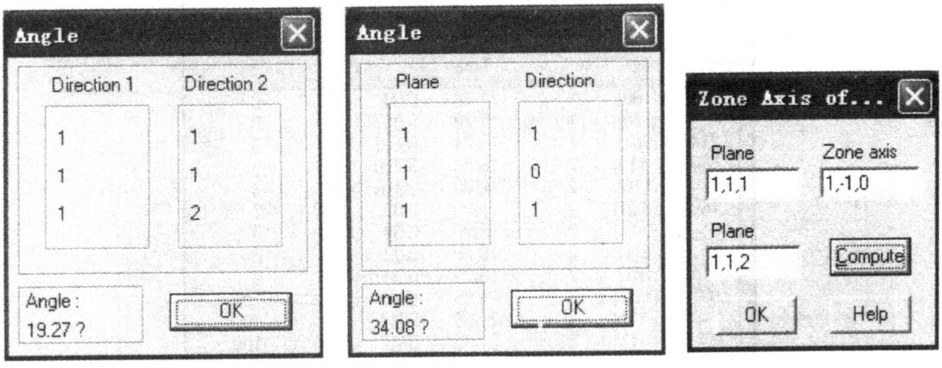

a *b* *c*

图 4-7 晶面间夹角的计算界面

a—两个方向间的夹角;*b*—一个面与一个方向间的夹角;*c*—两个面组成的晶带轴

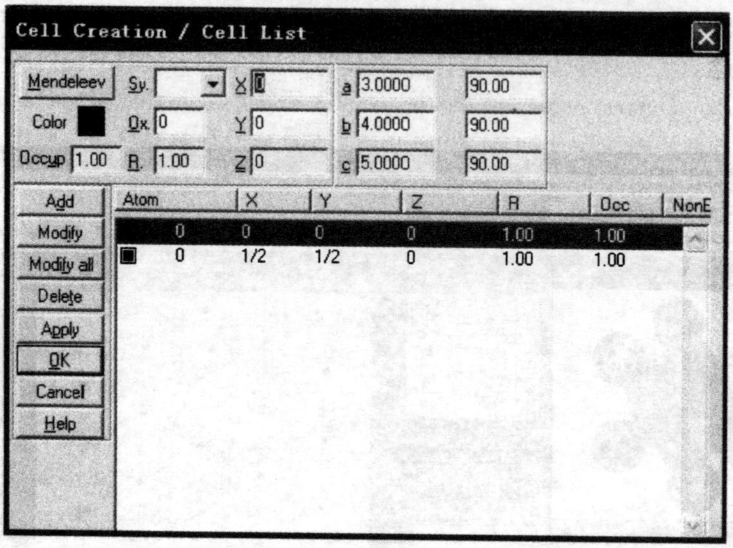

图 4-8　根据界面(不同)原子的位置建造单胞晶体学库

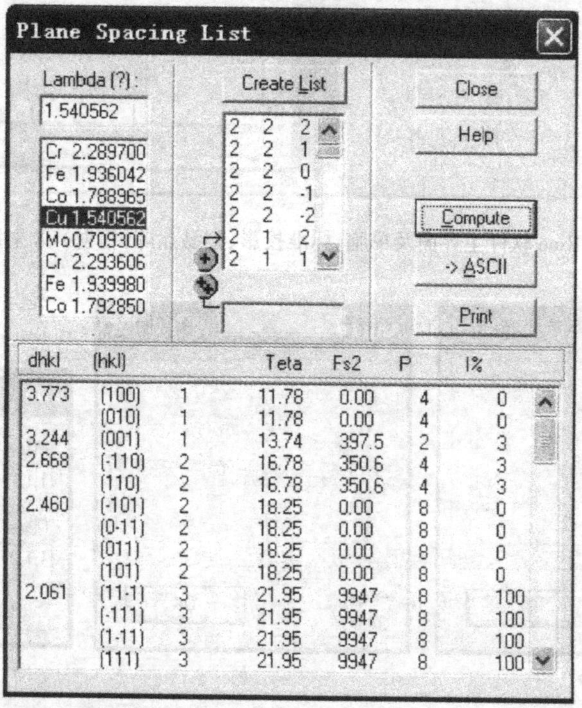

图 4-9　计算出的不同 2θ 角的 X 射线衍射强度及面间距

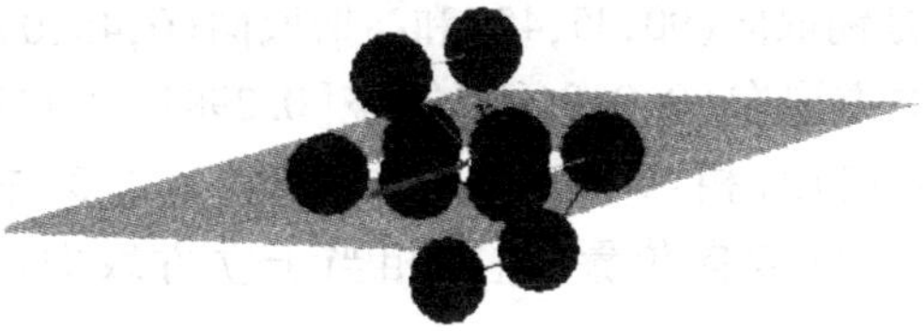

图 4-10 CaRine 软件的织构表达功能

4.2.2 PAN 取向计算器

该软件类似于计算机 Windows 视窗中的附件数字计算器。它可用于取向的各种表达式的运算和取向矩阵之间的乘、除,矩阵的转置及逆矩阵的求法(因取向矩阵是正交的,所以转置矩阵与逆矩阵相等)。图 4-11 中输入的是铜型取向(90,35,45)及算出的对应角/轴对、密勒指数、取向矩阵(见图 4 12)。

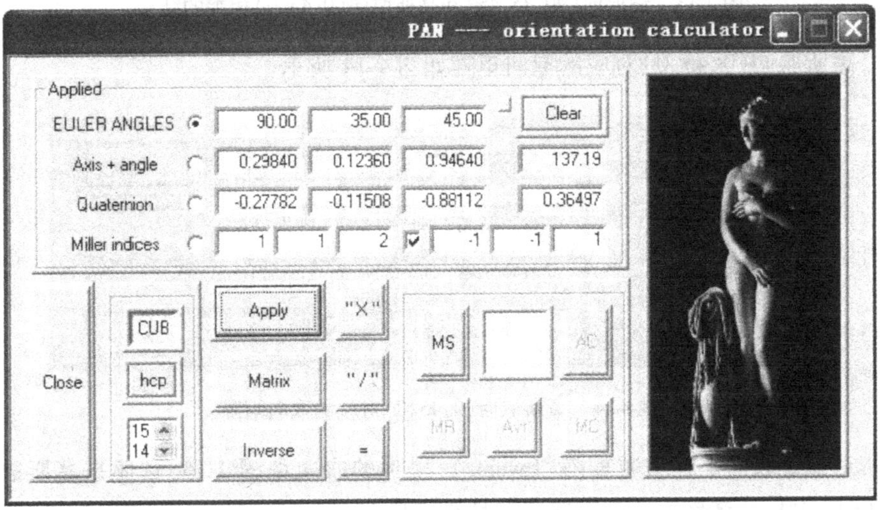

图 4-11 铜型取向(90,35,45)及算出的对应轴/角对、密勒指数

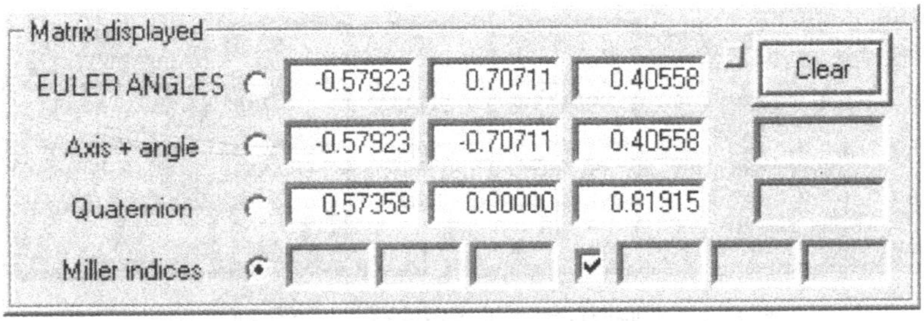

图 4-12 铜型取向(90,35,45)取向矩阵

图 4-13 给出的是铜取向(90,35,45)和高斯取向(0,45,0)相乘的结果。铜型取向相当于从原始立方取向(0,0,0)开始,绕[0.2984, 0.1236, 0.9464]轴转了137.19°;乘以高斯取向后,相当于从铜型取向绕[1,0,0]轴转 45°;这时到达(44.72,54.6,105.16)的取向位置;这时相当于立方取向绕[0.407, -0.237, 0.882]转了 153.3°。

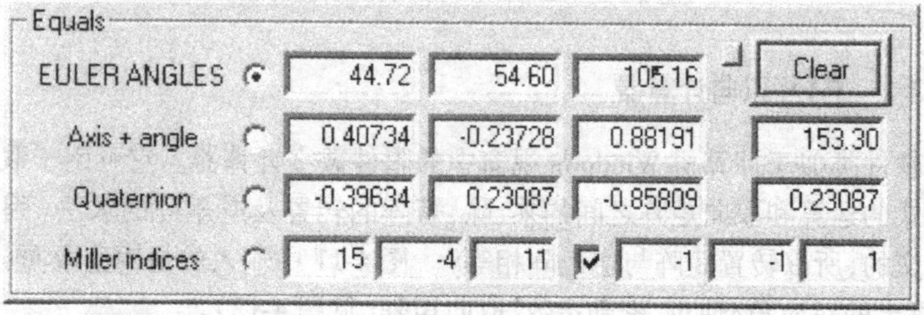

图 4-13 铜取向(90,35,45)和高斯取向(0,45,0)相乘的结果

高斯取向(0,45,0)对应的取向矩阵如图 4-14 所示。

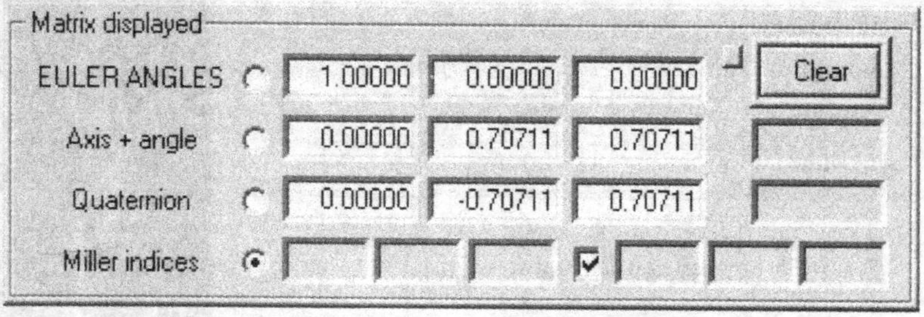

图 4-14 高斯取向(0,45,0)对应的取向矩阵

对高斯取向矩阵求逆矩阵(Inverse),得到的取向见图 4-15,它还是高斯取向(0$\bar{1}$1)[100]。这显示了高斯取向的高对称特点。

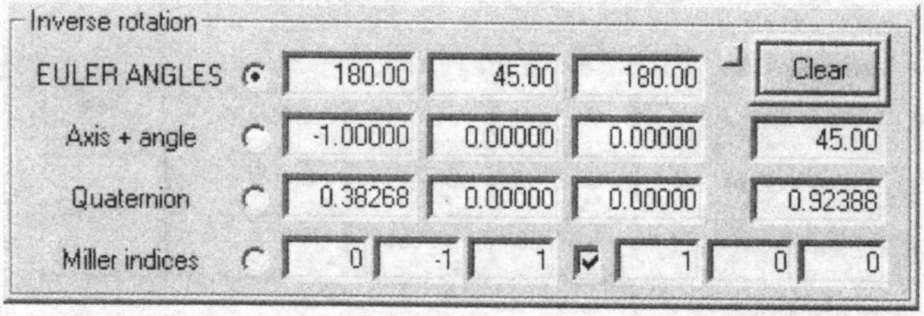

图 4-15 高斯取向矩阵求逆矩阵(Inverse)得到的取向

图 4-15 对应的取向的矩阵表达如图 4-16 所示。它与高斯取向矩阵(图 4-14)的乘积是单位矩阵。它与铜型取向矩阵相乘就是铜型取向与高斯取向的取向差矩阵 $g_{C \to G} = g^{-1} \cdot g_C$。

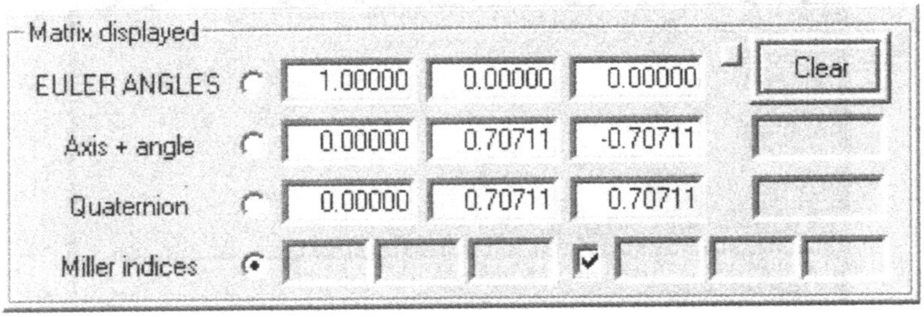

图 4-16 高斯取向矩阵的逆矩阵

4.2.3 ResMat-Textools/TexViewer 织构分析软件

加拿大蒙特利尔大学 ResMat 公司的软件 Textools/TexViewer 是用于织构分析的。既可处理 X 射线衍射得到的织构数据,也可处理 EBSD 方法得到的数据。Textools 主要用于从实测的 X 射线极图数据计算各种与织构有关的图或参量,而 TexViewer 软件用于展示计算的结果。注意,如果将自己可得到的 X 射线织构分析仪或 EBSD 系统测出的数据格式改变为 ResMat-Textools/TexViewer 软件能识别的格式,研究者自己就可用此软件进行很多分析。两个软件都带一个 Tool 工具包或菜单,可进行一系列的计算。以下是相关功能的使用步骤。

(1) 激活 Textools 软件,若读者只能得到演示软件,则多数功能因没有原始测量数据而不能使用。对初学者来说,仅使用 Tools 菜单的计算功能就能得到很多的练习。

(2) 点击 Tools 菜单,选 Calculation orientation's position in PF(计算某一取向在极图中的位置),待弹出对应窗口后,要确定晶系类型,如 Cubic。再以 3 个欧拉角的形式输入取向,并确定以哪种极图表示取向,例如,选用{111}极图;最后点击 Calculate 即可。

(3) 点击 Tools 菜单,选 Miller Indices/Euler Angles 可进行取向的两种表示法(密勒指数与欧拉角)的互算。弹出对应窗口后,要确定晶系,如 Cubic;再在 Miller Indices 或 Euler Angles 两个表之一中输入一个便可计算出另一个。

(4) 点击 Tools 菜单,选 Calculate symmetry orientations 可计算对称或等效取向。这是初学者易混淆的概念。如(112)$[\bar{1}\,\bar{1}1]$与$(11\bar{2})[111]$是等效取向,但在极图上处在不同位置,这是样品对称性造成的。

图 4-17 是 Textools 主界面。可看出,该软件可计算极图、反极图、取向分布函数、磁各向异性、弹性模量、各种重合位置点阵(CSL)晶界等。图 4-18 是计算两晶

粒取向差的界面。高斯取向(0,45,0)与黄铜取向(35,45,0)的取向差是35°[011],即绕*ND*为[011]的轴转35°。

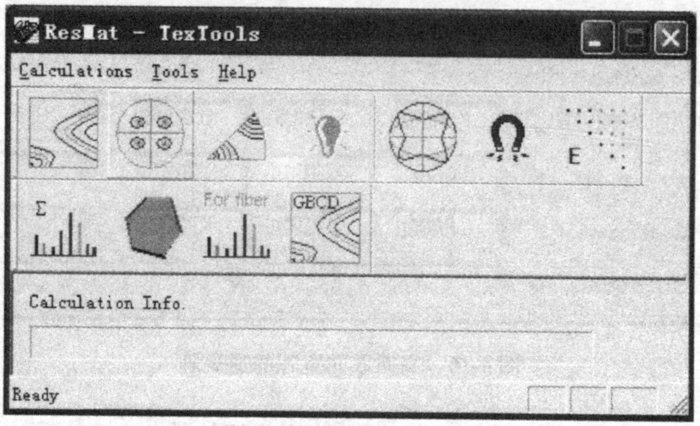

图4-17　Textools主界面

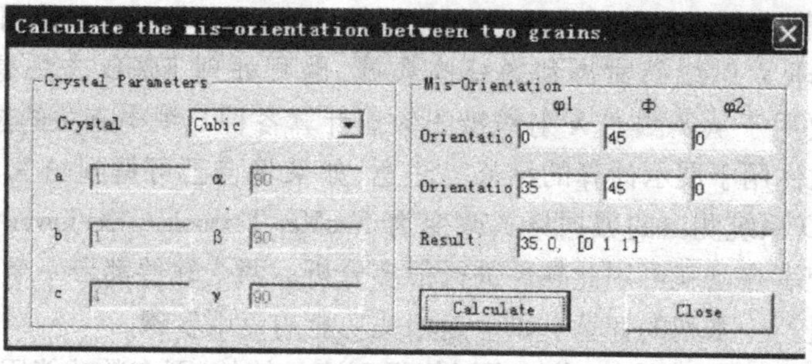

图4-18　计算两晶粒取向差的界面

图4-19是描述高斯取向的密勒指数和欧拉角相互间换算的界面。一个欧拉角为(0,45,0)的高斯取向对应密勒指数为(011)[100]。

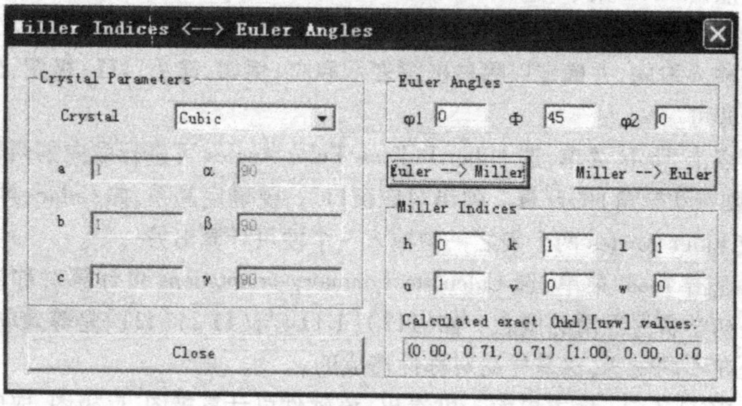

图4-19　密勒指数和欧拉角相互间换算的界面

图 4-20 是 TexViewer 软件显示出的由 Textools 软件从某一组测定数据中计算出的某一钢中的取向分布函数 ODF、{110}极图、晶粒间取向差分布、反极图。

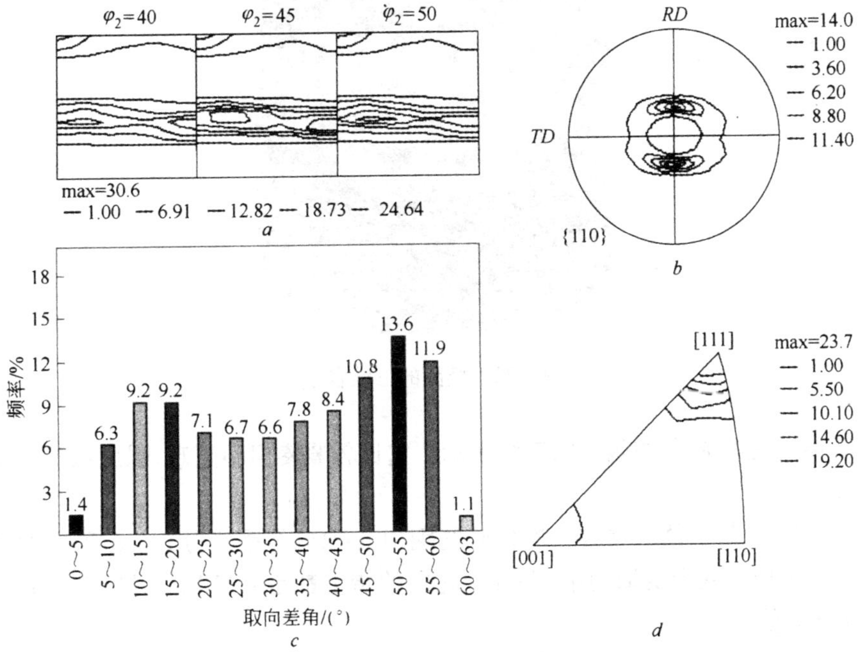

图 4-20 TexViewer 软件从测定数据计算出的取向分布函数、{110}极图、晶粒间取向差分布、反极图

a—ODF 中 φ_2 等截面图；*b*—{110}极图；*c*—晶粒间取向差分布；*d*—反极图

图 4-21 给出已知取向分布函数时，计算出织构组分{90,60,45}的体积分数（允许取向偏差 15°）为 18%。图 4-22 给出极图的三维表达。该图高度方向是织构的强度。

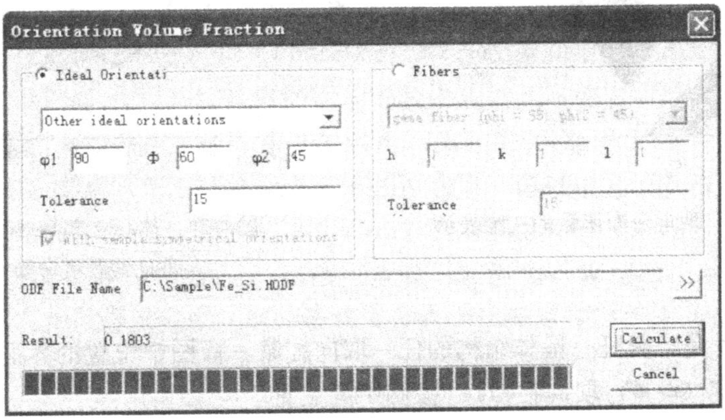

图 4-21 计算出织构{90,60,45}体积分数的界面

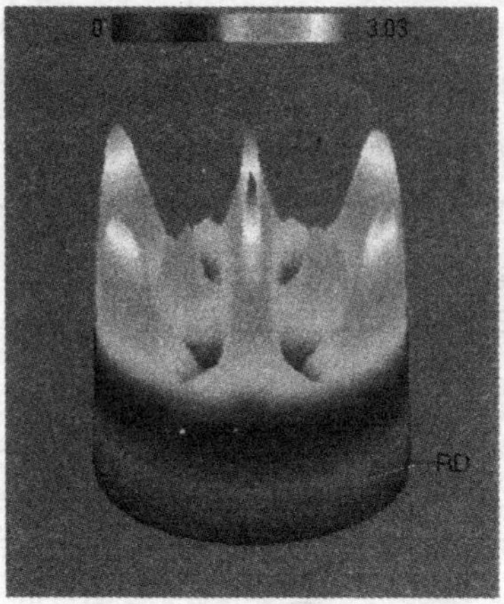

图 4-22　极图的三维表达

图 4-23 是取向分布函数的三维表示。它比较紧凑但不直观，强度数据只能用颜色表示。

图 4-24 计算了体心立方结构含硅的钢中 α-取向线强度分布。α-取向线的特点是所有该取向线上的取向中，平行于轧向的指数都是 <110>，见图上方各取向的 *RD* 方向值。

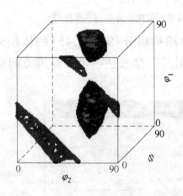

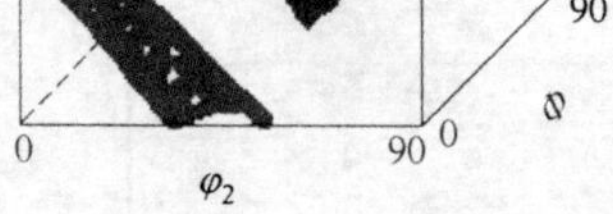

图 4-23　取向分布函数的三维表示

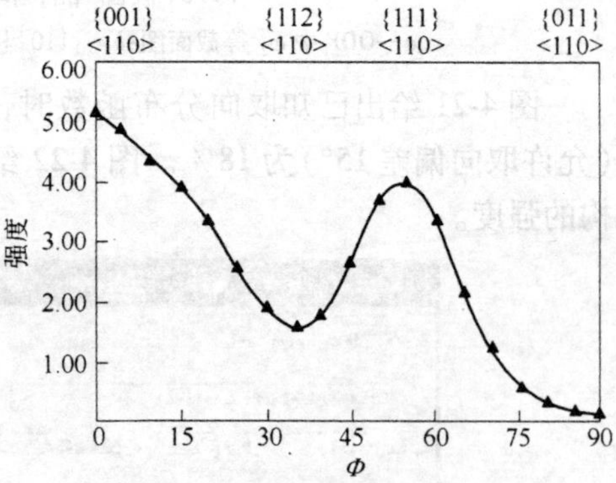

图 4-24　体心立方 Fe-Si 钢中 α-取向线强度分布

图 4-25 是计算任一晶体结构的任一取向在某一极图中位置的界面，这里是立方结构的(90,60,45)取向在{111}极图中的位置。

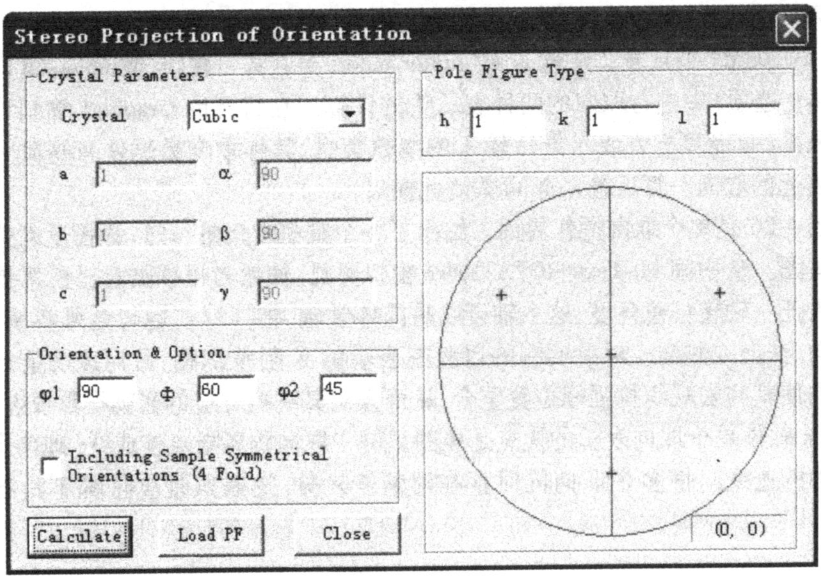

图 4-25 计算任一晶体结构的任一取向在某一极图中位置的界面

4.2.4 Auswert 软件

Auswert(德文"分析"的意思)软件是 O. Engler 博士编写的用于分析织构数据的软件。该软件可对 X 射线法测出的织构数据和 EBSD 方法测出的单个取向进行表示和分析。特别应强调的是其对单个取向操作的功能。该软件可帮助建立晶体取向的空间方位、数字表达和平面二维表达的相互关系。使用方法是:

(1) 激活该软件;在 MT-Text 窗口中输入 P(指 pole figure),0(指将进行单个取向操作),Cub(指立方系),111(指{111}极图),S(指 stereographic projection),回车;可得到一基圆图。

(2) 同样在此窗口中输入 R(指 rotations),M(使用密勒指数),再输入一组以密勒指数表示的取向,便可得到该取向对应的极图表达。右侧表中的红色字母表示可执行的功能,如绕各样品坐标系方向或某一晶轴的转动;输入 O 可启动另一新取向的极图表示;输入 W(Windows)字母则可在另一窗口中显示单胞的立体位置以便和极图中的投影比较;输入 E 字母(exit)可退出程序。

(3) 在 MT-Text 窗口中输入 P,1,就可观看一实测或计算出的极图(极图及 ODF 的计算在其他软件上完成);这时要从文件夹中选择对应的文件,如 mge8. cal (反算极图);然后按表中所列功能操作;如改变等高线,改变颜色,取向旋转等。

(4) 在 MT-Text 窗口中输入 O(-ODF),1,则可观看一实测或计算出的取向分布函数图 ODF;这时要从文件夹中选择对应的文件,如 mge8. odf(odv);然后按表中所列功能操作;如改变等高线,改变颜色等。

(5) 在 MT-Text 窗口中输入 M(miller-euler)可在另一窗口(Windows 菜单中的 Graphic1 选项)中进行取向的两种表示法的计算。在打开的 Graphic1 窗口中依次输入晶系(只能算立方或六方)、输入的指数类型、具体取向数据便可得到另一种方式表达的取向。算后输入 N 可关闭此窗口。

图 4-26 是单个取向操作界面。给出了一个铜型取向的{111}极图及对应的单胞立体图。从中间 Mt-Text/ROTATIONS 窗口可见,使用者可根据自己的需要将该取向沿任一轴转任意角度,这个轴可以是晶体学轴,如[111],也可是外界坐标系,如轧向,法向或侧向。对一实测的以极图表示的 X 射线织构,可用该功能转动某一取向使其与宏观织构强峰位置重合,从而读出其织构对应的密勒指数或欧拉角。Auswert 软件单个取向表示的优点是极图上同一取向的各极点连成线(即两个极轴组成面的迹线),使多个取向同时存在时便于区分,这是其他软件都不具备的功能。

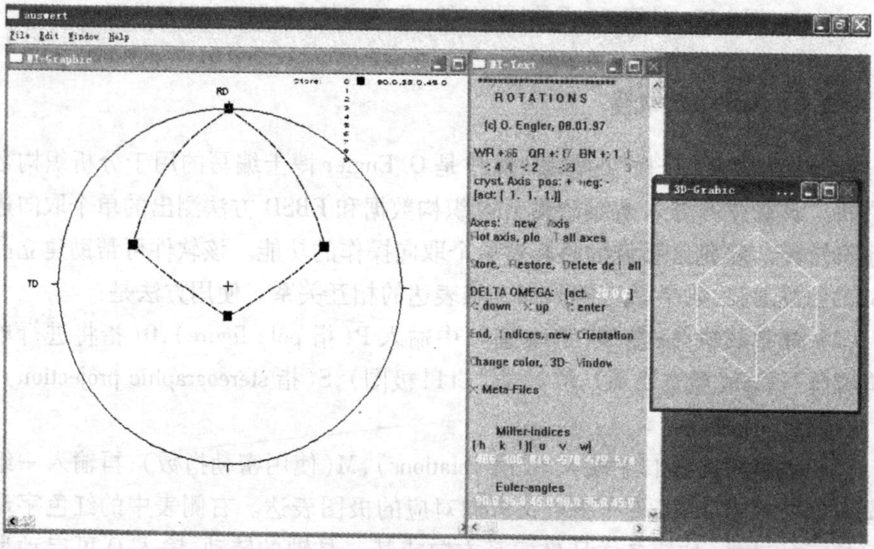

图 4-26　Auswert 软件单个取向操作界面

图 4-27*a* 用{111}极图表示了立方取向(0,0,0)和其孪晶取向(63.4,48.2,63.4)有共同的[111]轴的取向关系。每一取向对应的立体图可从另一界面展示,见图 4-27*b*。

图 4-28*a* 是用{111}极图表示纯铝的轧制织构。图 *b* 是该极图上的取向(严格说是极密度数据)都绕轧向 *RD* 转 90°后的情况。

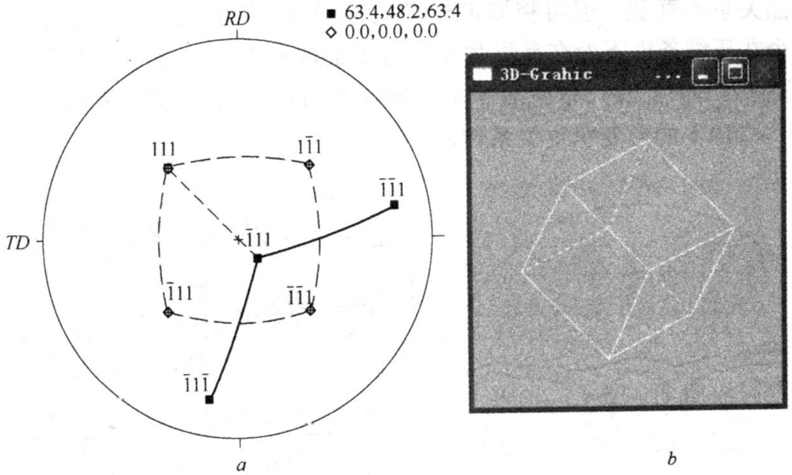

图 4-27 立方取向和其孪晶取向的{111}极图(a)及立方取向晶体孪生后取向的立体图(b)

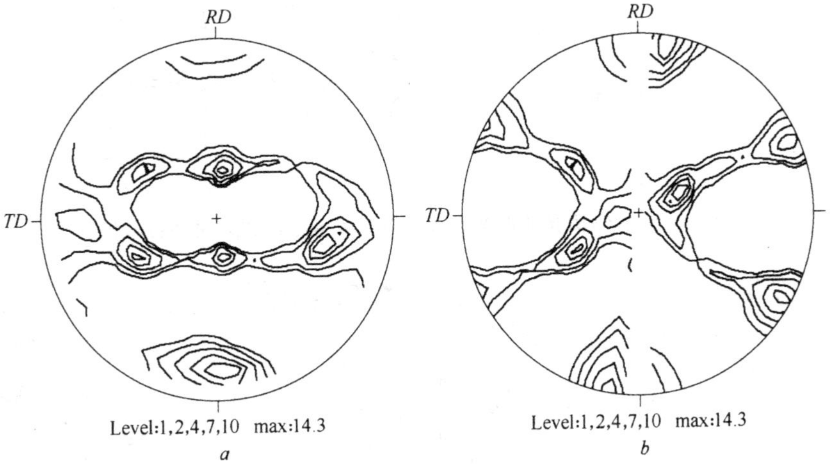

图 4-28 用{111}极图表示纯铝的轧制织构(a)及该极图上的取向都绕轧向 RD 转 90°后的情况(b)

图 4-29a 表示六方结构镁的形变织构的{0002}极图,图 4-29b 表示其取向分布函数 ODF。这里只介绍该软件的功能而不讨论织构数据的含义和成因。因六次对称性,ODF 中,每隔 60°数据重复一次。

图 4-30 用反极图表示具有孪晶关系的两个晶粒取向。处在{111}极上的取向 $(111)[1\bar{1}0]$ 发生孪生后的取向为 $(15\bar{1})[4\bar{1}\bar{1}]$,见图 4-30$a$ 中实心方块位置。两者为 $-60°[\bar{1}11]$ 的取向关系($\Sigma3$)。当然,以 $-60°[\bar{1}11]$ 表示的取向关系在{111}极图上看最直观(fcc 退火孪晶是以这种方式形成的)。若以 70.5° <110> 表示孪晶关系(fcc 形变孪晶是以这种方式形成的),则宜用{110}极图,箭头所指是两取向重合的极 $[0\bar{1}1]$,见图 4-30b。对单向拉伸及压缩,一般习惯用反极图表示取向,

这时孪晶关系不直观。但可将取向转动轨迹画出，这可用此软件完成。图 4-30*c* 给出 3 个在压缩条件下处在易发生孪生位置的取向 1,2,3（即它们的孪生取向因子大，详见 7.2.4.1 节），孪生后 3 个取向处在[110]取向附近。箭头表示出它们按 70.5° <110> 的形变孪生关系转动的轨迹。

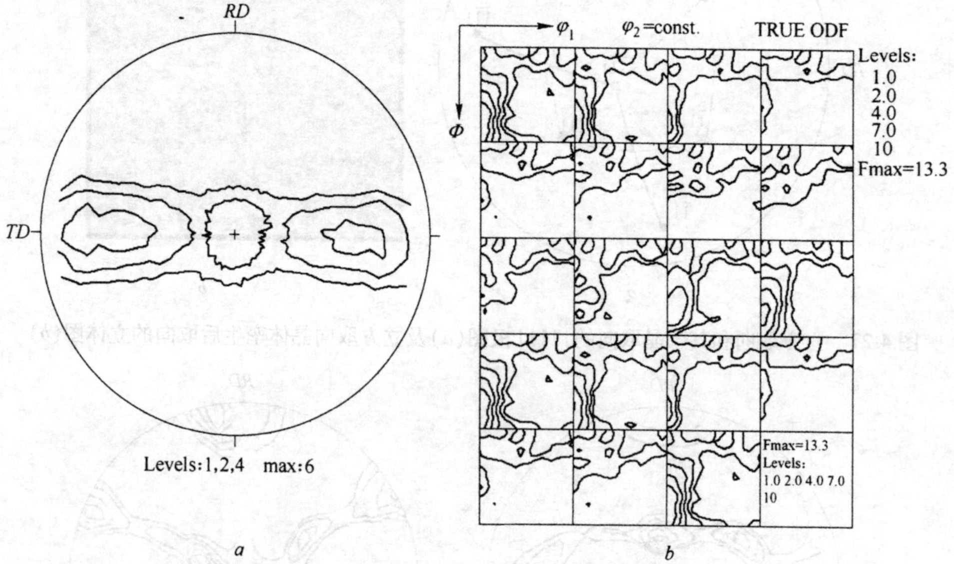

图 4-29　六方结构镁的形变织构{0002}极图(*a*)和取向分布函数(*b*)

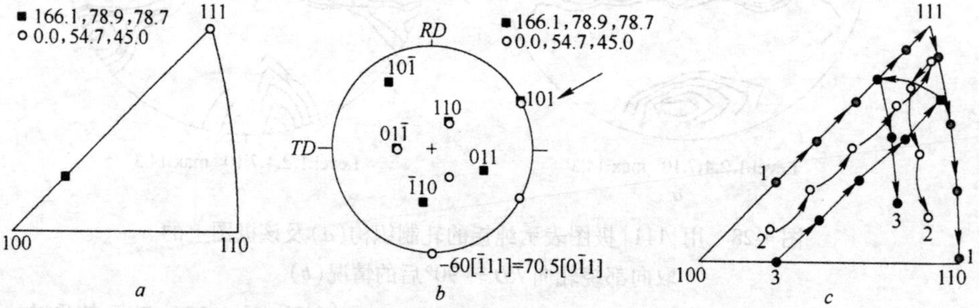

图 4-30　Auswert 软件表示的 fcc 中的孪生关系

a—反极图，一个 <111> 取向晶粒孪生后处在 <115> 位置；*b*—以{110}极图表示的立方取向（6 个圆点）孪生后的取向（黑色方块）。箭头所指为孪生关系的转轴 70.5°[1 10]；*c*—压缩条件下 3 个处在易孪生位置的取向 1,2,3 孪生到[110]取向附近

4.2.5　LaboTex 织构计算软件

波兰 LaboTex 公司的织构分析软件可处理几乎所有格式的 EBSD 数据，不论是商业软件 HKL,TSL 和 OPAL，还是各研究所自己的格式。给出每个 EBSD 取向

的权重,就可算出织构分数。本质上,该软件与 TexTool 的功能一样,都是由实测的织构原始数据(X 射线法测出的极图数据和 EBSD 法测出的单个取向群)计算及表征各种织构。因网上及会议交流中只能得到演示软件,只对软件提供的数据进行简单介绍(详细介绍可访问该公司网站)。

(1) 激活该软件;点击 OPEN 打开小图标,调出演示(DEM-Demonstration)数据文件。

(2) 点击 CPF、NPF 或 RPF 小窗口(表示校正的极图 Corrected PF、归一化的极图 Normalized PF 或反算的极图 Recalculated PF);这时弹出 100,111,211,113 极图小图标,点击任一数字图标可显示对应的极图。

(3) 点击 3D 小图标,可观看极图的立体形貌(实际是强度以山峰的形状给出);再点击各功能键可使立体图向各方向移动或放大缩小。

(4) 若激活该软件后点击 IPF 小窗口(表示看反极图),这时弹出 100,010,001 反极图小图标,点击任一数字图标可显示对应的反极图;

(5) 点击 ODF 小窗口(表示取向分布函数),则弹出 3 个欧拉角小窗口,即以不同 φ_1,Φ,φ_2 值显示另两个欧拉角的关系。出现各截面的 ODF 后,可用各功能键改变等高线或颜色;

本软件还可通过使用计算菜单 Calculation 功能进行 ODF 和极图/反极图之间的互算;也可在分析菜单中查看立方系典型织构的欧拉角值。

图 4-31 是计算出的立方系金属中取向分布的{100}和{111}极图。

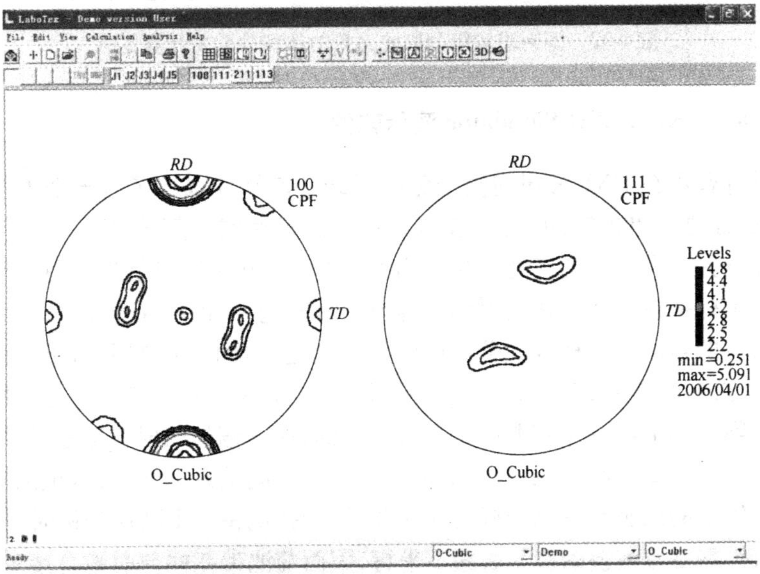

图 4-31 LaboTex 织构计算软件界面及计算出的{100}和{111}极图

图 4-32 是计算该金属中不同织构组分的体积分数的界面。只要用鼠标点击取向空间的某一点,就可计算该取向的体积分数。

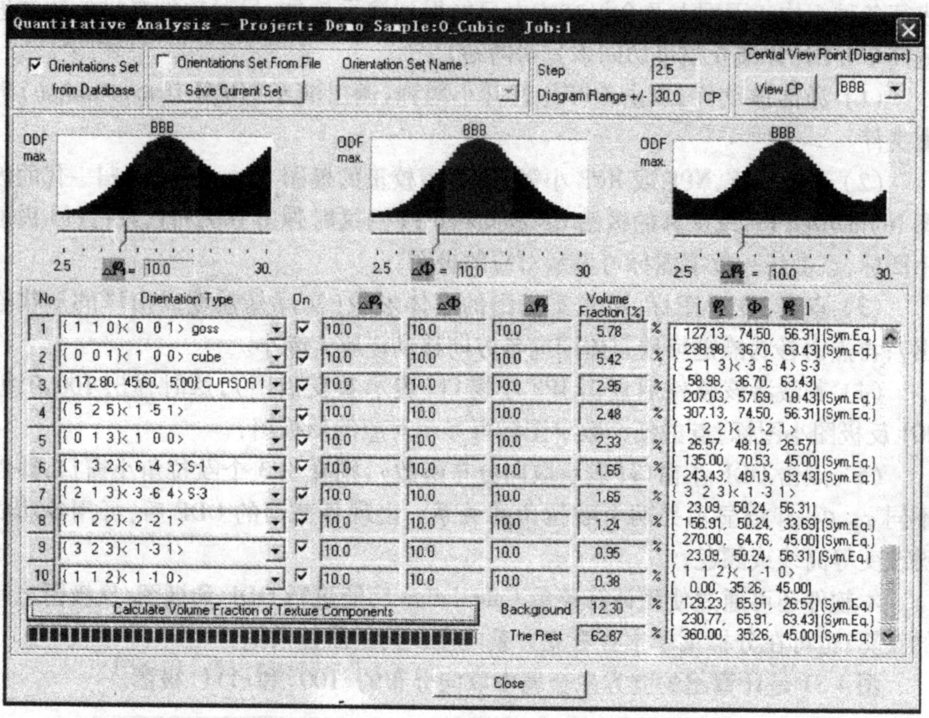

图 4-32　不同织构组分取向晶粒的体积分数的计算界面

4.2.6　HKL-EBSD Simulator 演示软件

该软件曾可在 HKL 公司网站上免费下载。该软件选取了若干个不同晶体结构的物质,建立了单胞空间方位/取向与对应的菊池球(带)衍射花样的关系。使用时可点击界面左上角的各物质相的名称,中间便出现对应单胞的图形和晶体学参数。用鼠标拖住下侧晶体衍射的菊池球可做任意一个方向连续转动,它伴随上侧单胞对应的转动。鼠标放在菊池球中某一菊池极的位置,右下侧便显示对应点的晶体学方向,见图 4-33。通过该软件可熟练掌握不同菊池带花样对应的单胞取向。因实际当中上侧的单胞取向是观察不到的,而下侧的衍射花样是看得见的;对我们有用的是上侧单胞的取向,下侧的花样只是中间信息。注意,这里的对应关系是透射电镜下的晶胞与样品坐标的对应关系,扫描电镜下 EBSD 分析时,样品已作 70°倾转,投影屏与倾斜的样品表面不平行,因而菊池带花样与晶胞直接对应,但与样品坐标系不直接对应。但本软件显示的才是最基本的、最直接的晶胞 - 衍射图关系。它对 TEM 下的取向分析非常有帮助。

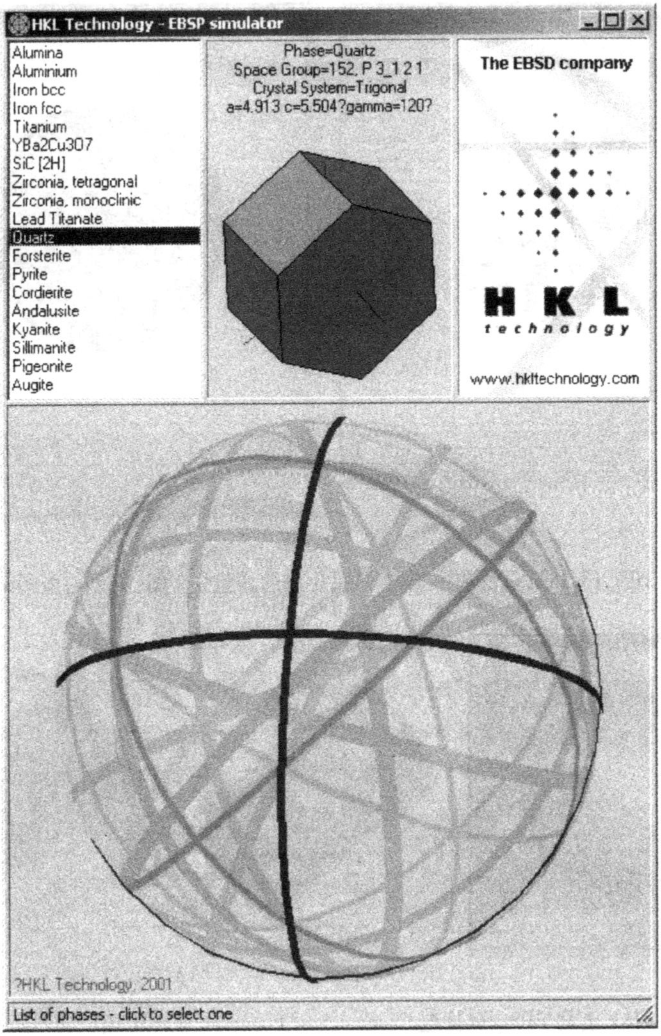

图 4-33 HKL 公司的 EBSD 菊池带花样模拟器

4.2.7 HKL-Channel 软件包

本书重点讨论的 HKL 公司的 EBSD 软件包中有个 Twist 软件,专门用于创建 EBSD 相鉴定和取向分析的晶体学库文件。图 4-34 为该软件生成的晶胞立体图和对应的菊池球。

图 4-35 是 HKL 公司 EBSD Channel 5 软件包中取向获取软件 Flamenco 中模拟的单胞(a)及菊池球(b),前提是先测出取向而不能人为输入。图 4-35*a* 中 3 条线为样品坐标系,3 个点是晶体坐标系 3 个晶轴与单胞的交点。

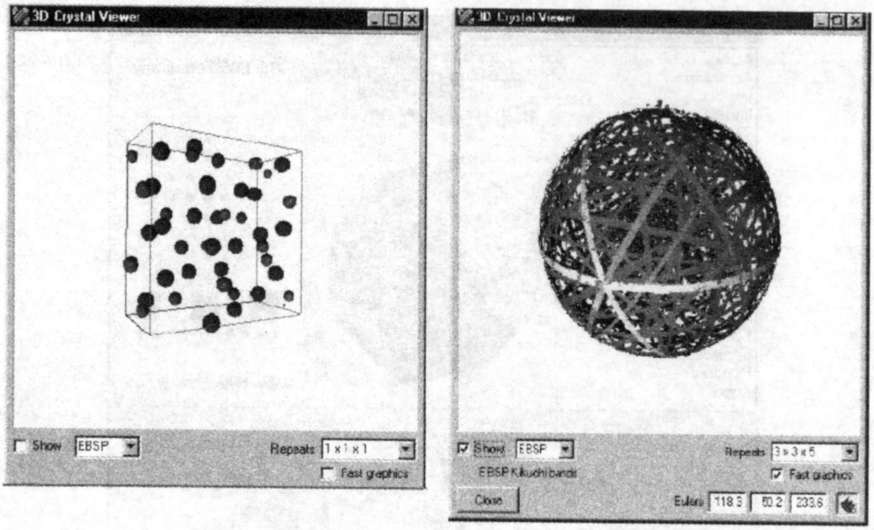

a　　　　*b*

图 4-34　HKL-Channel 软件包中 Twist 软件生成的晶胞立体图(*a*)和对应的菊池球(*b*)

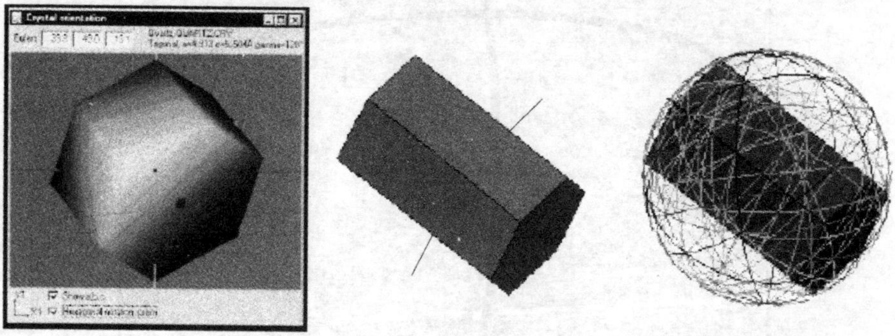

a　　　　*b*

图 4-35　HKL 公司 EBSD 软件包 Channel 5 中 Flamenco 软件中模拟的单胞及菊池球

a—某一取向晶粒的立体图；*b*—模拟的单胞及菊池球

4.2.8　EDAX-TSL EBSD 分析软件

美国的 EDAX-TSL 公司的 OIM Analysis 4.5 版本软件的较详细介绍见第 5、6 章。这里只介绍其中用于取向(差)练习的部分。因在美国还有不少人使用 Roe 和 Kocks 取向表示法，所以 EDAX-TSL 软件中都并列使用了 3 种取向表示符号：Bunge，Roe，Kocks。TSL OIM Analysis 4.5 版本中，用于练习的 4 个小模块可帮助练习：(1) 取向转动器(orientation rotator)；(2) 取向差计算器(misorientation calculator)；(3) 对称取向(symmetric orientation)；(4) 对称的取向差(symmetric misorientation)。

图 4-36 是取向转动器模块的界面。该界面显示了立方取向(0,0,0)绕[100]

轴转45°后到达高斯取向(0,45,0)以及两个取向对应的单胞空间方位。

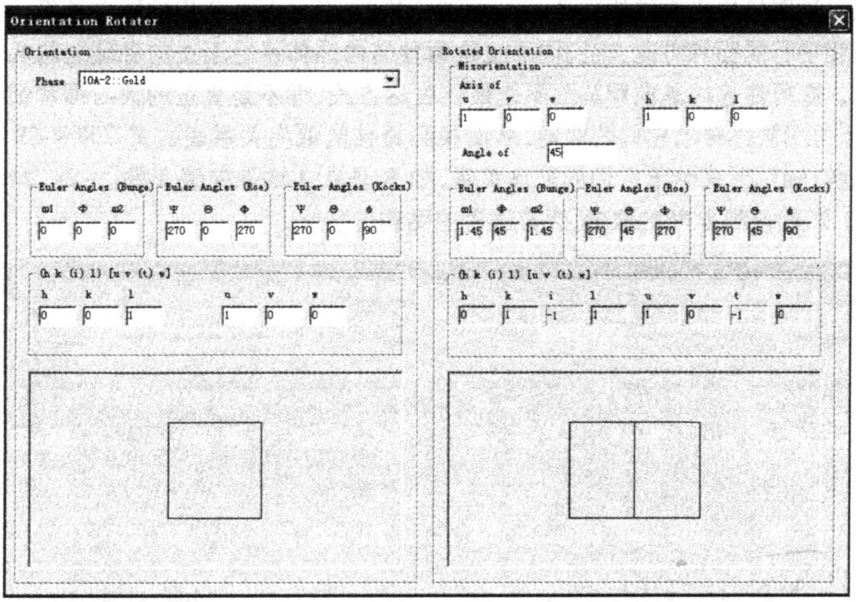

图4-36 EDAX-TSL公司的OIM Analysis软件中取向转动器模块的界面

图4-37是取向差计算器模块。界面上显示立方取向(0,0,0)和铜型取向(90,35,45)以及计算出的B相对于A的取向差是56.4°[5,-12,16]。

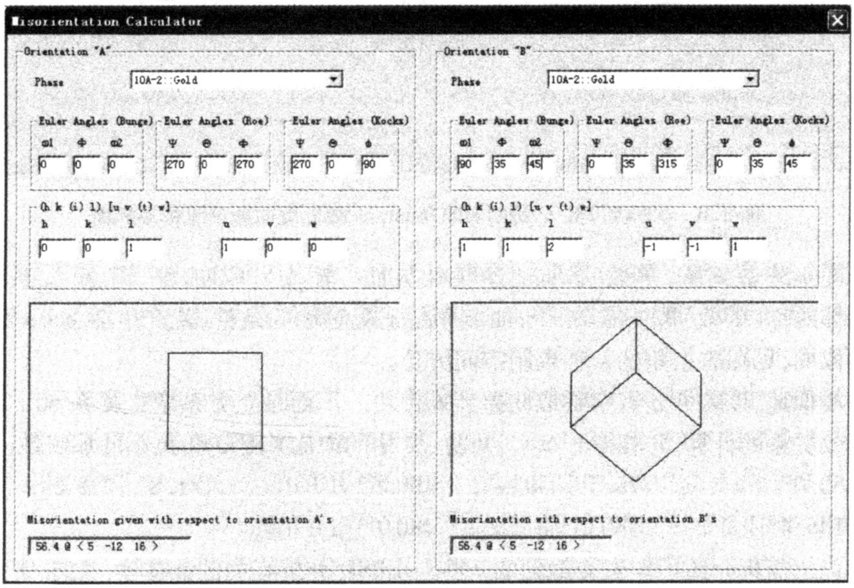

图4-37 EDAX-TSL公司的OIM Analysis软件中取向差计算器模块界面

图4-38是取向差计算模块界面。当 *A*,*B* 属不同结构时,其取向差就变为取向关系。该图给出六方结构的 *A* 相与单斜结构(*B* 底心)的 *B* 相的取向关系。上面是两相平行的面和方向,它们同样也是两种结构晶体平行于法向和轧向的晶体学方向。有可能这组晶向和晶面不是最佳表达方式,即不是真正的惯习面和惯习方向,但可用软件转动它们的取向,从而找到最佳的取向关系表达式。图4-38的下侧用角/轴对形式给出它们的取向关系,如 *B* 是从 *A* 的取向绕 *A* 的[-21,20,15]转60.2°就得到 *B* 相的取向,在该过程中结构已变化。

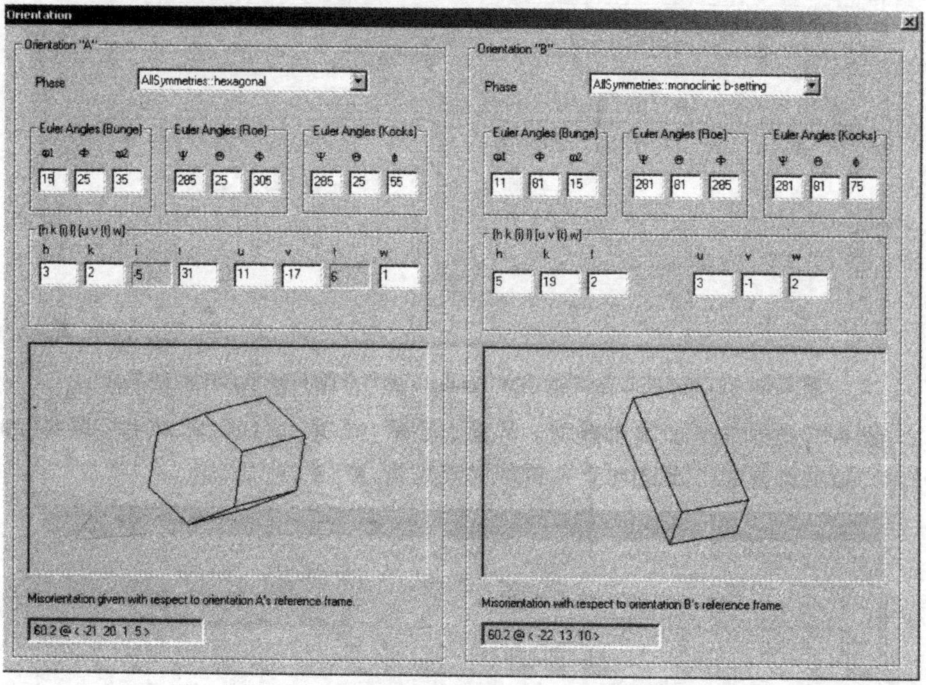

图4-38　EDAX-TSL公司的OIM Analysis软件取向差计算模块界面

图4-39是对称(等效)取向计算模块界面。输入 *S* 取向(59,37,63),模块算出晶体对称(等效)取向有24个;加上样品正交对称的条件,就产生24×4=96个对称取向,见图右上角的4种单胞空间方位。

类似地,该软件还有对称取向差计算模块。下面是立方系孪生关系60°[111]的等效关系的计算(B相对于A)。可见,常用的取向差是转角最小的那组数。

60.0°[1 1 1];　70.5°[1 0 1];　109.5°[1 0 1];　131.8°[1 0 2];

146.4°[1 1 3];　180.0°[1 1 2];　180.0°[1 1 1];

以上简单介绍了作者接触到的一些与EBSD分析有关的晶体学、取向/织构有关的软件,很不全面,但已可解决不少EBSD数据分析、理解的问题。此外还有很多只处理 X 射线织构数据的软件，这里不再介绍。相比之下，最全面的还是 EBSD 公司的软件。其他小软件不够全面，但容易获得。

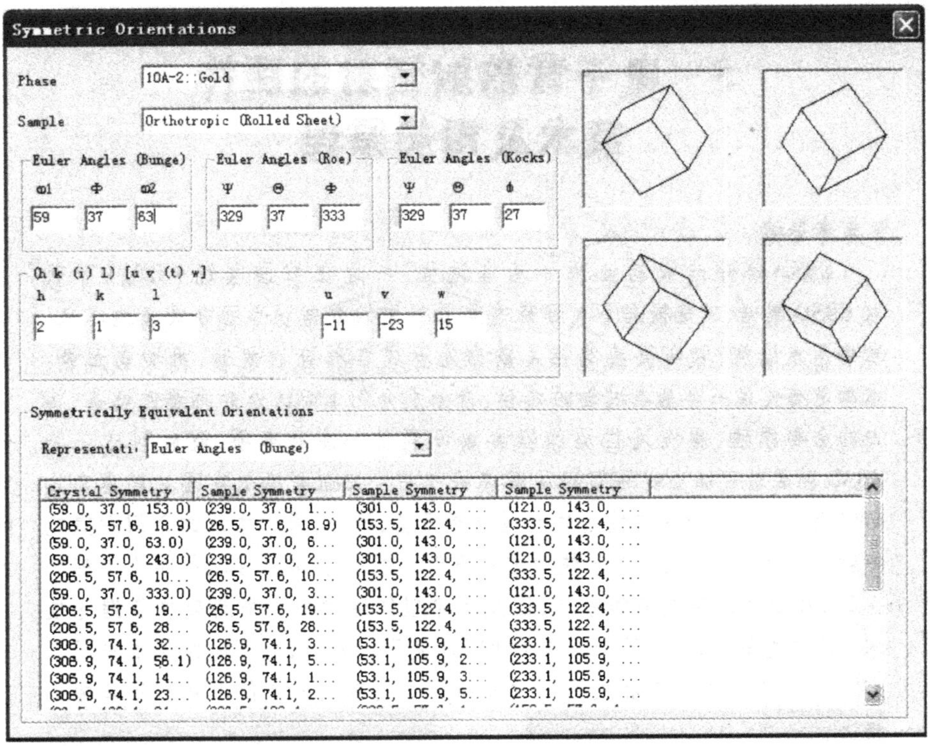

图 4-39　对称取向计算模块界面

参考文献

1　余永宁主编. 材料科学基础. 北京：高等教育出版社，2006

2　Thomas G, Goringe M J. Transmission electron microscopy of materials. John Wiley & Sons, New York, 1979

3　Bollmann W. Crystal Lattices, Interfaces, Matrices. Switzerland, 1982

5　电子背散射衍射的硬件技术及相关原理

▶本章导读

EBSD 分析技术包含两个基本过程，一是在扫描电镜（SEM）下获取 EBSD 数据，二是根据个人研究的需要将原始数据以不同方式表达出来，即将晶体结构、取向及其他相关数据处理成各种统计数据、图形或图像。本章是有关第一个基本过程的内容，将分别介绍 EBSD 分析的硬件设备、相关的主要原理、操作过程及仪器参数设置时的注意事项，最后列出一些 EBSD 测定时可能出现的问题及解决的方法。扫描电镜是我国材料类专业研究生最主要的能亲自使用的大型分析设备，因此，通过本章的介绍希望能使新的 EBSD 技术使用者较快地进入角色。另外，并非大多数初学人员都能得到 EBSD 系统英文操作手册，因此也希望能通过中文书籍较快掌握此技术。应注意的是，本书不是中文的 EBSD 使用工具书，不可能像使用手册那样详尽介绍，本章注重相关原理的介绍及如何较快地使使用者初步掌握该技术。

5.1　电子背散射衍射（EBSD）装置的基本布局

EBSD 分析系统的基本布局如图 5-1 所示。放入扫描电镜样品室内的样品经大角度倾转后（一般倾转 65° ~ 70°，通过减小背散射电子射出表面的路径以获取足够强的背散射衍射信号，减小吸收信号），入射电子束与样品表面区作用，发生衍射，产生菊池带（它与透射电镜下透射方式形成的菊池带有一些差异），由衍射锥体组成的三维花样投影到低光度磷屏幕上，在二维屏幕上被截出相互交叉的菊池带花样，花样被后面的 CCD 相机接收，经图像处理器处理（如信号放大、加和平均、背底扣除等），由抓取图像卡采集到计算机中，计算机通过 Hough 变换[1]，自动确定菊池带的位置，宽度，强度，带间夹角，与对应的晶体学库中的理论值比较，标出对应的晶面指数与晶带轴，并算出所测晶粒晶体坐标系相对于样品坐标系的取向。

图 5-2 为几套安装了 EBSD 系统的扫描电镜实物照片。场发射枪扫描电镜上配置的 EBSD 系统有更高的电镜分辨率（可达 2. 5 nm）和强的电子束流，从而可进

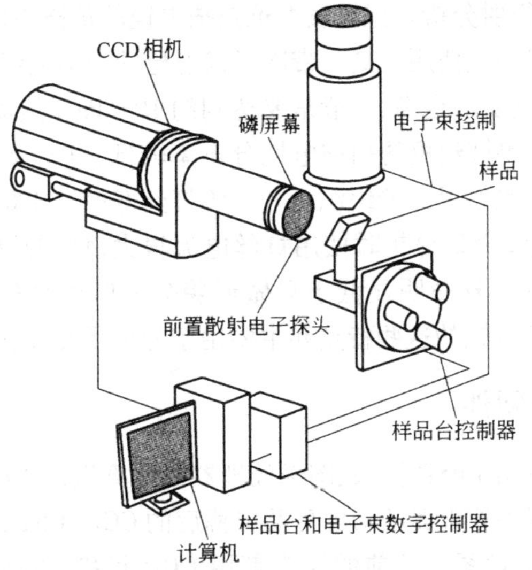

图 5-1 EBSD 分析系统布局示意图

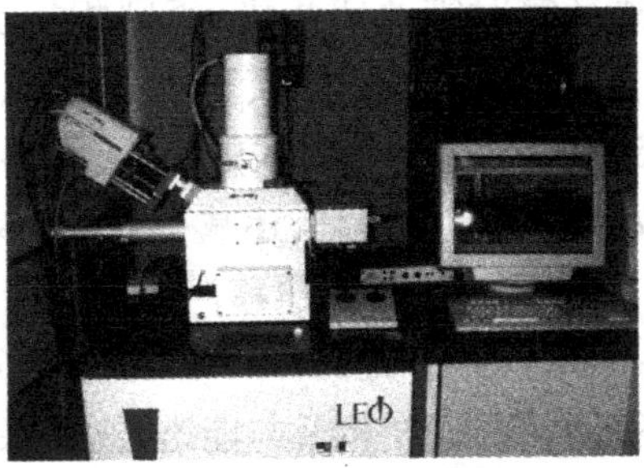

a

b

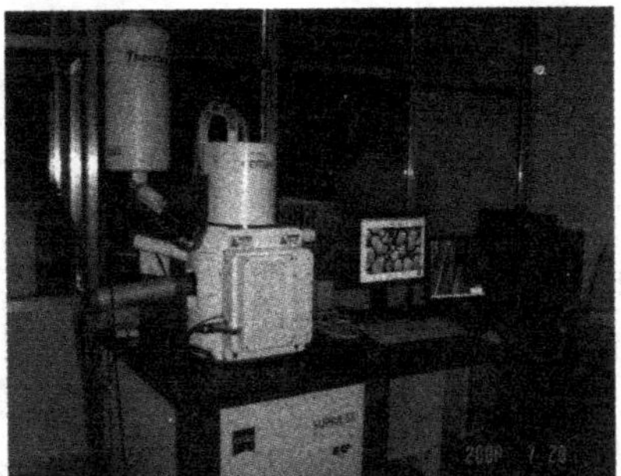

c

图 5-2 安装在扫描电镜上的 EBSD 系统

a—安装 HKL-Channel 4 EBSD 系统,LEO-1450 钨灯丝扫描电镜;*b*—安装 EDAX-TSL EBSD 系统,日本 FEM-Jeol-6500 型场发射枪扫描电镜;*c*—安装 HKL-Channel. 5-EBSD 系统,场发射枪扫描电镜 Zeiss SUPRA 55

行纳米尺度组织的衍射分析。但场发射枪扫描电镜的价格要比普通钨灯丝枪扫描电镜高一倍多，自然测试费用也高。带冷场发射枪的扫描电镜的图像分辨率最高，但对样品室的真空度要求也高，一般是要达到约 10^{-7} Pa。热场发射枪灯丝的平均寿命约 10000 h。带钨灯丝枪的扫描电镜分辨率较低，电子束流较粗，但也可方便地分析 0.5 μm 以上晶粒尺寸的组织。一只钨灯丝寿命约 300 h 左右，测试费也较低。一般来讲，进行 EBSD 分析时使用灯丝电流很大，特别是样品制备不太好时，常调大电流，这使灯丝寿命明显低于只做形貌分析时的灯丝寿命。选择或购买 EBSD 系统时要注意电镜的这些特点和主要用于分析哪类尺度的组织。

5.2　EBSD 系统硬件

EBSD 系统硬件由 EBSD 探头、图像处理器和计算机系统组成。最重要的硬件是探头部分，包括探头外表面的磷屏幕及屏幕后的 CCD(Charge Coupled Device)相机，见图 5-3*a* 中的示意图。目前的探头都用 CCD 相机，以前也有使用硅增强靶(SIT, silicon intensified target)的探头(EDAX-TSL 公司)，这种探头非常灵敏，但不能受自然光照射，因此，在更换样品打开样品室时需关闭相机，否则相机受损。CCD 相机的优点是：稳定、不随工作条件变化、菊池花样不畸变、不怕可见光、寿命长。图 5-3*b*，*c* 是 HKL 公司改进的 EBSD 探头设计(注意与老式的比较，图 5-3*d*)，不仅探头更加安全(一旦受碰撞便会自动收回)，不易被撞坏，还减小了电子束、样品表面及带电的 EBSD 探头之间的干扰而可能造成的图像漂移。并可与能谱仪(EDS)探头在几何上更好地配合，实现样品倾转条件下的 EBSD + EDS 同时分析。图 5-3*f* ~ *h* 是 EDAX-TSL 公司 EBSD 系统的各式探头/相机及与能谱、波谱探头的配合图。图 5-3*i* 是牛津仪器公司的 INCA 系统 EBSD 探头。

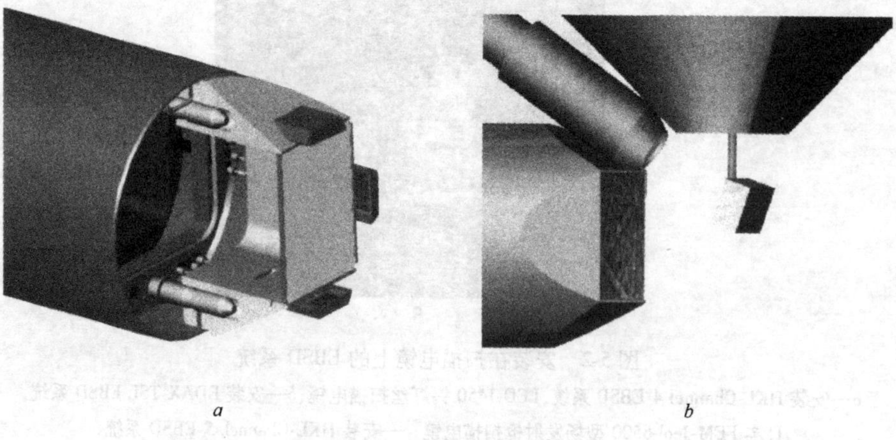

a　　　　　　　　　　*b*

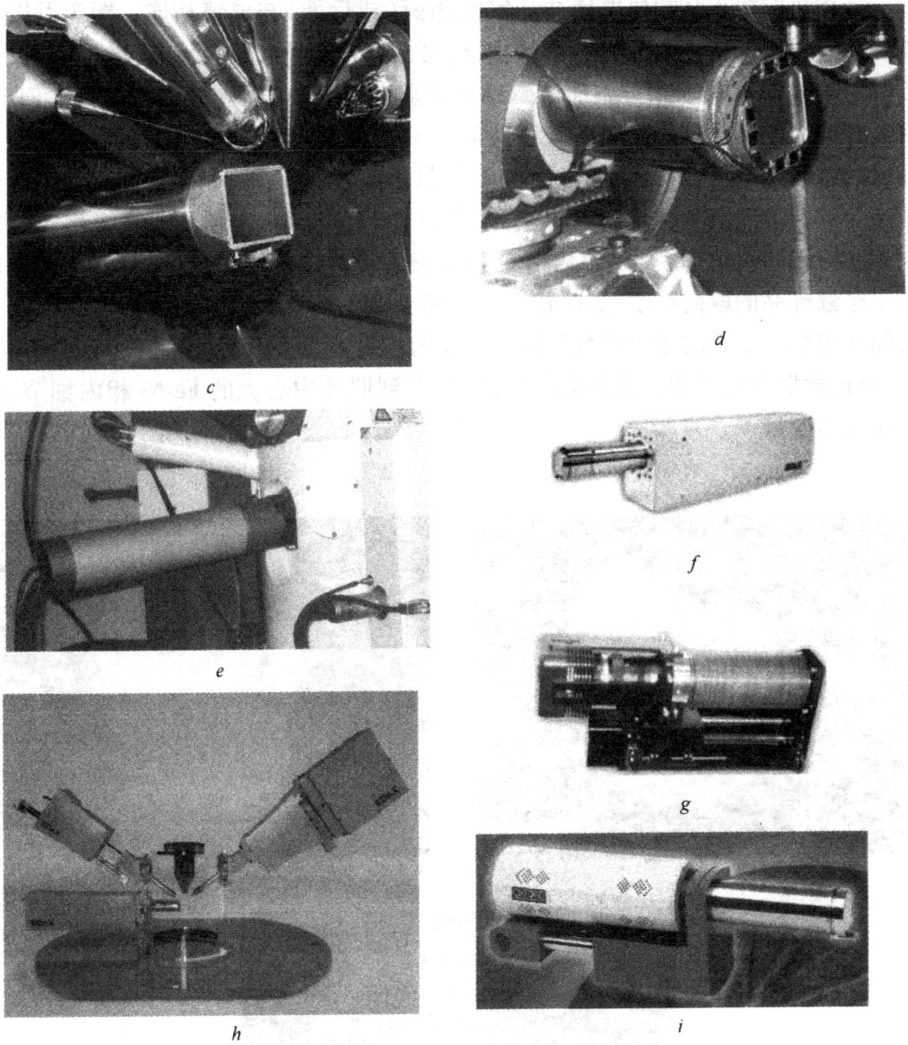

图 5-3 各种探头的示意图或照片[2,3]

a—HKL 公司 Dordlys 探头的内部构造示意图❶；*b*—HKL 新型探头与能谱探头配合的优化设计；*c*—新型 HKL-Nordlys EBSD 探头[2]；*d*—HKL 公司老式的 EBSD 探头，探头上有 6 个前置背散射电子信号探测晶片；*e*—HKL EBSD 探头（Dordlys II）外部；*f*—EDAX-TSL 公司 2006 年推出的高速 EBSD 探头（HiKari）；*g*—EDAX-TSL 公司 2004 年推出的高灵敏度 EBSD 用 CCD 相机 DigView Ⅲ；*h*—EDAX-TSL 的 Trident 系统，（EBSD + EDS + WDS 一体化）；*i*—牛津仪器公司 INCA CRYSTAL EBSD 探头

❶ 感谢 Oxford Instruments-HKL 公司提供照片。

带相机的探头从扫描电镜样品室的侧面(或后面)与电镜相连。探头可以手动方式或机械方式插入(使用)或抽出,既可由外置的控制装置控制,也可由 EBSD 数据采集软件控制。探头表面的磷屏很娇脆,不能与任何硬质物体碰撞。EDSD 探头表面周围还常安装一组前置背散射电子探测晶片(图 5-3*d*)。它与电镜本身配置的背散射电子探头(晶片)本质相同,只是前者安装在有利于探测到大角度倾转样品的背散射电子信号的前置位置,专门在 EBSD 分析时使用。这组用于观察大角度倾转的组织形貌的探头晶片能得到显著提高了的组织衬度,有利于得到低原子序数样品的取向衬度,如矿物,岩石,铝合金。图 5-4 给出 3 种不同探头获得的陨石组织。太大的原子序数差异虽有高的相衬度,但相内细节丢失,见图 5-4*a*, *b*。前置背散射电子像有高的取向衬度,可看到照片中心大的 Fe-Ni 相内细节,如孪晶及形变带[2]。

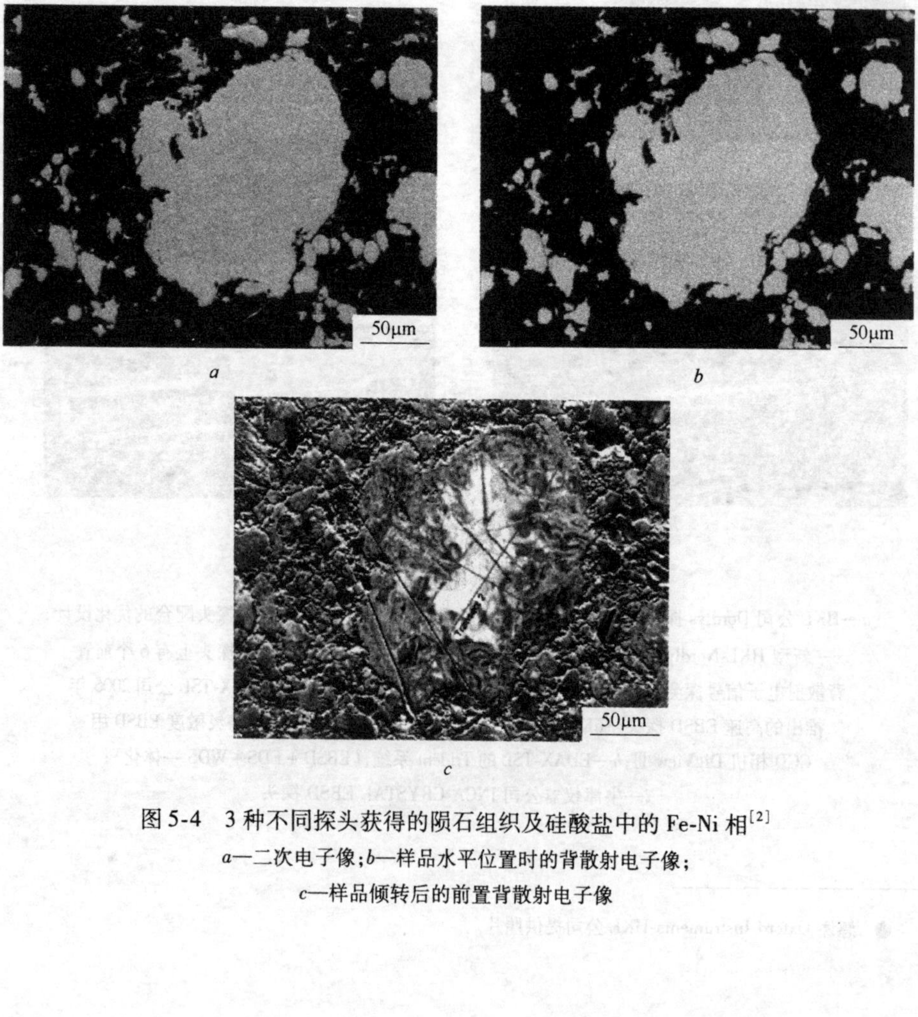

图 5-4　3 种不同探头获得的陨石组织及硅酸盐中的 Fe-Ni 相[2]

a—二次电子像;*b*—样品水平位置时的背散射电子像;

c—样品倾转后的前置背散射电子像

图 5-5 是挪威 NORDIF 公司生产的与 EBSD 系统配合的图像处理器。

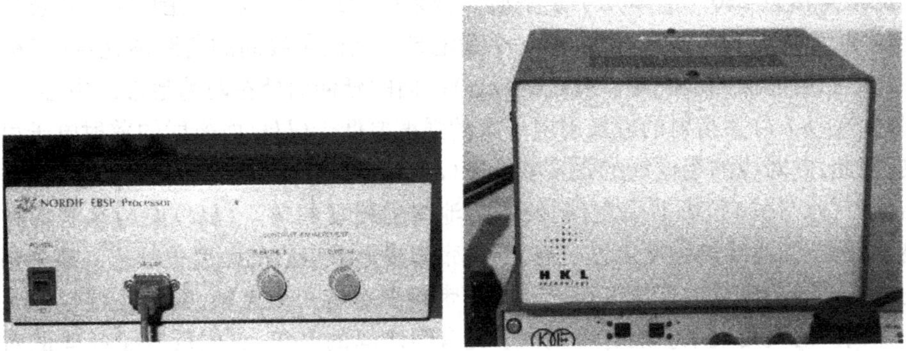

a　　*b*

图 5-5　HKL 公司 EBSD 系统的菊池花样图像处理器

a—Channel 4 系统；*b*—Channel 5 系统

5.3　EBSD 数据获取过程涉及的主要原理

5.3.1　菊池带的产生原理

5.3.1.1　透射电镜下的菊池带

不论是在透射电镜（TEM）下还是在扫描电镜（SEM）下，获取结构、取向信息的基本过程都是通过电子衍射得到与不同晶面直接对应的菊池带衍射花样（或衍射斑花样）。确定样品表面在某一晶粒内的晶体取向包括两个步骤，一是确定菊池带或区轴（也称晶带轴或菊池极）的晶体学指数；二是确定这些带或极轴相对于样品坐标系的相对取向。虽然目前这些过程都是由计算机完成，作为材料研究者，还应了解其原理。这里介绍其形成过程，以便了解随后的取向标定原理。

在 TEM 下的薄膜样品中，电子束入射到晶体内，会发生非弹性散射而向各个方向传播，散射束的强度随散射角的增大而减小，若以方向矢量的长度表示强度，则在散射点发出的散射束角强度分布如同一个液滴状（图 5-6*a*）。向各方向散射的电子中总会存在有些方向的电子满足某个晶面（*hkl*）的衍射布拉格角 θ_B（布拉格衍射定律为：$\lambda = 2d\sin\theta$，λ 为电子束波长，d 为面间距，2θ 为入射束与衍射束方向夹角），这些电子然后经过弹性散射产生加强的电子束，图 5-6*b* 示出一组点阵平面的散射情况。因三维空间下满足布拉格角的电子衍射出现在各个方向，组成一个衍射锥形环，该锥形环与 *hkl* 反射面法线成半角 $90° - \theta$。同样在（$\bar{h}\,\bar{k}\,\bar{l}$）面也会发生上述衍射，对应产生一个锥体中心轴线偏向水平面以下的衍射锥。即形成的两个放射状锥体分别来自（*hkl*）和（$\bar{h}\,\bar{k}\,\bar{l}$）晶面。菊池带的两条边是由晶面（*hkl*）和晶面（$\bar{h}\,\bar{k}\,\bar{l}$）定义的。代入典型的电子波长（TEM 下 200 kV，$\lambda = 0.00251$ nm；SEM

下 20 kV 电压,$\lambda = 0.00859$ nm)和点阵面间距,算出的布拉格角非常小。因此衍射锥的顶角接近 180°,锥体几乎是平面。若某种记录介质放在周围,如不屏蔽的感光胶质,就可截到一对平行线,即一个菊池带。其两条线间的角距离就对应 2θ,它正比于衍射晶面的面间距。真正的(hkl)晶面的延伸面处在两菊池带的中心位置。显然,在($\bar{h}\,\bar{k}\,\bar{l}$)面衍射的原散射电子束的强度要低于($hkl$)面衍射的散射电子束强度,因此,它对应的菊池线的强度要低于(hkl)面对应的菊池线的强度。若(hkl)面恰好与(水平的)投影面垂直,则两条菊池线的强度相等。(hkl)面与水平面夹角越小,两条菊池线的强度之差也越大,该带离投影面中心的距离也越远。整个菊池花样由不同的成对的菊池线组成。两条带相交对应一个区轴,菊池花样包含了所有晶面间的夹角关系。既有极之间,也有面之间的夹角,它们反映了晶体的对称性。简言之,菊池带就是放大了的各晶面与投影面上的截痕,从菊池带应能想像出样品中对应晶面的取向或方位。透射电镜样品越薄,菊池带强度越弱(选区衍射斑强度越高)。随样品厚度增加,菊池带强度增加。但太厚的样品,电子束将被吸收而无法穿透。图 5-6c 是铝在 TEM 下的菊池花样。衍射点被认为是处在两个平面点阵面的中间。

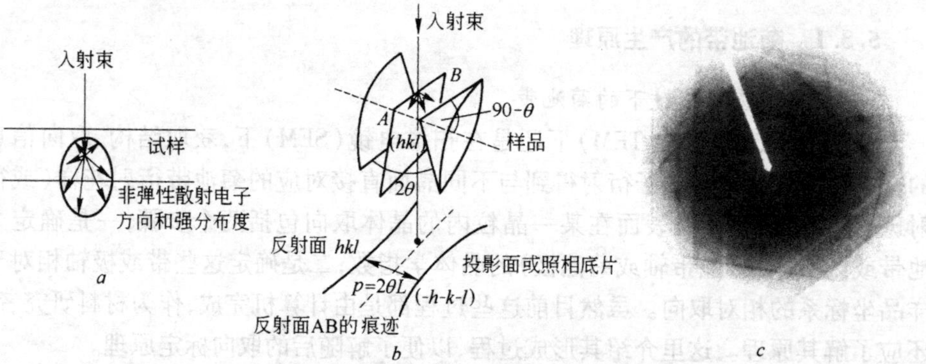

图 5-6　TEM 下菊池带的产生原理

a—非弹性散射电子束强度与方向的关系;b—TEM 下菊池带的形成,L 是相机长度,p 是带宽(详见有关 TEM 原理的书籍);c—铝在 TEM 下产生的菊池带

5.3.1.2　SEM 下菊池带的产生

在 SEM 下,电子束与大角度倾斜的样品表层区作用,衍射发生在一次背散射电子与点阵面的相互作用中。将样品表面倾转 60°～70°后,背反射电子传出的路径变短,更多的衍射电子可从表面逃逸出来且被磷屏接收,如图 5-7a 所示。图 5-7b 是钢的 EBSD 菊池花样。与 TEM 下形成的菊池带相比,主要有两个差异:一是 EBSD 图捕获的角度范围比 TEM 下大得多,可超过 70°(TEM 下约 20°),这是实验设计所致,它便于标定或鉴别对称元素;二是 EBSD 中的菊池带不如 TEM 下的清

晰,这是电子传输函数不同所致。带的亮度高,带的边线强度低。TEM 下从菊池带测量的数据精度更高。

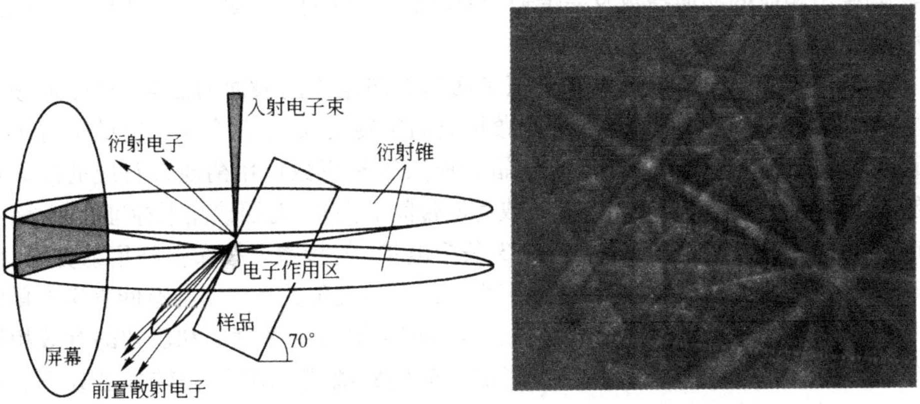

a *b*

图 5-7 SEM 下菊池带的产生原理

a—SEM 下菊池带产生的示意图;*b*—钢的 EBSD 花样

菊池花样还有其他方面的信息,如点阵的应变情况;若点阵弯曲,菊池带会变模糊;再结晶晶粒比形变晶粒的菊池带清晰很多,这也是软件自动鉴别再结晶区域和形变区域的依据。分析中自动寻找晶界的准则是菊池花样的突然变化。

许多书中都给出 fcc,bcc,hcp 结构的菊池球(即菊池图)。有了标准的菊池图,与实验得到的菊池图对比,可容易地定出各菊池带的晶面指数,以及各菊池极(菊池极可通过两菊池带的晶面指数叉乘得出)。目前,由于许多软件可算出这些菊池图,因此,本书不再给出各类菊池图。应注意的是,TEM 下,菊池花样中的菊池带与样品表面直接有对应的关系,因此,人们马上可联想出各晶面/晶向与组织形貌上特征物的对应关系;但 SEM 下的 EBSD 菊池花样是相对于探头屏幕表面沿水平轴转动了 20°的放大投影(花样中心(PC)在屏幕中心向上 20°的位置),见下面的坐标关系介绍。因此,不能直接确定晶面相对于样品表面的取向。

5.3.2 取向标定原理

5.3.2.1 TEM 下的取向标定原理

前面已介绍过,菊池花样就是各晶面放大后被屏幕截出的图案。如果知道菊池花样图上 3 条不平行的菊池带间的夹角或菊池轴间的间距,以及菊池花样中心距衍射源(试样表面)的距离,便可确定晶带(轴)的指数,并根据菊池带相对于样品坐标系的方向算出晶粒的取向。20 世纪 80 年代中、后期至 90 年代初,EBSD 分析技术刚出现时,便是根据这个原理编制程序测定取向的。相应的操作过程是,在得到的菊池花样上,用计算机的鼠标标出3~4条菊池带或3~4个晶带轴,计算机根据菊池带(轴)间的夹角,与晶体学库中各晶面/晶向间的理论夹角比较,若吻合,则标出相应的晶面指数及晶带轴,并算出晶粒取向。按此方式,测定一个取向的时间约4 s。

对一幅菊池花样,已知垂直于该平面的方向是样品表面的法向(样品未倾转时),水平方向是轧向(若不是,只需做相应的旋转变换)。3个不平行的菊池带一定有3个交点,它们是3个区轴(即晶带轴),区轴指数可用菊池带对应的晶面指数叉乘得出。根据测出的3个区轴或菊池带间的夹角,对照该晶系标准晶轴/面间的夹角关系,就可确定3个晶轴(或3条菊池带)的指数。按布拉格衍射方程,已知电子衍射时,波长很短,这时菊池带水平面上的夹角关系基本与空间真实夹角值相等,利用此特性确定菊池带面指数。也可按菊池带的宽度 p 和已知的有效相机长度 L(可看成是TEM下样品到投影屏之间的距离或SEM下倾转样品分析点到EBSD探头的垂直距离DD)关系,$p_{hkl}=L2\theta_{hkl}$,及 $p_{hkl}\cdot d_{hkl}=\lambda\cdot L$,计算出对应的晶面指数($\theta_{hkl}$ 为入射束与衍射束方向夹角的一半,d_{hkl} 为面间距,λ 为电子束波长)。还可通过与标准菊池球对比定出个菊池带的晶面指数。用两个已知的区轴可求出相机常数及角放大关系。例如,已标定出花样中的两个区轴,量出其间的长度 Y,又已知其间的夹角 ϕ,则角放大关系为 ϕ/Y。后面EBSD系统的校正就是根据这个原理。

具体可分4步进行计算,参看图5-8a。一是确定各菊池带的晶面指数类型;并由确定的3个晶面指数$(h_1k_1l_1)$,$(h_2k_2l_2)$,$(h_3k_3l_3)$依次算出3个菊池带相交的区轴的晶向指数$[u_1v_1w_1]$,$[u_2v_2w_2]$,$[u_3v_3w_3]$;二是通过量出3个菊池极间的距离并结合已知的相机长度 L 算出相应的夹角 α_{12},α_{23},α_{31},通过自恰原则定出具体的、唯一的3个区轴$[u_1v_1w_1]$,$[u_2v_2w_2]$,$[u_3v_3w_3]$;三是量出3个区轴与屏幕中心的距离并算出对应的角度,再计算它们与投影面法线(也是样品法向,或反方向)的夹角关系,见式5-1中的3个方程,从而求出样品法向指数$[hkl]$;四是量出3条过花样中心的菊池带$(h_1k_1l_1)$,$(h_2k_2l_2)$,$(h_3k_3l_3)$与投影面上轧向 RD 的夹角 β_1,β_2,β_3,列3个方程,就可解出3个未知量$[uvw]$。这样,该菊池花样对应的晶体取向$(hkl)$$[uvw]$就确定了。

$$\cos\alpha_1=\frac{u_1h+v_1k+w_1l}{\sqrt{u_1^2+v_1^2+w_1^2}\cdot\sqrt{h^2+k^2+l^2}}$$
$$\cos\alpha_2=\frac{u_2h+v_2k+w_2l}{\sqrt{u_2^2+v_2^2+w_2^2}\cdot\sqrt{h^2+k^2+l^2}}$$
$$\cos\alpha_3=\frac{u_3h+v_3k+w_3l}{\sqrt{u_3^2+v_3^2+w_3^2}\cdot\sqrt{h^2+k^2+l^2}}\tag{5-1}$$

式中,h,k,l 是未知待求量。实际上利用归一化条件,用两个区轴就可定出 $[hkl]$。

若使用的是两条不过花样中心的菊池带(或花样中没有过中心的菊池带),则要按下面的一般方法确定取向矩阵[4,5]。

设两条菊池带$(h_1k_1l_1)$,$(h_2k_2l_2)$和其交点晶轴$[uvw]$已标出,以$[uvw]$为 Z_p 轴,以$(h_1k_1l_1)$ 面的法线$[h_1k_1l_1]$为 X_p 轴组成的旋转矩阵为(见图 5-8b):

$$P = \begin{pmatrix} h_1 & r & u \\ k_1 & s & v \\ l_1 & t & w \end{pmatrix} \tag{5-2}$$

式中,$[rst]$是由 Z_p 和 X_p 叉乘定出的 Y_p 轴。因该矩阵不是真正的样品坐标系(X-Y-Z)相对于晶体坐标系的关系,所以还要将该坐标系(X_p-Y_p-Z_p)转到与样品坐标系(X-Y-Z)重合,即要分别绕 X_p,Y_p,Z_p 转 α,β,γ 角(逆时针为正),见图 5-8b。对应的旋转矩阵为:

$$A = \begin{pmatrix} 1 & 0 & 0 \\ 0 & \cos\alpha & -\sin\alpha \\ 0 & \sin\alpha & \cos\alpha \end{pmatrix};B = \begin{pmatrix} \cos\beta & 0 & -\sin\beta \\ 0 & 1 & 0 \\ \sin\beta & 0 & \cos\beta \end{pmatrix};C = \begin{pmatrix} \cos\gamma & -\sin\gamma & 0 \\ \sin\gamma & \cos\gamma & 0 \\ 0 & 0 & 1 \end{pmatrix} \tag{5-3}$$

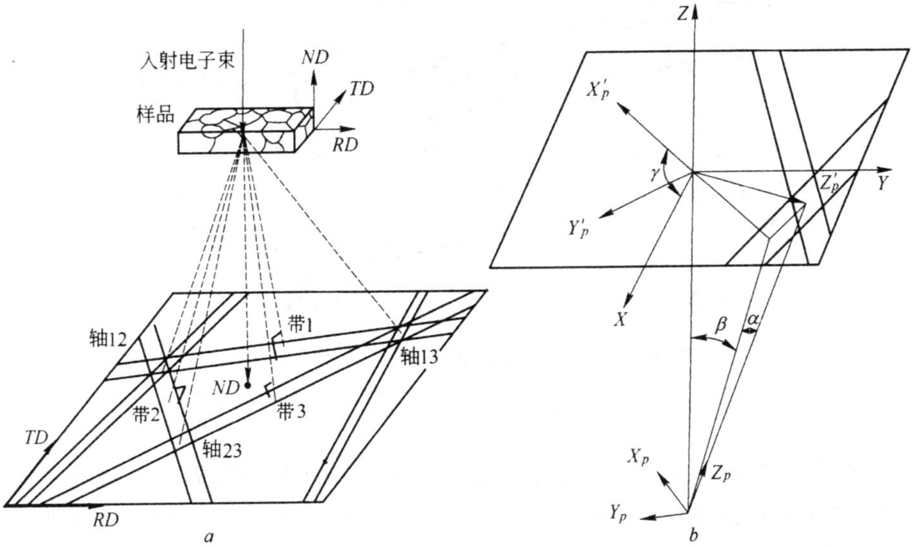

图 5-8 TEM 下晶粒取向的标定示意图

a—样品与花样的关系;b—以两条菊池带建立的坐标系与样品坐标系的关系

最终的取向矩阵为:

$$g = A \cdot B \cdot C \cdot P \tag{5-4}$$

在底板上确定 α,β 角时，要通过测量距离求角度（AB,OB），因此要使用相机常数（即晶面与菊池带的投影放大关系）数据。

5.3.2.2　SEM 下 3 种坐标系之间的变换及取向的确定

SEM 下晶粒取向的标定要比 TEM 下晶粒取向的标定麻烦，其原因是样品被倾转，样品表面与投影屏不再平行，如图 5-9、图 5-10 所示，这就需要坐标变换。所涉及的 3 个坐标系分别是：(1) SEM 样品台的坐标系 CS_m（或电子束坐标，它是三维的，一般与操作者观察的二维屏幕对应）；(2) 倾转 70°后的样品坐标系 CS_1（也是三维的）；(3) EBSD 探头磷屏坐标系 CS_3。探头屏幕与样品表面分析点有个屏幕间距，也称探头距离 DD。屏幕上有一（菊池）花样中心坐标 PC（pattern center, X_0, Y_0），它不是屏幕本身的中心。它是倾斜样品表面菊池花样激发点（也是分析点）到屏幕上的最近点，它的特征是 EBSD 探头伸向或离开（倾转的）样品方向时，该点的位置不变，而其他屏幕上的点都呈放射状的逐渐放大或缩小。注意图 5-9、图 5-10 的坐标符号不统一，样品台倾转方向也不同。

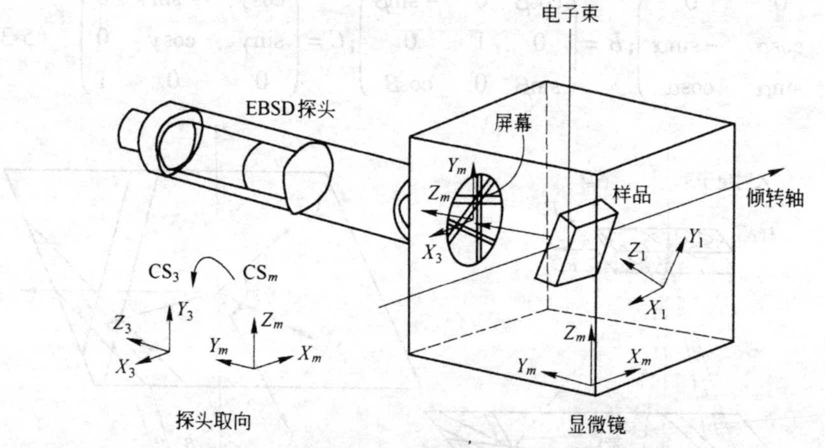

图 5-9　EBSD 取向测定时涉及的 3 个坐标系[6]
（电镜坐标系 CS_m；倾斜样品坐标系 CS_1；探头或投影屏坐标系 CS_3）

因各扫描电镜厂家生产的电镜留给 EBSD 探头的几何位置不同，就有不同的坐标变换关系。例如，日本电子（JEOL）电镜的 EBSD 窗口有的在样品室的后面（如场发射枪的 SEM），也可能在正面中心稍偏右。探头屏幕可与 70°倾转样品表面平行，但多数是与电子束平行（此时与 70°倾转样品表面成 20°）。这里仅考虑后一种情况，其他可类推。

图 5-10 所示的倾转的样品坐标系 CS_{sa} 与电子束坐标系 CS_{be}（可看成是倾转前的样品台坐标系）的关系是[7]：

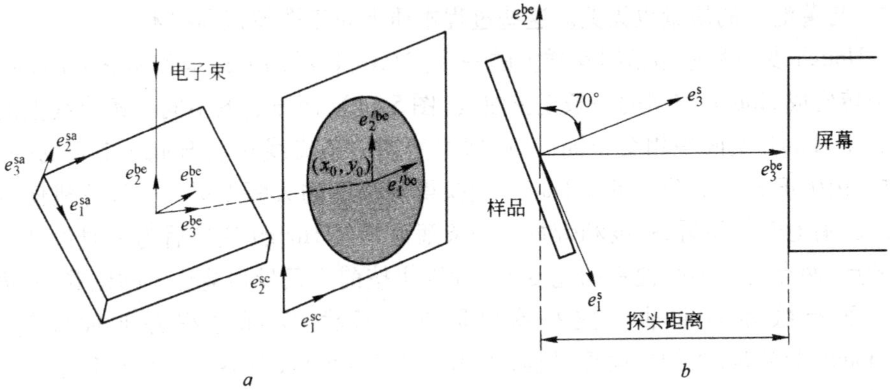

图 5-10 各坐标系间的几何关系[5]

a—三维示意图；*b*—侧面(二维)示意图

$$\begin{pmatrix} e_1^{sa} \\ e_2^{sa} \\ e_3^{sa} \end{pmatrix} = \begin{pmatrix} 0 & -\sin70° & \cos70° \\ 1 & 0 & 0 \\ 0 & \cos70° & \sin70° \end{pmatrix} \cdot \begin{pmatrix} e_1^{be} \\ e_2^{be} \\ e_3^{be} \end{pmatrix}, \text{即}: \begin{aligned} e_1^{sa} &= -\sin70° e_2^{be} + \cos70° e_3^{be} \\ e_2^{sa} &= e_1^{be} \\ e_3^{sa} &= \cos70° e_2^{be} + \sin70° e_3^{be} \end{aligned} \tag{5-5}$$

在电子束坐标系下的一个矢量转变为样品坐标系下矢量的关系为：$r^{sa} = M^{be\to sa} r^{be}$，$M^{be\to sa}$是上面对应的旋转矩阵。电子束坐标系原点到 EBSD 探头屏幕上任一点的矢量可表达为：$\boldsymbol{R} = (x - x_0, y - y_0, D)$，$(x_0, y_0)$是屏幕中心坐标，$\boldsymbol{R}$ 是反射电子束与屏幕的交点。屏幕上任一区轴在晶体学坐标系下可表示为[*hkl*]，在电子束坐标系下经衍射放大后存在关系：

$$[(x - x_0)^2 + (y - y_0)^2 + D^2]^{-1/2} \begin{bmatrix} (x - x_0) \\ (y - y_0) \\ D \end{bmatrix} = M^{cr\to be} [h^2 + k^2 + l^2]^{-1/2} \begin{bmatrix} h \\ k \\ l \end{bmatrix} \tag{5-6}$$

式中，$M^{cr\to be}$是衍射放大矩阵，-1/2 项是对长度的归一化处理。可通过屏幕上 3 个已知的区轴晶向指数和它们在屏幕上的 3 组坐标求出 $M^{cr\to be}$。最终取向矩阵是以上两个的乘积：

$$g = M^{be\to sa} \cdot M^{cr\to be} \tag{5-7}$$

利用两条菊池带标定取向的坐标变换原理见文献[8]。

5.3.3 菊池带的自动识别原理

人们为摆脱繁重而又单调的“手工”标定衍射花样过程，开始进行自动标定的尝试。面临的主要问题是如何有效定出相对衬度较弱的菊池带。相应地，分别出现了自动寻找菊池带的 Burns 法与 Hough 变换法(Paul V. C. Hough1964 发明了此专利[9])。相比之下，Hough 变换可有效地确定更弱的菊池带，且自动识别过程时间短,与菊池带的质量也无关。这些过程本质上属于图像识别技术。

Hough 变换将原始衍射花样上的一个点(X_i,Y_i)按 $\rho(\varphi) = X_i\cos\varphi + Y_i\sin\varphi$ 的原则转变成 Hough 空间的一条正弦曲线(图 5-11),而原始图中同一条直线上的不同点在 Hough 空间中相交于同一点,即原始图一条直线对应 Hough 空间的一点。这样,由强度较高的菊池带经 Hough 变换得到强度的大幅度提高。计算机便可有效定出菊池带的位置,强度和带宽。一条菊池带经 Hough 变换后为一对最亮和最暗的点,两点间距为菊池带的宽度 p。计算机按前 5 条最强菊池带的位置,夹角定出晶面指数和晶带轴指数并算出取向。当然,实际过程并非如此简单,在 Hough 变换时,为加快运算过程,采用了将 5×5 Pixel(像素)等于 1 点的简化方式。

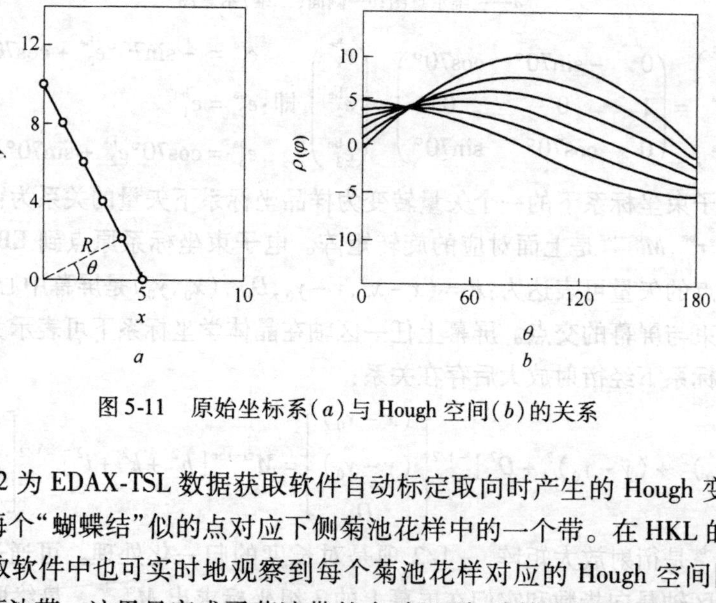

图 5-11　原始坐标系(a)与 Hough 空间(b)的关系

图 5-12 为 EDAX-TSL 数据获取软件自动标定取向时产生的 Hough 变换图像,中间图内每个"蝴蝶结"似的点对应下侧菊池花样中的一个带。在 HKL 的 Flamenco 取向获取软件中也可实时地观察到每个菊池花样对应的 Hough 空间图及反算模拟出的菊池带。这里只完成了菊池带的自动识别,计算机还需要前面介绍的与外界几何关系算出该菊池花样对应的取向并模拟出对应的菊池带和算出角偏差,当然这个过程只需不到 0.01 s。

5.3.4　相结构鉴定及取向标定用晶体学库文件

本节与 EBSD 硬件无关,所涉及原理也是第 2 章介绍过的晶体结构、对称性和原子占位概念,但因相鉴定是 EBSD 数据采集时的内容,取向标定也要先创建相应的晶体学匹配文件,下一章 EBSD 数据处理部分也不会涉及此内容,因而就在此讨论。

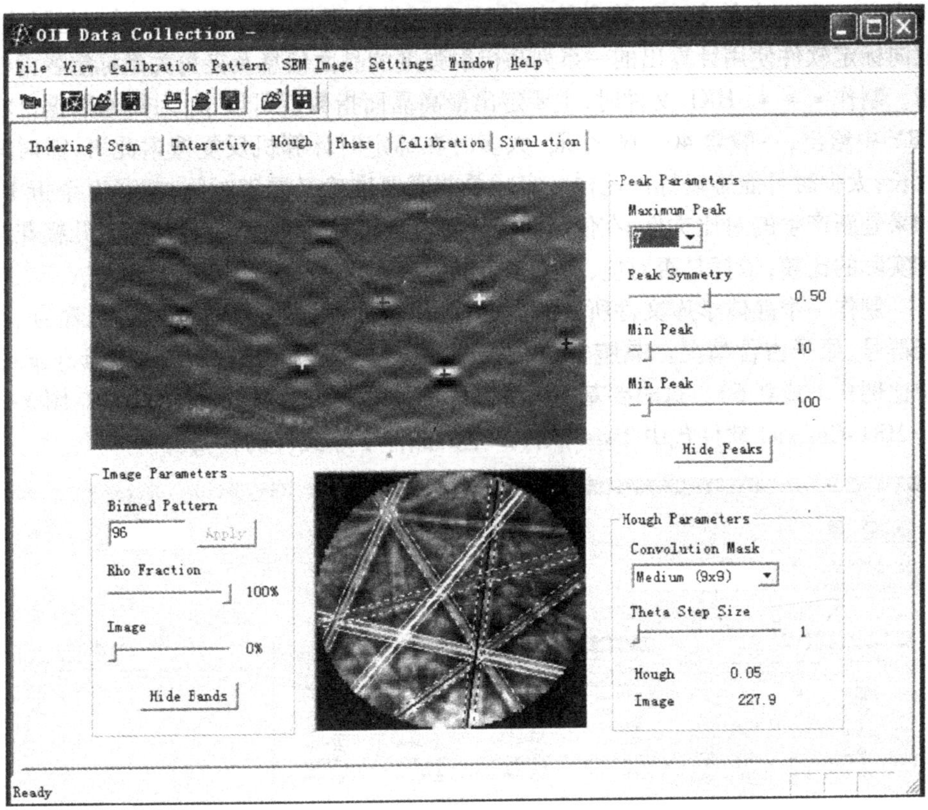

图 5-12 EDAX-TSL 数据获取软件自动标定时产生的 Hough 变换图像

使用 EBSD 系统进行相结构鉴定或晶体取向标定时都要参考标准的晶体学库。常见的晶体材料的晶体学库文件已做好，可直接调用。有时可用相似的同结构类型的晶体学库代用，如 fcc 铝的晶体学库文件数据可用于镍、铜、fcc 超合金；B_2 结构的 FeAl 金属间化合物可用 bcc Fe 的晶体学库文件，因这时可只选用角关系还不用带宽度。但当进行相鉴定时，或同时进行两个结构相同、点阵常数不同的取向分析时，需要准确的晶体学数据，这时要用菊池带宽度数据。相鉴定过程要比取向标定难，最新的 EBSD 软件中都将相鉴定作为专门分析的内容而与取向标定的任务独立开，可见真正理解晶体结构、对称性和原子占位概念、生成准确可靠的晶体学库文件的重要性。HKL 公司的 Channel 软件包中用称为 Twist 的衍射数据计算软件产生相应的晶体学库，它可产生两个文件，扩展名分别为 * * *. CRY 和 * * *. HKL，CRY 文件储存某一相的空间群序号、空间群符号、点阵常数、劳厄群符号、Wyckoff 符号及原子位置。用 Twist 软件还可看任一个空间群中各类等效位置的坐标及数目。也就是说，每一种等效位置只要输入一个具体坐标，用 Wyckoff 菜单的自动功能就可对称算出所有原子的等效位置，并不要求使用者深入了解相关含义。HKL 文件含有计算出的各{*hkl*}面的结构因子，面间距和相对衍射强度。取向标定软件使用计算出的一系列高衍射强度的晶面信息及夹角关系标定各菊池带。制作 * * *. HKL 文件时，主要定出最高晶面指数就可以了，因其他数据已在 CRY 中给出，一般含 40 ~ 60 个面，太多时在标定时计算机反复搜索此表，需时间太长；太少时可能难以标出花样。实际希望既要准确又要省时间，就要有个折中。如果是新产生的对比文件，在使用时要先考查其可靠性，方法是自动标定几幅花样和实际的比较，带宽是否对应，有无多余的带。

制作一个晶体学库文件所要的数据有：相名称，所属劳厄群（即点群）序号、空间群号、原子占位情况。晶胞常数、原子占位（包括原子类型，胞内坐标 x,y,z，占位比例 0，1 或 0.5）。这时要基本读懂国际晶体学表中的参数，见第 2 章。图 5-13 是 HKL-Channel 软件包中 Twist 软件产生的晶体学库文件的界面。

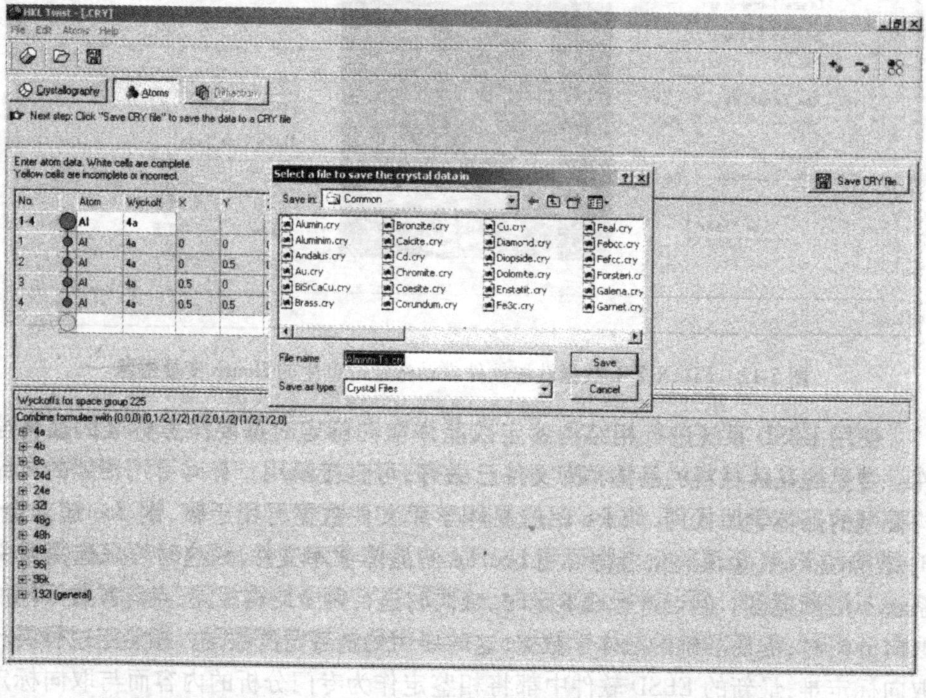

图 5-13　HKL-Channel 软件包中 Twist 软件产生晶体学库文件的界面

各菊池带的衍射强度是根据电子衍射动力学模型计算的，即计算一个晶胞内所有原子的结构因子，因电子衍射强度 I 正比于结构因子。(*hkl*) 面的结构因子计算公式为：

$$\overline{F}_{(hkl)} = \sum_{g=l}^{N} f_g \cdot \exp[-2\pi i(h \cdot x_g + k \cdot y_g + l \cdot z_g)] \tag{5-8}$$

式中，$\overline{F}_{(hkl)}$ 为结构因子；N 为单胞中原子数目；f_g 为原子散射因子（是常数，但原子类型不影响其值）；(x_y, y_y, z_y) 为原子位置。计算后的绝对强度值进行了归一化处理，消光要起作用。衍射最强的一些晶面被选来用于标定。

文献[10]给出国际晶体学数据表，文献[11]提供了金属及金属间化合物、矿物的晶体学数据。网上也可查到一些，如文献[12,13]。有些晶体学数据表中只有原子位置，没有原子个数，这已隐含在空间群的对称元素中了。对称性越低的位置，等效原子数目越多。

相鉴定（phase identification）与相鉴别（phase discrimination/differentiation）在中文含义差别不大，在 EBSD 分析中，Phase Identification 指对未知相的鉴定，而 Phase discrimination/differentiation 只是指在不同的已知相中进行区分鉴别。显然，后一项工作的进行比前一项要容易得多。

5.3.5 EBSD 分辨率

EBSD 的空间分辨率远低于扫描电镜的图像分辨率（一般为 3nm），为 200 ~ 500 nm。角分辨精度为 1°。因样品是倾斜的，电子在样品表面下的作用区不对称，因此造成电子束在水平方向与垂直方向的分辨率有差异。垂直分辨率低于水平分辨率，见图 5-14。一般用两个值的乘积或平均值表示 EBSD 分辨率。影响分辨率的因素有：样品材料、样品在电镜试样室的几何位置、加速电压、灯丝电流和花样的清晰度。

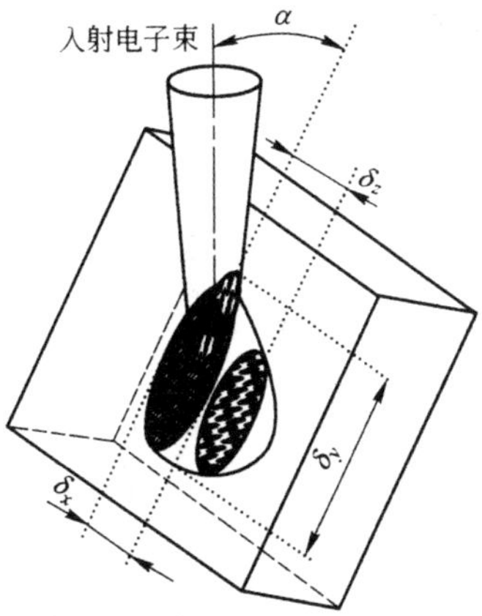

图 5-14 倾斜样品造成 EBSD 分辨率的不对称

5.3.5.1 材料的影响

因背散射电子信号数目随原子序数的增加而增加，高原子序数样品的电子穿透区小，背散射信号强，可减小样品倾转角度，提高分辨率。因此，高原子序数样品衍射细节更多，花样清晰度更高。

5.3.5.2 样品在样品室中的几何位置

样品在样品室中的几何位置是指：

（1）样品到侧面 EBSD 探头的距离；

（2）倾转角度；

（3）样品高度（即工作距离）。

一般屏幕距离不变，倾转角降低，分辨率提高，但衍射信号降低。样品倾转 45°以上就可看到 EBSD 花样，但电子穿透深度随倾角的增大而减小，超过 80°后，就不太现实。此时花样畸形,样品表面平行及垂直于倾转轴的作用区差异加大,70°倾转角比较理想。此时电子在样品中作用的体积各向异性(指垂直与平行于样品倾转轴条件下)比是3:1。对一般的图像分析,小的工作距离有高的分辨率和小的聚焦畸变;但易出现样品碰撞到电子枪的极靴,也过度偏离了 EBSD 探头屏幕中心。综合考虑,工作距离在 15 ~25 mm 比较合适,这时可使菊池花样中心与磷屏幕中心靠得较近。

5.3.5.3 加速电压

加速电压与电子束在样品表面上的作用区大小是线性关系,若要求高的分辨率,可用小的加速电压。图 5-15 是镍中用钨丝枪确定的加速电压与平均侧面分辨率的关系。对于要求高的分辨率时,如细晶材料或形变组织,可用低的加速电压。大的加速电压的优点是提高磷屏幕的发光效率而有更亮的衍射花样,从而不受周围电磁场的干扰,也减小了受表面氧化及污染的影响。缺点是分辨率下降,图像漂移加剧,加速表面污染。加速电压的提高使菊池带宽度变细,但面间距及区轴间角度不变。

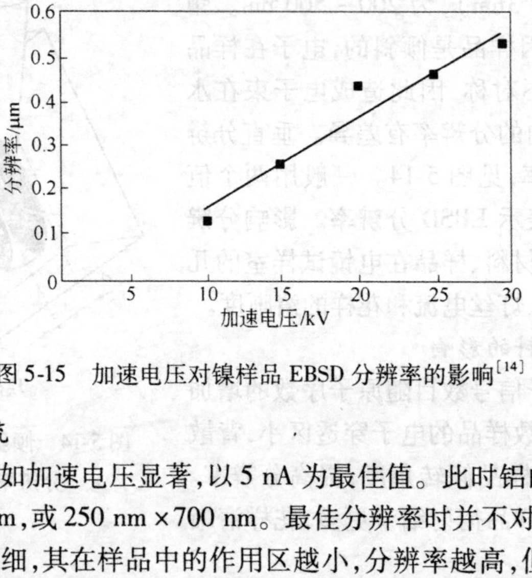

图 5-15 加速电压对镍样品 EBSD 分辨率的影响[14]

5.3.5.4 束流

束流的影响不如加速电压显著,以 5 nA 为最佳值。此时铝的 EBSD 侧向分辨率约为 200 ~250 nm,或 250 nm ×700 nm。最佳分辨率时并不对应最小的束流,见图 5-16。电子束越细,其在样品中的作用区越小,分辨率越高,但衍射花样的清晰度也降低,标定困难。一般采用一个折中值。对场发射枪 20 kV 1 nA 的工作条件,侧向分辨率为 20 nm ×80 nm 和 10 nm 深度;对镍材料进行 EBSD 分析时,减小加速电压到 5 kV 时,侧向分辨率为 10 nm。

5.3.5.5 EBSD 的准确度❶

它是通过测单晶中相邻两点的取向差(实际是不存在)而得出的,与系统标定

❶ Accuracy,也称角分辨率。

的好坏有关,与花样质量有关,也与相机位置不同造成的花样放大程度有关。衍射花样的清晰度提高标定菊池带的准确度,但却降低精度(precision)。高度放大的花样提高精度,可以通过抽出 EBSD 探头来实现。另一方法用慢的扫描,长的图像处理时间,可提高花样清晰度。图 5-17 给出灯丝电流对取向测量准确度的影响。方法是在单晶上不断测取向,计算各取向之间的取向差,该值越小越准确。结果表明,电流值越大,取向数据测得越准。

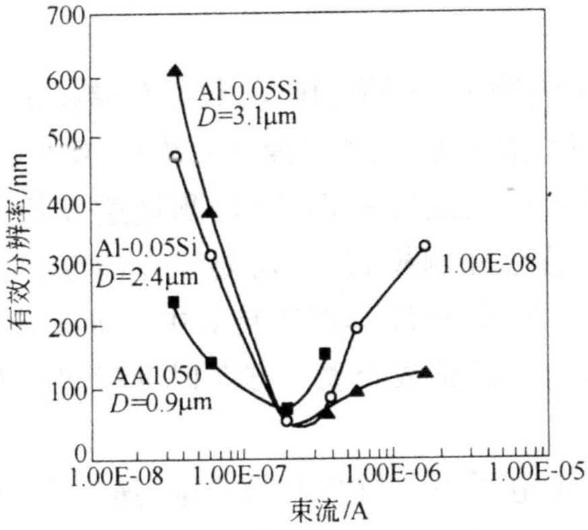

图 5-16 灯丝电流对 3 种不同材料的分辨率的影响[14]

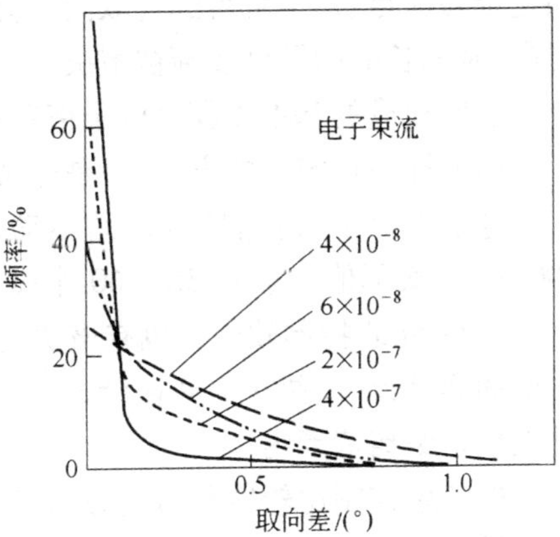

图 5-17 灯丝电流对取向测量准确度的影响[5]

总体上,综合考虑测量速度,方便性和精度下,优化参数是:70°倾斜,工作距离 15 ~ 25 mm,20 kV 加速电压,5 nA 束流(对钨丝枪来说)。

5.3.6 取向显微术(orientation microscopy)及取向成像(orientation mapping)

取向显微术指对样品中一事先确定好的区域逐点进行自动取向测定及存储。这种取向与位置坐标相连的直观图形让人们一目了然。所得到的图形称取向成像图。取向成像可用于显示下列几方面的数据:

(1) 不同织构组分的空间分布;

(2) 取向差及界面分布;

(3) 晶粒内取向的起伏变化;

(4) 晶粒尺寸及晶粒形状分布;

(5) 形变程度图(以花样质量值表示),具体的数据处理见第 6.4 节。

取向成像的优势有:

(1) 抽象的取向数据视觉化,这是别的方法所不具有的。可显示及表达的形式有取向、晶界参数,应变或其组合。

(2) 虽然不那么直观,但完全定量化的组织、取向数据,如沿晶内某一路线取向及取向差的变化。

(3) 一组取向数据相当于用几种不同方法获取的数据,如:组织、取向、晶界类型。

(4) 以取向变化确定的晶粒尺寸是真正的晶粒尺寸,特别适合组织不好浸蚀的样品。

取向成像的缺点是占用过长的 SEM 测量时间。有时仅要了解织构变化时,选用宽步幅就足够,尽管得到的取向成像图并不漂亮。随着计算机运算速度的不断提高,时间长的问题已逐渐被解决。

取向成像的基本步骤是电子束定点方法的确定,步幅的确定,数据存储显示。

(1) 样品点定位的方法:一是样品台控制,沿 y 方向,测量速度大约是 10 个/s;二是电子束控制:指测量时样品不动,电子束受线圈控制而偏转,测量速度最高 200 个/s(实际值一般是 30 ~ 60 个/s)。样品台控制模式下,需要一专门软件控制。现在 SEM 控制软件上也有该功能。同时要求 SEM 具有倾转对中(euceutric)功能的样品台,以便在样品在沿 x,y 方向移动时调整或补偿 z 方向以保持聚集和处在校正距离范围内。

电子束控制比较容易精确做到,其优点是电子束位置控制得更准,速度也快。大区域扫描时要做好动态聚焦,一般 500 倍以上测量时不需要动态聚焦。

(2) 规定步幅。在带钨丝枪的扫描电镜下,步长下限可选 0.1 ~ 0.3 μm。具体步幅大小选择要视情况而定。为了解微织构,可以选最小晶粒尺寸为步幅参照标准,如以最小晶粒直径的 1/5 长度为取向成像步长。而要了解晶界特征时,要尽可能选更小的步幅;要了解晶粒内取向过渡情况,也要用最小步长。选用过小的步长会占用更多时间,提高检测费用。也可以将用不同步长测出的几幅取向成像图拼对起来。目前的趋势是尽可能用较小的步长,得到高的分辨率图像。高版本的 EBSD 软件可选任意形状的区域进行取向成像,而老版本的只能选长方形区域进行取向成像,遇到如三角形区域就要浪费一定的测量时间。

5.3.7　花样(或图像)质量 *IQ*、花样衬度 *BC* 与置信指数 *CI*

它们可用于定性描述分析区域(晶体)缺陷的多少,如区分再结晶与形变晶粒;表示弹、塑性应变量大小;沉积薄膜原始状态和退火态对应的菊池带花样质量都有差异。各 EBSD 厂家对菊池带花样质量表示的参数不太一样。

5.3.7.1　图像质量 *IQ*(image quality)

EBSD 数据中另一重要参数是花样质量或花样清晰度,它是样品状态的反映。花样的清晰度与样品中的点阵缺陷及内应力的大小相对应。但应注意,它同时与电镜仪器参数和图像处理器有关,所以只能定性说明问题。放大倍数也影响花样质量。放大倍数越高,电子束越细,样品作用区越小,花样质量越高。不同取向的

晶粒 IQ 也有不同。不同相的原子序数不同，也影响 IQ。但多数情况下 IQ 分布可以反映应变状况。

目前有不同的 IQ 定量计算方法，Krieger Lassen[15] 的方法是，先对整个菊池带花样进行(快速)傅里叶变换。质量差的花样与质量好的花样有相同的谱峰(spectrum)；质量高或清晰度高的花样在峰谱中有高份额的低频区，而低清晰度的花样更接近高频谱区。频率谱的等同性的衡量参数是 I 值(inertia，惯性)，它已对整个谱的能量进行了归一化。花样清晰度越高，低频部分的浓度也越高，I 值就越低，设 I_{max} 是完全均匀的谱，则定义 IQ 为：

$$IQ = 1 - \frac{I}{I_{max}} \tag{5-9}$$

EDAX-TSL 软件使用图像质量 IQ，其 IQ 是靠 Hough 变换后测出的峰的加和来定义的。

HKL 公司的-EBSD 软件 Channel 使用的是菊池带衬度 BC(Band Contrast)，它也是菊池带质量好坏的表示。Hough 变换后各菊池带的强度与整个花样强度的比值，再比例化到 0 ~ 255 之间的灰度值后就是 BC 值。

5.3.7.2 置信指数 CI(confidential index)

EDAX-TSL 软件使用 CI 值衡量 EBSD 标定某一花样的可信度。CI 定义为：

$$CI = (V_1 - V_2)/V_{Ideal}$$

式中，V_1，V_2 为第一和第二个自动标定解的“投票”数(vote)；V_{Ideal} 为从测到的菊池带上得到的所有可能“投票”值。

软件中“投票”(vote)数目的来源是，菊池花样中各菊池带间组成许多三角形，每个三角形的角度值都可与自动识别并反算出的各菊池带间夹角值比较，从而出现许多种可能性及投票结果。最好的情况是所有三角形中的角度关系全被满足，并且没有第 2 种解，这时，CI 就是 1。标定菊池带时可能有几组满足要求(角关系)的解。软件按计算出的偏差大小进行排序。CI 的取值范围在 0 ~ 1 之间。该值越高，菊池带质量也越高，花样越清晰，菊池带标定结果可信程度越高。注意有时出现 CI 等于 0，这并不意味标定结果不可靠，只是因为 V_1 等于 V_2。CI 值高的肯定数据可靠，CI 值低的不一定指菊池花样质量差，可能是晶界处出现两套菊池花样(重叠)所致。在原始的取向成像图处理时，利用不显示低 CI 值测量点的方法可滤掉许多误标的点(这些点组成极图上的背底，减弱了织构的强度)，见 6.5 节 EDAX-TSL 软件处理部分的应用例子。

5.3.8 EBSD 系统绝对取向的校正

EBSD 分析时涉及的校正有两种：一是图像采集方面的校正，如图像放大倍数和图像畸变(扭曲)的校正；二是绝对取向方面的校正，如 EBSD 探头取向、探头屏幕与倾转样品表面激发点的距离 *DD*（detector distance），花样中心 PC（pattern center）的校正。第一方面的重要性在于 EBSD 系统首先要采集一个有正确放大倍数（即与扫描电镜放大倍数一致）、画面不扭曲的图像。新版本的 EBSD 软件都与图像采集卡配合，与能谱系统的图像采集校正一样，这里不再赘述。对旧版本的、或没有图像采集卡硬件的 EBSD 系统，需要校正 EBSD 系统控制扫描电子束的准确性。其方法是，取单晶硅或电解抛光的铝，在 500 倍下设定电子束移动的步长为 10 μm，共取 11 点 ×11 点 =121 个点，即共 100 μm^2 区域进行测定。在每点处使电子束停留 1 ~2 s（这个时间是很长的）以产生污染点，测后将样品转到水平位置测 *X*，*Y* 方向实际距离，代入修正公式，并将修正值输入相关控制步长的程序，反复进行上述操作直到放大倍数正确为止。必要时参考相应 EBSD 系统的操作手册。在两个方面的校正中，较重要的是第二方面，即 EBSD 绝对取向的校正。

所谓绝对取向的校正就是校正各样品坐标系之间的几何关系，或说是校正 SEM 和 EBSD 探头之间的几何关系。EBSD 系统的取向校正非常重要，若校正的不好，所测取向数据就不可靠（但它不影响相结构的鉴定及取向差数据）。一般 EBSD 系统设备刚安装时取向的校正由厂家完成，在以后的使用过程中则要由 EBSD 操作人员自己完成。在我国，一般材料研究人员不直接进行此项工作，但应了解其必要性和可能产生的后果。

取向校正所涉及的参数有三种：

一是探头距离 *DD*，它指探头屏幕距倾转样品表面测量点最近的距离。这个距离不随垂直方向的电子枪与样品间的工作距离（*WD*）而变，但随水平方向的 EBSD 探头位置而变。*DD* 是通过在屏幕上已知晶向指数的两个菊池轴间的距离和对应的理论夹角算出的，它就是菊池带不同放大的距离。这可用单晶来做，见图 5-18。如已知，[110] 和 [111] 两区轴，用鼠标分别点击其位置并输入具体的晶向指数，软件利用测到的两组坐标算出两区轴的间距，换算成弧度，再用两晶轴的理论夹角（也以弧度表示），按下式算出：

$$\cos\theta = \frac{\begin{bmatrix} x_1 - x_0 \\ y_1 - y_0 \\ DD \end{bmatrix} \cdot \begin{pmatrix} x_2 - x_0 \\ y_2 - y_0 \\ DD \end{pmatrix}}{\sqrt{(x_1 - x_0)^2 + (y_1 - y_0)^2 + DD^2} \cdot \sqrt{(x_2 - x_0)^2 + (y_2 - y_0)^2 + DD^2}} \tag{5-10}$$

式中，只有 *DD* 未知（*PC* 位置的确定见下面）。

二是菊池花样中心 PC 的坐标。前面提到，花样中心是屏幕与倾转样品分析点的最短距离，如图 5-18 所示。屏幕上其他点到样品分析点的距离都大于此距离。PC 的特点是当探头从侧面伸向或离开样品方向时，花样中心点的位置不变，而屏幕上的其他点或菊池带逐渐放大或缩小。PC 随工作距离 *WD*、加速电压而变。这个参数由计算机计算 *DD* 时同时完成。实际当中 PC 与 EBSD 花样屏幕的中心点并不重合，一般高于屏幕中心点以上 20°（以放大的弧长形式反映在菊池花样上）。文献[5]中介绍了 4 种确定 PC 的方法，这里只介绍其中的一种，即用已知取向的单晶确定 PC。若已知硅单晶的取向是(001)[$\bar{1}$10]，倾转 70.5°后，其花样屏幕与样品表面成 19.5°。这正好是[001]与[114]轴的夹角。这两个极轴也很好辨认。花样中的[114]轴就是 PC，它在[001]轴下方的 19.5°位置。

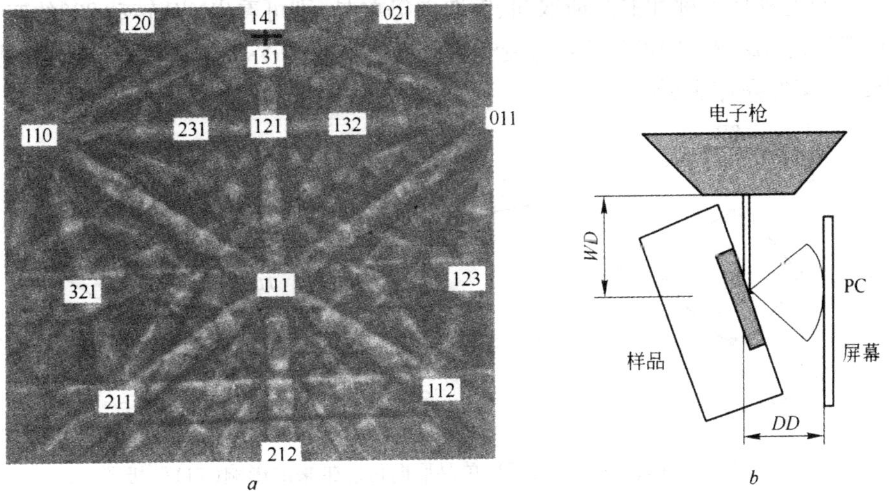

图 5-18　利用两个已知晶体学方向的极轴标定探头距离 DD[6]

a—标定出的硅单晶菊池花样；b—电子枪 - 样品 - 屏幕之间几何关系的示意图

三是探头坐标系（CS_3）相对于电镜坐标系 CS_m 的取向，即 $CS_m \rightarrow CS_3$ 的关系，见图 5-19。它用 3 个欧拉角表示。应注意的是，探头取向并不涉及倾转样品坐标系，也不应该受样品倾转角度的影响。倾转角改变，相机屏幕位置改变，样品位置变化都会引起衍射花样的变化。EBSD 厂家已给出不同类型的扫描电镜与 EBSD 探头配合时应对应的探头取向。例如，对 ZEISS-960 型电镜，如图 5-19 所示，这时探头取向为(0,90,0)，指 X_m 逆时针转 90°就完成了 $CS_m \rightarrow CS_3$ 的转动。实际当中还要进一步优化。

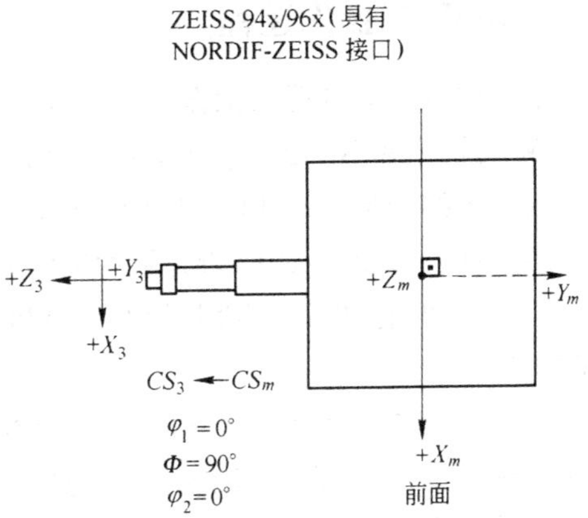

图 5-19　ZEISS-960 型电镜[6]

通常用单晶硅或其他已知取向的单晶作标样。单晶硅片的表面为(001)晶面，硅的断口总是沿[110]方向的解理面。这样，单晶硅的取向就是(001)[110]，即一个绕 ND 面法向转 45°的旋转立方取向，欧拉角为(0,45,0)，见图 5-20a。将单晶硅片装入样品台时一定要使硅片边缘与样品台坐标系对准，使样品的 X_S，Y_S 边与观察屏幕的 X_M，Y_M 对准，使边上轧向与观察屏幕水平轴严格平行，测出的取向若不是严格的(0，45，0)，可旋转 EBSD 探头调整，一般只会有 *ND* 方向的转动偏差。使用单晶硅的一个不足是，旋转立方取向是高对称取向，若坐标系转了 90°，则从极图上看不出取向变化。但对实际样品中的织构却有很大的影响而造成错误结果。若用较高对称性的高斯取向、铜取向等单晶，则可看出 *ND* 转动 90°的变化；但对 *TD* 或 *RD* 转动 180°产生的变化又不敏感，见图 5-20。具体操作步骤见各 EBSD 厂家的操作手册。

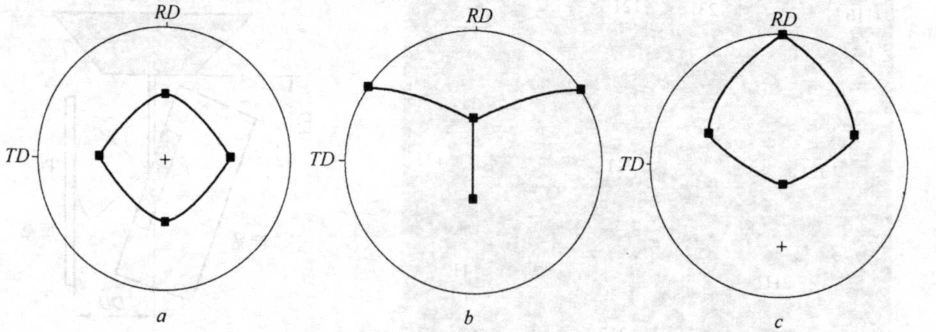

图 5-20 绝对取向标定时，所用单晶取向可能带来的影响({111}极图)

a—旋转立方取向，对 *ND* 转 90°不敏感；*b*—高斯取向，对 *RD*、*ND*、*TD* 转 180°不敏感；*c*—铜型取向，对 *RD* 转 180°不敏感

5.4 EBSD 的操作过程

不同型号扫描电镜的操作步骤会有一些差异，各厂家的 EBSD 系统，特别是控制 SEM 的软件都不一致，这里没有必要分别列出。但基本操作步骤是相似的，这里给出一般的步骤(以 LEO - 1450 + HKL - EBSD 系统为例)，其目的是使初学者有个感性认识，同时帮助以研究生为主体的使用者比较快地了解直至掌握此技术。

(1) 启动扫描电镜、EBSD 控制计算机、EBSD 图像处理器(一般需 30 min 的稳定时间)。

(2) 装入样品，使样品坐标系与电镜坐标系重合；一般使样品边缘平行或垂直于拉伸轴或平行(垂直)于轧向，注意使用电镜上的十字交叉对准线，水平移动样品看是否一直与屏幕保持平行，不平行时要绕 *Z* 轴旋转样品进行调整。

(3) 样品倾转 70°，使样品面对 EBSD 探头(若使用倾斜的样品台，则省去倾转操作)；进行倾转校正及动态聚焦；工作距离调到 15 ~ 25 mm。

(4) 插入 EBSD 探头，以点模式产生菊池花样(若此时有菊池带，测量就基本没问题了)。

(5) 回到扫描电镜图像分析模式，使电镜处在最快的扫描速度，在 EBSD 系统计算机上进行菊池花样的扣背底。

(6) 再转回到点模式,看扣背底后的菊池带效果,并调整图像处理器上或其软件窗口中的亮度,衬度,优化菊池带。

(7) 在 EBSD 控制计算机上起动 EBSD 数据获取软件,创建存储数据的文件名,调入参照对比用的晶体学库文件,同时调入探头取向的校正文件(calibration file)。

(8) 选几个菊池花样进行自动标定,检查标定的可靠性和误差大小,校正工作距离。

(9) 确定取向成像测定时的相应参数,如步长大小、*X/Y* 方向的测定点数、放大倍数,起动"自动进行"按钮。

(10) 取向成像完成后,最好对测量区域照张形貌像,作为与 EBSD 取向成像图的对比。抽出 EBSD 探头,样品倾转回水平位置。关闭电镜上的电流、电压及 EBSD 控制计算机及图像处理器。

EBSD 图像处理器(如 NORDIF/Argus-20 型)的使用步骤如下所述:

(1) 打开图像处理器开关,等待 30 min,使其稳定。

(2) 点击屏幕右上角菜单中的 FRINT(frame integration)。

(3) 点击 BSUB(background subtraction),激活扣背底功能。

(4) 设置 FRM 为 2(用两幅花样图像平均来标定取向),BACK 为 64(以 64 幅图平均作为背底);此时屏幕上还看不到菊池花样。

(5) 点击 BACK 开始扣背底,如图 5-21*a* 所示。

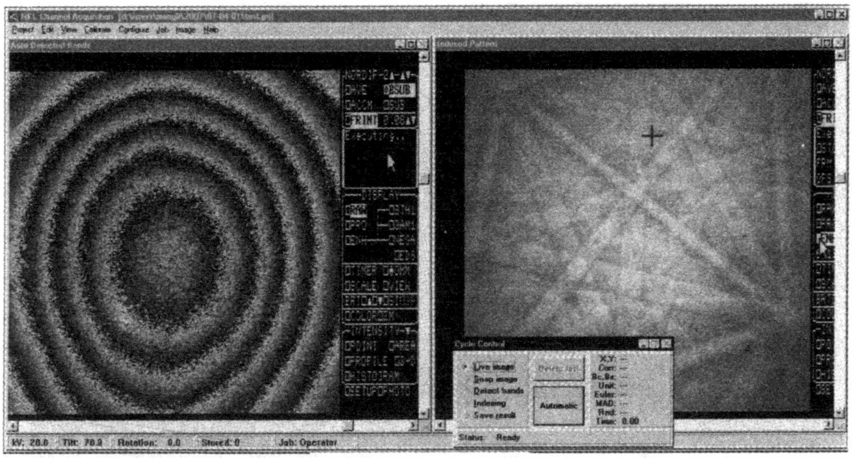

a *b*

图 5-21 扣背底过程[6]

a—扣背底过程;*b*—扣背底后的菊池花样

(6) 点击 ENH(enhance,提高的作用),将背底加到菊池花样图像中;得到如图 5-21*b* 所示的菊池花样。

（7）可通过点击 STH（strength，加强）调整菊池花样的亮度和衬度；也可调 Argus－20 图像处理器硬件上的亮度、衬度旋钮。

图 5-22*a* 是 HKL 公司 Channel 4 版本的 EBSD 数据获取软件的界面。左侧为采集到的菊池花样，右侧为标出的和反算模拟出的菊池带的叠加。使用者可比较标定结果与实际花样的匹配程度，以鉴别标定的可靠性。图 5-22*b* 是 Channel 5 版本中 Flamenco 数据采集界面。软件采集了一幅形貌图及一幅菊池花样。

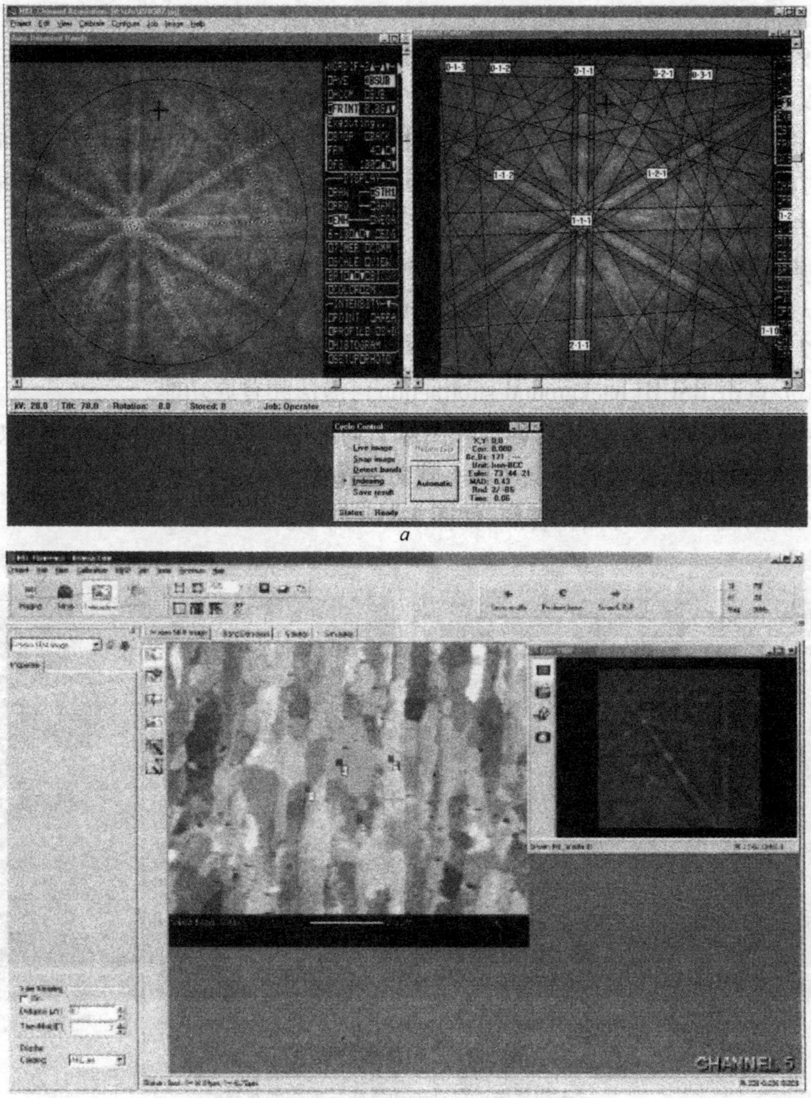

a

b

图 5-22　HKL 公司 EBSD 软件获取数据的界面[6]

a—Channel 4 界面；*b*—Channel 5 Flamenco 界面

图 5-23 是 EDAX-TSL 公司的 EBSD 数据获取软件界面。软件有抓图功能，即从扫描电镜软件控制系统的图像控制转到 EBSD 软件上。

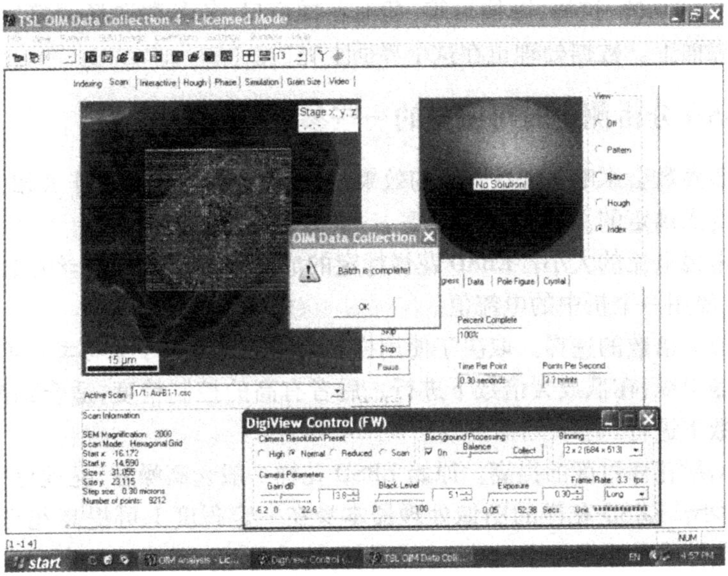

图 5-23　EDAX-TSL 公司的 EBSD 数据获取软件界面，
金丝键合样品的取向成像过程(已完成)

图 5-24 是牛津仪器公司 EBSD 软件(INCA CRYSTAL)数据获取的控制界面。

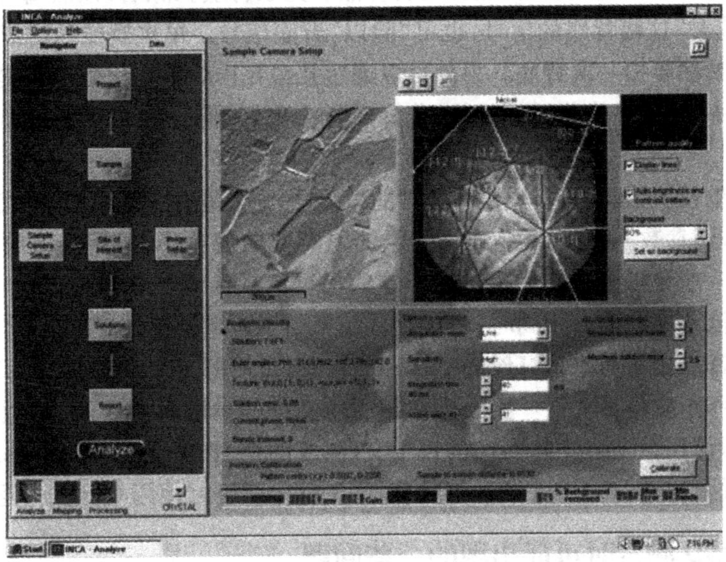

图 5-24　牛津仪器公司的 EBSD 软件(INCA CRYSTAL)数据获取界面

该软件将 EBSD 分析与能谱、波谱分析集成在一起，通过快捷键可进行各功能的切换。另一方便之处是界面左侧有一提示操作步骤的导航界面。该软件系统也具有“抓图”的功能，这样，图像形貌，菊池花样窗口，各参数选择调整界面都在软件一个大界面上。数据处理也在这个界面上完成。

5.5 EBSD 分析测定时可调整的一些参数

以下各参数会影响 EBSD 分析的效果，该参数中的多数与操作者相关，少数是由委托测定人确定的。

(1) 电镜电流的大小。EBSD 花样标定的成功率、分辨率、灯丝寿命均与灯丝电流有关，要用一个折中的电流值。

(2) 放大倍数的选择。取决于使用样品台移动还是电子束移动。前者适合大面积的粗晶组织，在低放大倍数下进行。后者有高的控制精度，适合细晶组织，在高放大倍数下进行。

(3) 衍射花样衬度的提高。原始 EBSD 花样一般含高噪音，亮度分布不均匀，模糊，反差小。EBSD 花样的图像处理器本身在一定程度上可提高花样衬度。一般 EBSD 花样质量低都习惯归结为样品制备的质量差。其实在一定程度上调整图像处理器可改变菊池带的质量，从而提高标定率。EBSD 的图像处理有背底校正，它包括从不同取向晶粒上得到一幅背底图像，这要在低的放大倍数下实现。若样品中晶粒尺寸太大，如硅钢、单晶硅，背底就不是均匀的，并有明显的菊池带。这时，可通过偏聚焦调整或扣背底时旋转样品。完成背底扣除后，以后每幅 EBSD 花样都要“减去”这幅背底的信号，也可“除以”背底信号。每次换样品时或改变电镜工作条件时都要扣一次背底。另外可以通过几幅花样的平均化处理来提高花样的衬度。减小噪声，平均化时间延长，花样质量会更好，但会显著减慢自动标定的速度。

(4) 步长、时间的选择，使用成对的“带”标定还是用中心“线”标定，重复次数，都是可调参数。使用双线(带)标定的绝对取向偏差小，但用中心线标定的成功率高。一般允许角偏差 0.5°~2°。这些都可用默认值。取向测定运行中，后面一点的菊池花样与前面相同时，直接默认结果而不再重复标定过程。

(5) 样品表面与电镜灯丝的工作距离校正；常用的工作距离是 15~25 mm，可做 3 个工作距离校正文件。实际操作与所用文件的参数有差异时，可通过反复校正消除，即使用 20 mm 工作距离的校正文件，实际是 18.5 mm。通过 20 mm 文件中的参数，反复标定 18.5 mm 条件下的花样，文件中将暂时使用实际工作距离数值。

5.6 EBSD 测定时可能出现的一些问题

以下是使用老版本的 EBSD 系统测定时遇到的问题，有些可能不具有一般性，有些在新版本的 EBSD 系统中可能已不是问题。不管是否会出现问题,建议每次做取向成像测定时,都照下相应的形貌照片,以便于进行对比。

(1) 样品台移动。EBSD 技术与 X 射线衍射技术相比,一个不足是统计性不够。例如,取向硅钢二次再结晶后,晶粒直径可达几个毫米。样品台移动控制是扩大分析区域的途径,但因曾遇到过样品台机械失控,担心样品撞坏电子枪或 EBSD 探头,一直未使用该功能。另外,旧版本的 EBSD 软件样品台控制不是很便利。

(2) 步长选择。初次进行取向成像时不知步长如何选择,甚至电解抛光后的样品未经初步分析就进行取向成像。步长选择主要与晶粒尺寸有关。步长过大,取向成像图上"马赛克"特征严重;步长过小,测量时间过长。一般以小晶粒上能测约 5 个点以上为宜。如果能明确知道粗晶区与细晶区的位置,可分别进行取向成像,然后见图形叠加处理。

(3) 动态聚焦不好。测量后期则聚焦不清,菊池带也不清晰,盲点增加。

(4) 图像漂移。相比之下,这是使用者最难克服的问题。可能来自两个方面。一是电镜本身与 EBSD 探头、样品上的大电流,系统接地不良所致。也可能是样品导电不良造成。前者应主要由厂家工程师解决,后者要靠分析者解决。

(5) 采集图转换开关忘开。老式 EBSD 系统可能没有抓图功能,测定时要转换分配器开关(扫描控制由电镜转向能谱仪或转向 EBSD 系统),当忘记转换开关时,测量启动时,菊池花样将固定不变(因为电子束只打在一个位置)。

(6) 样品倾转后,在观察屏幕上左、右明暗亮度不均。可能是样品表面不平(虽然轧向对准了),倾转 70°后才表现出来,这是样品截取时出现的问题。

参考文献

1 Russ J C, Bright D S, Russ J C, Hare T M. Application of the Hough Transformation to electron diffraction patterns. Journal of computer-assisted microscopy, 1989 (1):3 ~ 37

2 www. hkl technology. com, report

3 www. edax-tsl. com

4 Randle V. Microtexture determination and its applications. London: Institute of metals, 1992

5 Randle V, Engler O. Introduction to texture analysis macrotexture, microtexture and orientation mapping. Gordon and breach science publishers, 2000

6 HKL-channel5 user menu

7 Wright S I, Zhao J-W, Adams B L. Automated determination of lattice orientation from electron backscattered Kikuchi diffraction patterns. Textures and Microstructures, 1991 (13): 123

8 Wright S I. Fundamentals of automated EBSD. In Electron Backscatter Diffraction in Materials Science. Eds: Schwartz A J, Kumar M and Adams B L. Kluwer Academic/Plenum Publishers, 2000, 51 ~ 64

9 Paul V C Hough. Method and means for recognizing complex patterns. Dec. 18, 1964 3,069,654,

US Patent

10 Hahn T. International Tables for Crystallography. 1987, Vol. A: Space-Group Symmetry. D. Reidell Publishing Company

11 Pearson's Handbook, Desk Edition, Crystallographic data for intermetallic phases. ASM international, 1997

12 American Mineralogist-an extensive database, http://www.geo.arizona.edu/AMS/amcsd.php Institute of Experimental Mineralogy ran. www-mincryst: http://database.iem.ac.ru/mincryst/

13 Deer W. A. Howie R. A., Zussman J. An introduction to the Rock-forming Minerals, (and related volumes). Longman, 1992

14 Drake A, Vale S H. Development of an electron backscatter diffraction and microtexture measurement system. In: Proceedings of the Institute of Physics Electron Microscopy and Analysis Group Conference, Inst. Phys. Pub. Inc., Bristol, 1995, 137 ~ 140

15 Krieger Lassen N C, Juul Jensen D, Conradsen K. Automatic recognition of deformed and recrystallized regions in partly recrystallized samples using electron back scattering patterns. Mat Sci Forum, 1994(157 ~ 162): 149 ~ 158

6　电子背散射衍射数据的处理

▶**本章导读**

在扫描电镜下完成了 EBSD 数据的获取后，接下来的任务是按研究者的要求，以一定方式将取向数据表达在各种图形中。为避免占用扫描电镜的测量时间，数据处理往往离线进行。大多数 EBSD 用户往往在其他计算机上安装了数据分析软件。与其他测量数据有较大差异的是，EBSD 技术的使用者常常要反复使用 EBSD 数据，即不能一下子确定如何表达数据是最佳的，当然不少初学者把能做的各种图(典型的是极图、反极图、取向成像图、ODF、取向差分布、晶粒尺寸分布)全做出来，需要哪些就用哪些。另外，随着研究的深入，会对数据表达有不同的要求。有时数据处理上所花费的时间不比测量时间少。总之，EBSD 数据可能要反复使用，对 EBSD 技术的相关原理和材料学基础掌握得越深，越容易从 EBSD 数据中获取有价值的信息。所以，使用者要妥善保存好原始数据。此外，许多研究者都希望能自由处理这些数据，这需要从网上下载一些取向分析软件。

对第 3、4 章中介绍的取向、织构、取向差等概念清楚并比较熟悉后，本章的内容就很好理解了，因为只涉及用软件将各种数据表达出来。因表达数据一定要有个载体，而目前的 EBSD 厂家基本只有两家(OXFORD INSTRUMENTS-HKL 公司和 EDAX-TSL 公司)，本章自然以这两家公司的软件为载体介绍数据处理。但如第 4.2 节所介绍，世界范围内有很多织构研究人员都开发了可以处理各种 EBSD 数据的织构分析软件，都是读者可利用的。还应强调的一点是，本章介绍的数据处理中可能出现的一些问题是前面没有讨论的。

本章首先介绍 EBSD 原始数据格式，再介绍常见的数据图形表达方式，并以 HKL 公司和 EDAX-TSL 公司 EBSD 软件为例产生各种图形和图像。最后对数据处理中可能出现的问题进行讨论。如果说上一章 EBSD 硬件操作主要是测试人员的事(至少在我国是如此)，本章数据处理应是研究者自己的事。如前所述，EBSD 数据中蕴藏着大量有价值的信息，对相关原理理解得越深刻，越容易挖掘出有价值的信息。

6.1　EBSD 数据所包含的基本信息及可能的用途

以下是 EDAX-TSL 公司 EBSD 原始数据。主要由 3 个欧拉角，φ_1，Φ，φ_2(第

1～3列)；两个位置坐标 *X*,*Y*(第4,5列)，菊池带质量 *IQ*，置信度 *CI*，匹配程度 *FIT*(相当于 HKL 软件 EBSD 数据中的平均角偏差 *MAD*)，晶粒标识，测定点在晶粒中的位置和相的名称组成。最重要的是前4种数据。相关说明都列在数据前面。

Header：Project1：：10A-2：：All data：：Grain Size 8/1/2006
Column 1－3：phi1，PHI，phi2（orientation of point in radians）
Column 4－5：x，y（coordinates of point in microns）
Column 6：IQ（image quality）
Column 7：CI（confidence index）
Column 8：Fit（degrees）
Column 9：Grain ID（integer）
Column 10：edge（1 for grains at edges of scan and 0 for interior grains）
Column 11：phase name

3.14159	1.57080	0.00000	0.00000	0.00000	27.6	－1.000	180.00	0	0	Gold
3.14159	1.57080	0.00000	0.50000	0.00000	0.0	－1.000	180.00	0	0	Gold
3.14159	1.57080	0.00000	1.00000	0.00000	30.6	－1.000	180.00	0	0	Gold
3.14159	1.57080	0.00000	1.50000	0.00000	29.3	－1.000	180.00	0	0	Gold
3.14159	1.57080	0.00000	2.00000	0.00000	0.0	－1.000	180.00	0	0	Gold
φ_1，	Φ，	φ_2	X	Y	IQ	CI	FIT	晶粒标识	位置	相

以下给出 HKL 公司 EBSD 原始数据。它由测量点顺序号、相鉴定结果，*X*、*Y* 两个坐标位置，3个欧拉角，平均角偏差 *MAD*，菊池带衬度 *BC*，菊池带斜率 *BS*、状态(成功标定所用菊池带数)组成。最重要的是位置、取向和菊池带衬度数据。

Index	Phase	Xpos	Ypos	Euler1°	Euler2°	Euler3°	MAD°	BC	BS	Status
1	1	0.0000	0.0000	333.1031	37.73222	1.311222	0.01	190	0	6
2	1	2.0000	0.0000	334.0516	37.63248	1.012426	0.01	185	0	6
3	1	4.0000	0.0000	333.2234	37.85027	1.316214	0.01	175	0	6
4	1	6.0000	0.0000	334.7727	37.53594	0.435506	0.01	187	0	6
5	1	8.0000	0.0000	335.4902	37.82155	89.73670	0.01	190	0	5

可见，各厂家产品测出的 EBSD 原始数据格式基本相同。使用者应能从数据中看出哪些是盲点，哪些数据角偏差大而不太可靠。要注意的是，这些数据中的取向因样品的放置方式不同(分析的是轧面或侧面)而可能不是真正的绝对取向，而是按样品台坐标 CS_m 而定的，即水平方向是轧向/*X*，垂直方向是法向/*Z*。而样品可能是侧面朝上分析的，这时垂直方向是实际样品的侧向/*Y*。这意味着，这些数据在随后处理时要做相应转动。在取出这些数据进行分析时，也要做相应转动(比如取出一些孪晶变体和母相的取向单独进行分析；或取出一些不同形核地点的再结晶新晶粒的取向分析)。熟悉这些原始数据的含义并能随意输出(取出)单

独使用,常常可使研究不断深入。随分析的深入常要自己处理数据或对数据进一步处理,如计算六方晶系孪晶 6 个变体的新取向,确定哪个变体更容易发生,是取向因子更大的还是应变张量更有利的,各 EBSD 分析软件都可将原始数据及取向差数据以 *. txt 形式输出并用其他软件处理,有时需要调整格式。

6.2 用于取向、织构分析的 EBSD 数据处理

在这一节要做的工作是,不考虑 EBSD 数据中位置的信息,将所有取向或部分感兴趣的取向表示在极图、反极图或 ODF 中。如上所述,首先要明确原始数据是否要做相应旋转(通常都是 90°)。

许多对取向概念不熟的人员在进行 EBSD 测定时,基本没有坐标系变换的概念,因此坐标系不正确是常见的问题。EBSD 软件设计人员为防止使用者转错取向,将所有可能放置样品的方式都以图的形式列在分析软件菜单中,见图 6-1*a*。使用者可根据样品放置的方式图选择转动取向的方式,而不一定要完全理解为何是这些角度。但如果 EBSD 测定人员也是初学者而将坐标系搞错,且研究人员也没能识别这个错误,则会产生不好的影响。以下加以说明。EBSD 系统的 3 个坐标系并不需要研究人员了解,但试样本身的坐标系 CS_0(RD-TD-ND)与 EBSD 测定时的坐标系(或 SEM 样品室坐标系)CS_m(X_m-Y_m-Z_m)之间的关系要清楚。HKL 数据处理软件使用中一开始就要确认两坐标系之间的关系,注意是 $CS_0 \rightarrow CS_m$ 的关系,而不是相反。例如,样品放置方式也是 RD 与样品室的 X_m 一致,ND 与 Z_m 一致。这时,3 个欧拉角都是 0,原始 EBSD 数据不需再转动,见图 6-1*b*,可直接进行后续分析。若分析的是样品侧面,而 RD 与 X_m 仍一致,这时,只需将 Φ(绕轧向)转 90°,见图 6-1*c*。若分析的是短侧面,即由 TD-ND 组成的面,并且 RD 与 Z_m 平行,TD 与 X_m 平行,这时 ϕ_1,Φ 都要转 90°,见图 6-1*d*。

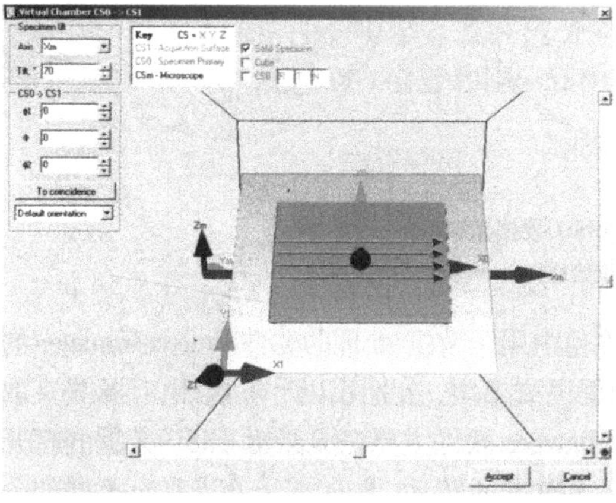

a

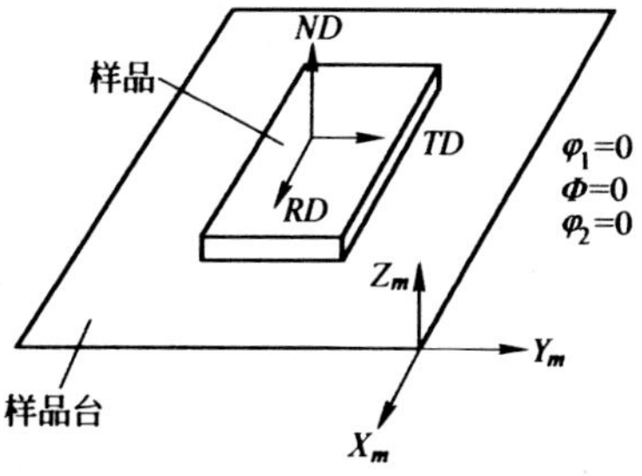

b

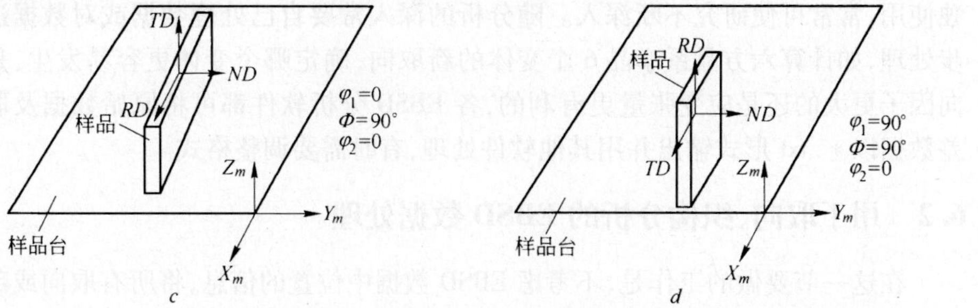

图 6-1　对 EBSD 数据转动的说明

a—HKL 软件显示的从正面看 SEM 样品室的布局（右侧红箭头 X_m 是扫描电镜样品室坐标系的转轴）；
b—第一种样品放置方式（取向数据不需转动）；*c*—第二种样品放置方式（转一个欧拉角）；
d—第三种样品放置方式（转两个欧拉角）

图 6-2 是一个例子，说明样品放置位置、原始取向、转动后的正确取向关系。已知镁挤压棒中存在 <1 100> ∥ 挤压轴 Z 的丝织构，不同晶粒内六方结构单胞的排布方式见图 6-2*a* 的下方。样品分析截面平行于挤压轴 Z。若将测出的取向直接表示在（0002）极图中（这时每个取向点对应（0002）极的投影位置），则成图 6-2*b* 的情况。该极图的 X 轴是实际样品的 Z 轴，这与我们的习惯不符。只有将所测取向数据绕 Y 轴转 90°，得到图 6-2*c*，这时极图上的 Z 轴（法向）才与图 6-2*a* 中样品的实际 Z 轴对应。

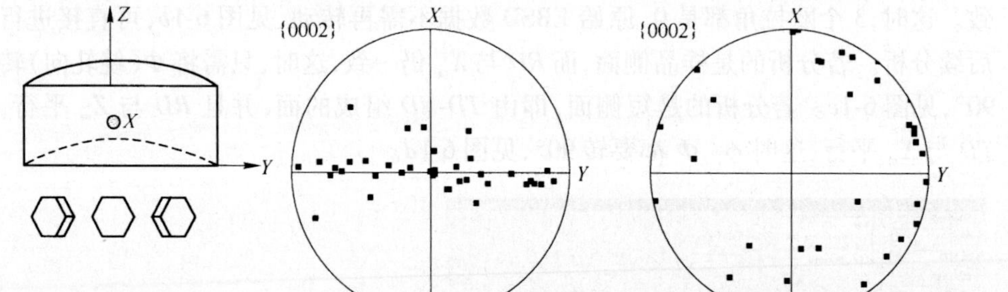

图 6-2　EBSD 数据的转动

a—样品放置位置；*b*—原始取向；*c*—转动后的正确取向

图 6-3 给出 HKL 公司 Channel 软件包中用于数据处理的软件 Project Manager 的界面。下含 Mambo，Tango，Salsa 3 个子程序或模块，分别用以计算极图（反极图）、取向成像图和取向分布 ODF 图。Project Manager 软件主要完成原始 EBSD 数据的打开（看成功率及其他测量参数）、坐标系取向数据的转动、取向差分布及取向数据的分割或合并等。极图、反极图及取向差中转角的分布可用 Mambo 子程序完成。

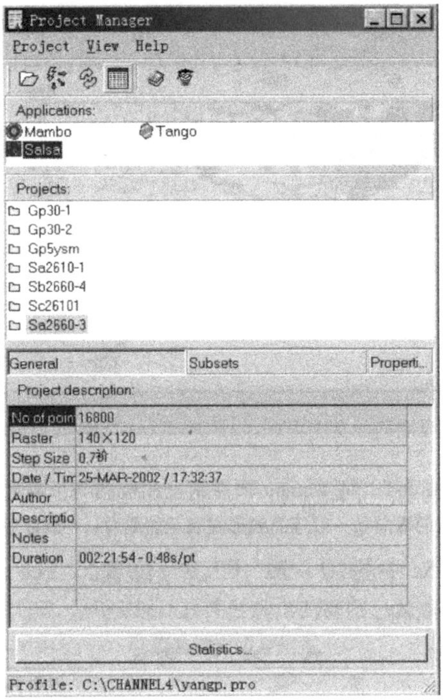

图 6-3　HKL 公司 Channel 软件包中用于数据处理的软件包 Project Manager 的界面

图 6-4 是用 Mambo 子程序算出的用散点、等高线表示的极图和用散点表示的反极图。此时反极图只给出晶粒取向在样品 *ND* 方向的分布（镁合金），表明多数晶粒为基面取向{0002} ‖ 轧面。

图 6-5 给出用 ODF 软件包 Salsa 计算的平面应变压缩镁合金和热压缩低碳钢中晶粒取向分布 ODF 图。为了方便，常将标准取向位置标出以便进行比较，见图 6-5*d*,*f*。可见不同条件下镁合金微区内分别形成柱面织构（指{0002} ⊥ 轧面，见图 6-5 *a*中的（90°,90°,0°）位置和图6-5*b*中的（0°,90°,0°）位置）和基面织构（指

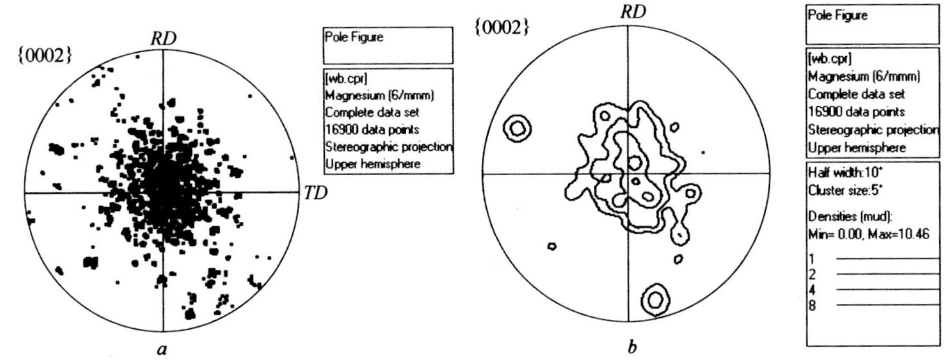

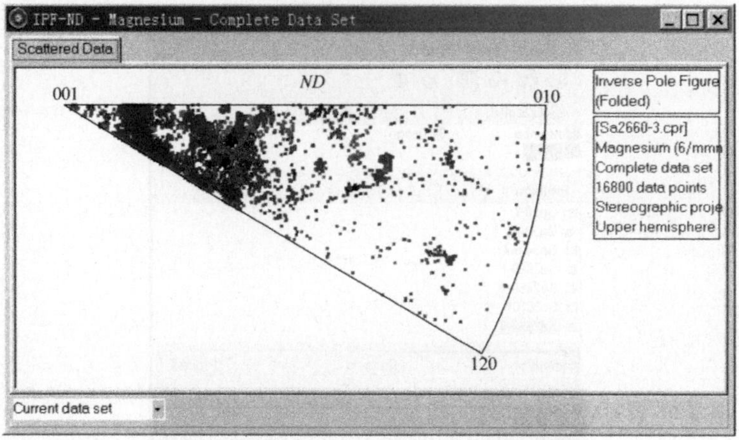

c

图 6-4　用 Mambo 软件制出的极图与反极图

a—以散点形式表示的取向；*b*—以等高线形式表示的取向；*c*—以散点形式表示的反极图

{0002} ‖ 轧面，见图 6-5*c* 中的(0 ~ 90°，0°，0°)位置)。bcc 的铁中形成 <100> 和 <111> ‖ 压缩轴的线织构。

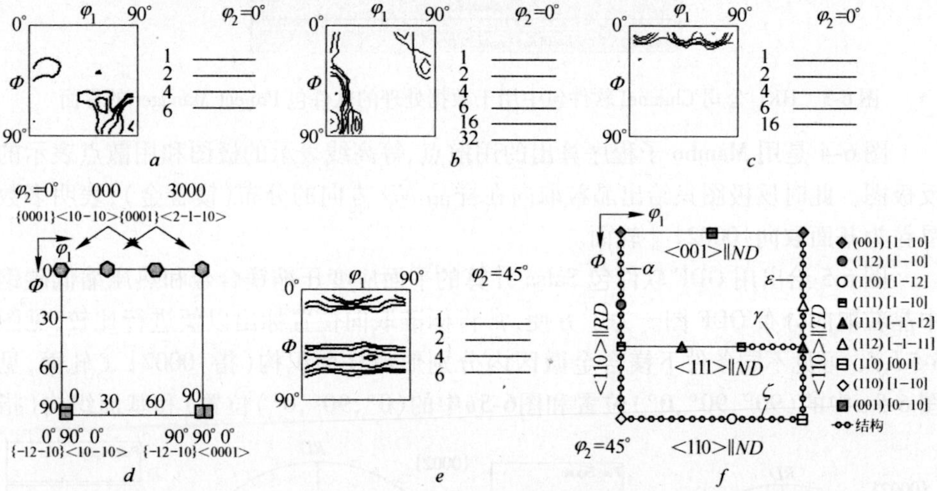

图 6-5　用 Salsa 模块算出的热压缩镁和低碳钢中晶粒取向的 ODF

a—形变镁合金，柱面织构；*b*—形变镁合金，另一柱面织构；*c*—形变镁合金，基面织构；
d—HCP 取向分布函数中典型织构的位置；*e*—低碳钢热压缩后的织构；
f—BCC 取向分布函数中典型织构的位置

图 6-6 是用 EDAX-TSL 公司的 EBSD 软件 OIM-Analysis 做出的微电子封装金丝倒装键合样品内晶粒取向的{001}极图和晶粒平行于外界 *Z* 轴取向分布的反极图(用等高线表示)。在开始时不太习惯确定是哪种织构，看取向分布时可做一个

标准对照图,类似图 6-5*d*,*f*,这样可直接判定存在哪些织构,织构的密勒指数是什么,必要时在软件中点击一个取向可看其立体单胞的方位。

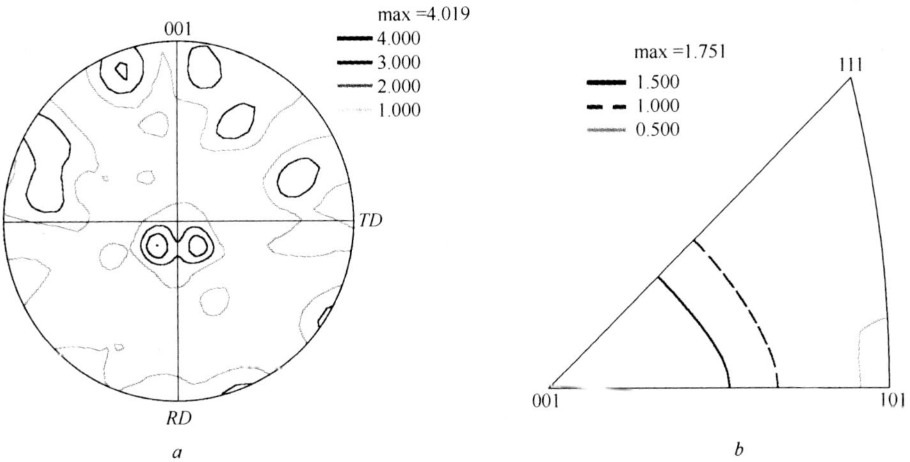

图 6-6 EDAX-TSL 公司 EBSD 软件处理出的极图(*a*)、反极图(*b*)数据
(倒装键合的金丝)

6.3 取向关系数据(取向差及转轴)的统计分布

从第 3 章第 3.3.1 节相关原理的介绍中得知,取向差表示相邻晶粒间的位向关系,它是由 EBSD 原始数据中的取向及位置坐标数据计算出来的(算相邻晶粒取向差才有实际定义),并不是直接测出的。与上面绝对取向数据处理不同,取向差及转轴分布与外界参考坐标系的选择正确与否不相关。换句话说,外界坐标系错了也不影响(这类数据)。取向差分布的表达只有一种方式,对不同对称性的晶体,最大取向差的值也不同。立方系取向差只到约 67°。作图时可改变的设置参数只有起始取向差角和棒图中棒的宽度。因测量时允许有一定取向偏差,如 0.5°,1.5°。所以为避免这种偏差的干扰,可用 3°作为起始值。若专门分析小角度晶界的分布规律,如位错引起的胞状亚晶界特征,在测量时就应尽量降低允许的偏差,并用双线(edge)而不是中心线(center)进行标定。测量数据中存在的问题会在取向差分布中明显反映出来。例如,铸态镁中不应有形变孪晶,但取向成像后一些晶粒内出现很小的点,取向差分布中出现很强的$\{10\bar{1}2\}$拉伸孪晶的取向关系 86.3°$\langle 11\bar{2}0 \rangle$,见图 6-7*a*,*b*。这应是样品制备时砂纸造成的。这些小孪晶只出现在某些取向的晶粒内,说明孪生难易与晶粒取向有关。使用 Tango 子程序的 noise reduction 功能可将这些点去除,见下图 6-7*c*,*d*。

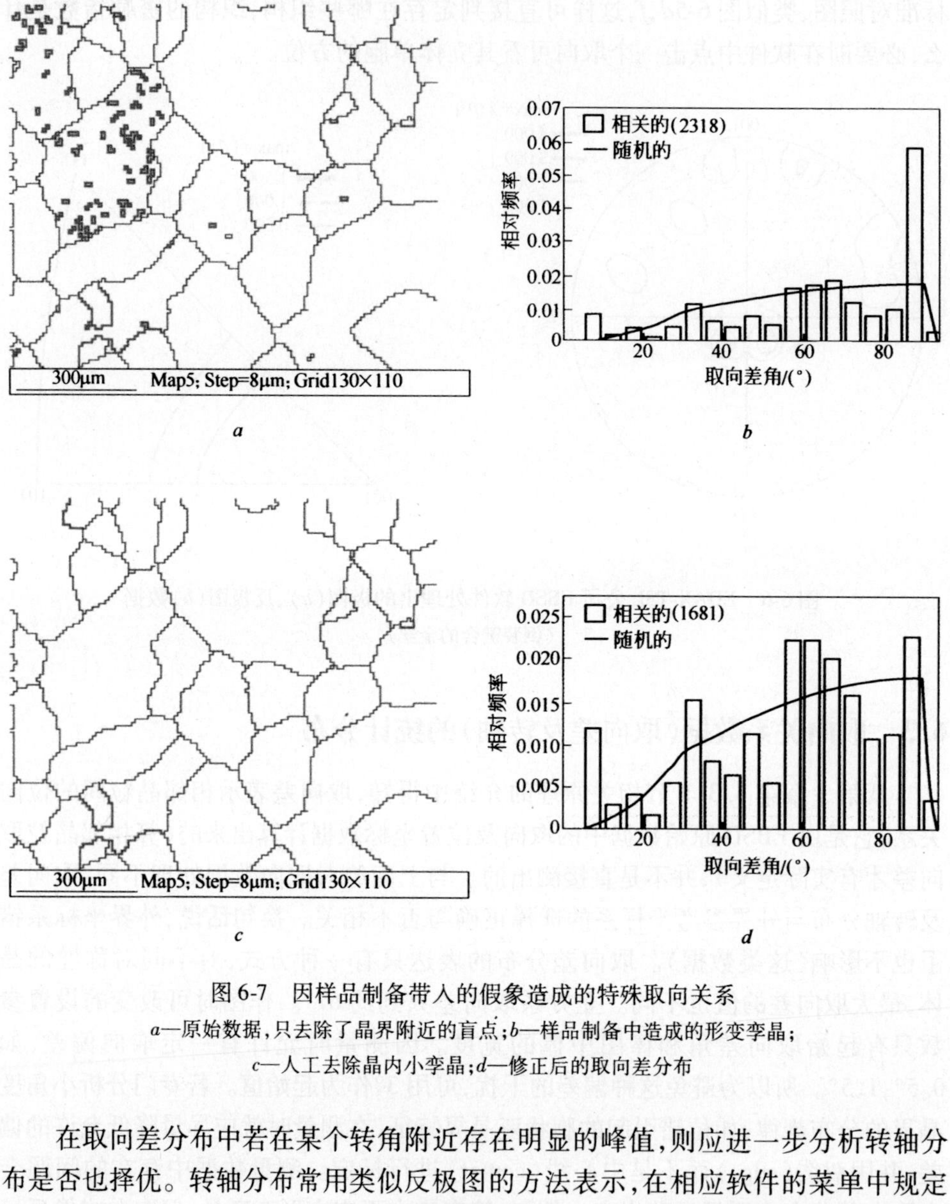

图 6-7 因样品制备带入的假象造成的特殊取向关系

a—原始数据，只去除了晶界附近的盲点；*b*—样品制备中造成的形变孪晶；
c—人工去除晶内小孪晶；*d*—修正后的取向差分布

在取向差分布中若在某个转角附近存在明显的峰值，则应进一步分析转轴分布是否也择优。转轴分布常用类似反极图的方法表示，在相应软件的菜单中规定角度范围。图 6-8 是用 HKL 软件做出的转轴分布。图 6-8*a* 表示镁合金中出现的拉伸孪晶关系，即 $86.3^\circ\langle 11\bar{2}0\rangle$ 的角轴关系；图 6-8*b* 是小角晶界内出现的转轴分布，可看到$[01\bar{1}0]$方向有一定程度的择优。

单个取向差数据的获取可在 EBSD 软件上很方便地完成并输出，见图 6-9。分别点击取向点序号，下侧的取向差计算器便算出相应的取向差。

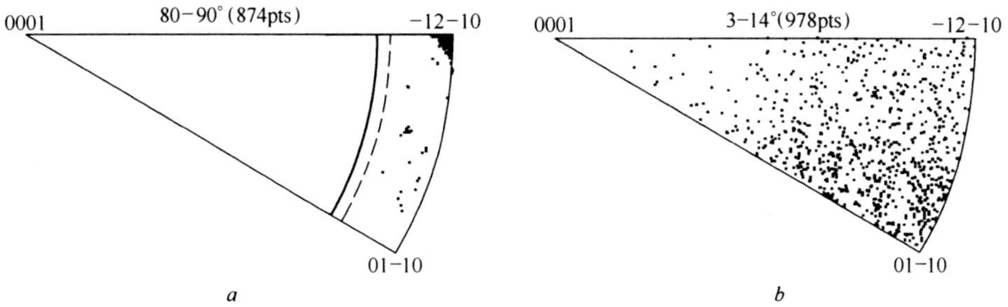

图 6-8 形变镁合金晶粒间取向关系的转轴分布表达

a—镁中拉伸孪晶造成的转轴择优分布;*b*—镁中小角晶界内的转轴分布

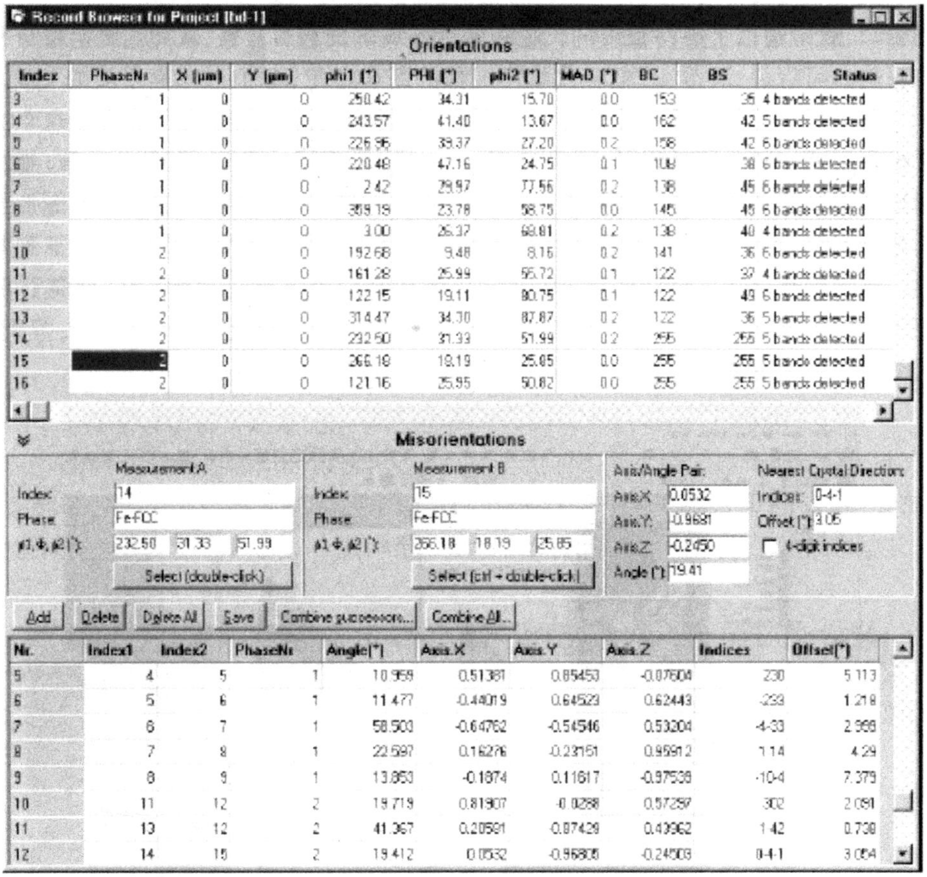

Index	PhaseNr	X (μm)	Y (μm)	phi1 (°)	PHI (°)	phi2 (°)	MAD (°)	BC	BS	Status
3	1	0	0	250.42	34.31	15.70	0.0	153	35	4 bands detected
4	1	0	0	243.57	41.40	13.67	0.0	162	42	5 bands detected
5	1	0	0	226.96	38.37	27.20	0.2	158	42	6 bands detected
6	1	0	0	220.48	47.16	24.75	0.1	108	38	6 bands detected
7	1	0	0	2.42	29.97	77.56	0.2	138	45	6 bands detected
8	1	0	0	359.19	23.78	58.75	0.0	145	45	6 bands detected
9	1	0	0	3.00	26.37	68.81	0.2	138	40	4 bands detected
10	2	0	0	192.68	9.48	8.16	0.2	141	36	6 bands detected
11	2	0	0	161.28	25.99	55.72	0.1	122	37	4 bands detected
12	2	0	0	122.15	19.11	80.75	0.1	122	49	6 bands detected
13	2	0	0	314.47	34.30	87.87	0.2	122	36	5 bands detected
14	2	0	0	232.50	31.33	51.99	0.2	255	255	5 bands detected
15	2	0	0	266.18	18.19	25.85	0.0	255	255	5 bands detected
16	2	0	0	121.16	25.95	50.82	0.0	255	255	5 bands detected

Nr.	Index1	Index2	PhaseNr	Angle(°)	Axis.X	Axis.Y	Axis.Z	Indices	Offset(°)
5	4	5	1	10.959	0.51381	0.85453	-0.07604	230	5.113
6	5	6	1	11.477	-0.44019	0.64523	0.62443	-233	1.218
7	6	7	1	58.503	-0.64762	-0.54546	0.53204	-4-33	2.988
8	7	8	1	22.597	0.16276	-0.23151	0.95912	114	4.29
9	8	9	1	13.853	-0.1874	0.11617	-0.97538	-10-4	7.379
10	11	12	2	19.719	0.81907	-0.0288	0.57297	302	2.091
11	13	12	2	41.367	0.20581	-0.87429	0.43962	142	0.738
12	14	15	2	19.412	0.0532	-0.96805	-0.24503	0-4-1	3.054

图 6-9 HKL-Channel 软件包中 Project Manager 软件的 Browser 菜单看测量数据的界面

EDAX-TSL 软件取向差计算界面的介绍见第 4 章第 4.2.8 节。

6.4　与组织相关的取向(差)、微织构及晶界特性分析(取向成像分析)

微织构分析中最有价值的是提供了取向与组织形貌的对应关系,当然这时只能用单个取向,而不能用等高线在各模块间对话,否则位置信息消失。同样,取向差分布与位置的关系又提供了大量不同位置处界面特征的信息。通过每个取向对应的坐标计算相邻晶粒间的取向差,确定测量位置是晶内还是晶界,是小角度晶界还是大角度晶界,或是相界。可用不同颜色表示不同类型的晶界,如红色表示 8°以下的小角度晶界,黑色表示 15°以上的大角度晶界;绿色表示各种 CSL 晶界。使人对晶界类型的分布一目了然。再用不同颜色表示不同取向的晶粒,用颜色梯度表示晶内取向因形变造成的不断转动效果。同时打开与此取向成像图相链接的其他窗口,就知道以上各特征线的长度和颜色区域的面积百分数,从而达到定量分析的目的。可以说,20 世纪 90 年代取向成像的商业化使 EDSD 技术有了质的飞跃。

图 6-10 为 EDAX-TSL 分析软件的界面,其特点是所有图像的产生都在这个大界面下完成。如常见的极图、反极图、取向成像、晶粒尺寸分布、取向差分布、菊池带质量等都是用快捷键一次完成(称 QuickGEN 功能)。点击鼠标右键可对图形性质进行改动,如定义取向点的颜色和点的尺寸大小,不同类型晶界线的粗细和颜色。也可用点分析法确定两点的取向差。织构分析要先建立类型文件,存储计算好的织构数据,再用 Texture Plot 功能显示。许多其他功能使用者可自己去摸索,或参阅使用说明书。

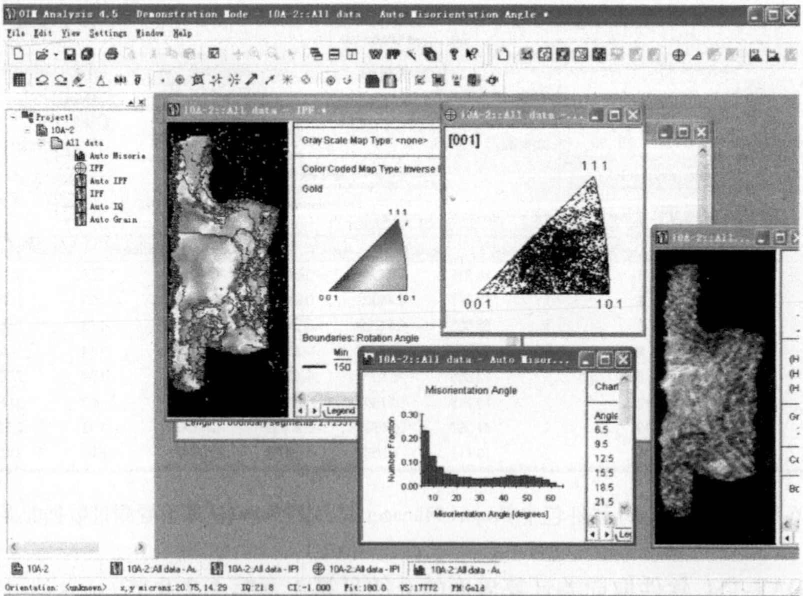

图 6-10　EDAX-TSL 数据处理软件(OIM-Analysis)界面

图6-11为HKL公司的EBSD取向成像子程序Tango内带的作图类型定义界面。可见,除可用欧拉角、相组成、菊池带衬度等作图外,还可作Schmid因子或Taylor因子分布图。在这两项上,国内利用得还不够。

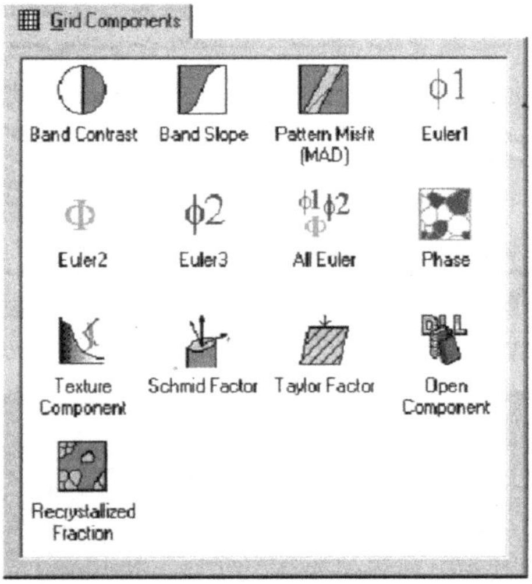

图6-11 HKL公司的取向成像子程序Tango内带的作图类型(或取向组分设置)定义界面图

类似地还有对晶界线设置的界面。

作出这些图的意义不仅在于建立了形貌位置与取向的对应关系,还在于这类图上的所有参量都可定量化。

图6-12给出用取向成像软化包Tango产生的3个欧拉角的分布图(图6-12*a*)、菊池带衬度图(类似形貌图,图6-12*b*)、某些织构组元分布图或相分布图(图6-12*c*)。由此可算出某一织构组分的百分数,小角度晶界的百分数和总长度,第二相(马氏体)的百分比。

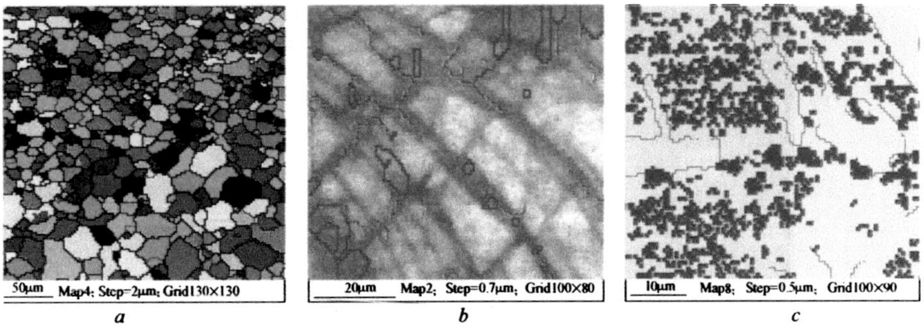

a *b* *c*

图6-12 用HKL软件包Tango处理的取向成像数据

a—以3个欧拉角表示的热轧镁合金AZ31的取向分布;*b*—缺陷相对分布图,菊池带衬度图,镁合金内的切变带;*c*—奥氏体、马氏体两相分布图(黄色为fcc奥氏体基体,蓝色为bcc马氏体)

图6-13给出用HKL-Channel软件包中的Tango子程度生成的热轧铝板退火初期的取向成像。在得到组织形貌的同时,可看到主要关心的取向对应晶粒的特点,如立方取向区域和S取向区域,见图6-13*a*。菊池带衬度图中可看到几个再结晶晶粒高质量的现象,见图6-13*b*。借助Legend窗口可直接读出各取向区域的面积百分数。

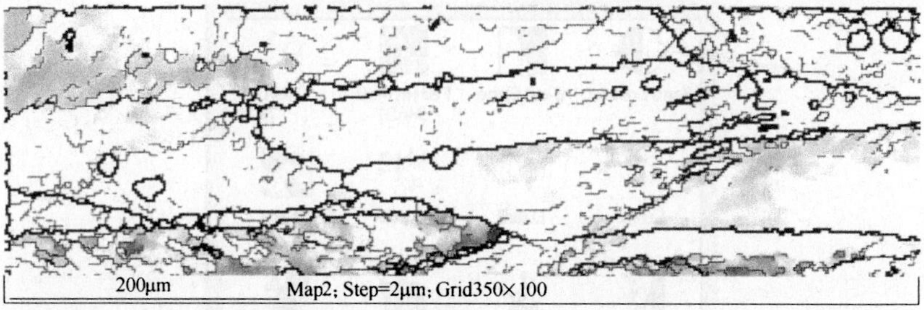

a

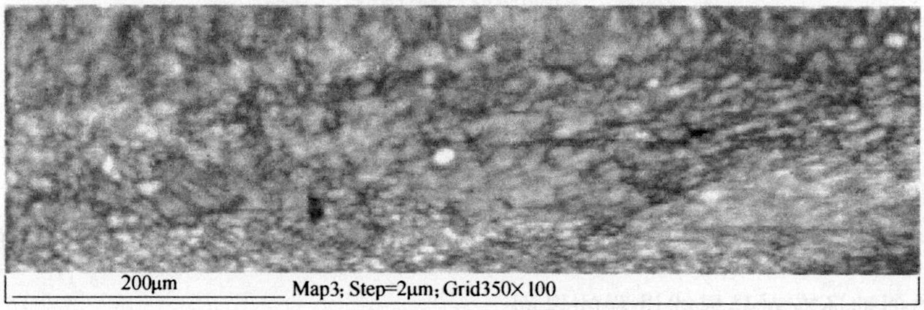

b

图6-13　热轧铝板短时退火中的组织

a—取向成像图(侧面;红色:立方取向;紫色、绿色:S取向)

b—菊池带衬度图(注意再结晶晶粒)

图6-14是牛津仪器公司的INCA CRYSTAL数据分析软件(INCA MAPPING)

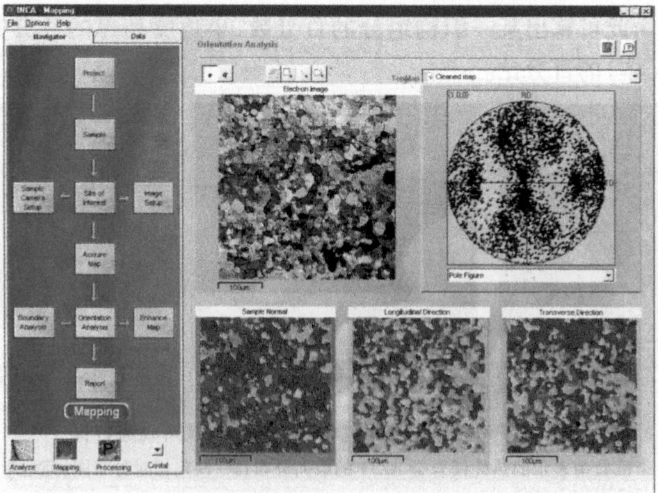

图6-14　牛津仪器公司INCA CRYSTAL数据分析软件界面

界面。左侧为整个 EBSD 分析用的导航系统。右侧为形貌图、极图及取向成像图。

6.5 如何评价所测数据

得到 EBSD 原始数据后，在使用软件处理数据生成各种图之前，最关键的是对测出的数据的可靠性、可应用性有个评价。比如，成功率有多少，误标的点多不多和呈怎样的分布，绝对取向对不对，是否有图像漂移，放大倍数是否对应，等等。下面分别讨论这些问题。

（1）因样品制备的好坏程度不同，样品本身变形程度、弹性应变或缺陷多少不同，常会遇到标定率在 95% 以下的情况。一般铸造样品、再结晶样品标定率高，形变金属标定率低。热形变样品比冷形变样品标定率高，硬材料比软材料标定率高。场发射枪的 EBSD 标定率高于普通钨丝枪 EBSD 标定率。同一样品中大形变区域标定率低于小形变区域；晶界附近及形变不均匀区的标定率较低。很难说标定率多低时数据便不可使用了，除非所关心区域的取向未能测到，是盲点或误标点，否则测到的数据都有用。比如，形变样品标定率是 70%，至少得出标定区晶粒的取向，它们可能是大晶粒的取向或再结晶晶粒的取向，它们也提供了重要的取向信息，即哪些取向的晶粒内形变小或缺陷少。

（2）太短的 FRINT（frame integration）设置时间使新一行的取向数据继承了上一行的取向数据，见图 6-15。这时应将取向获取软件中的 Delay 时间加长。

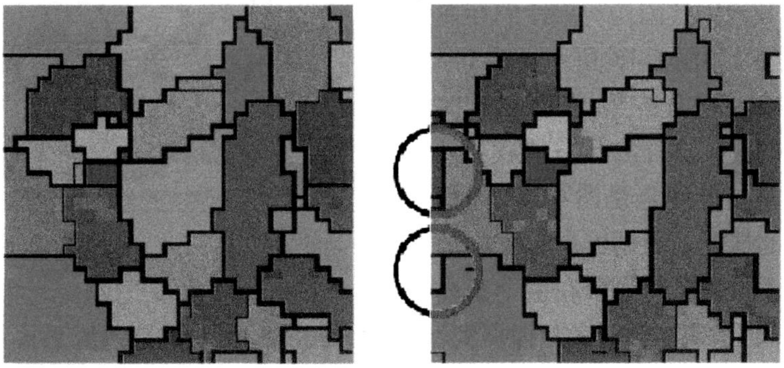

a *b*

图 6-15 太短的 FRINT 设置时间使新一行的取向数据继承了上一行的取向数据[1]
a—标准的 FRINT 设置时间；*b*—太短的 FRINT 设置时间

（3）误标点的特点是许多零散的随机取向点，如图 6-16 所示。这就加大了取向分布中的背底强度，使织构变弱。前面介绍过，对 EDAX-TSL 系统，可用清除低 CI 的方法滤掉这些不正确的数据。

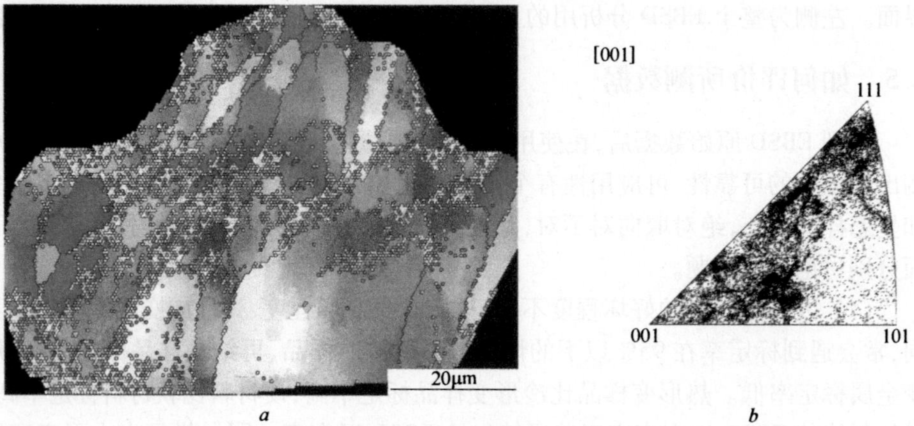

图 6-16　金丝球键合的取向成像(a)以及散点表示的反极图(b)
(图 a 中小点为误标的点;图 b 中有许多"随机"取向)

(4) 有时取向成像图中晶粒内出现水平的条状物,见图 6-17,主要在钢中出现。取向差分布图显示显著的 30° <111>取向差,它与重合位置点阵($\sum 13b = 27.8°$ <111>)的取向关系对应。其原因是因伪对称性的存在而造成误标,如图 6-18 所示。从 bcc 的[111]轴看不出差异,像存在 6 次对称性,见图 6-18a,实际只能存在 3 次轴。或是不能确定是图 6-18b 的情况还是 c 的情况。问题出在能区分 3/6 次对称性的关键菊池带在整个菊池花样图的边上,未能被有效地捕捉到,或因指数太高,自动识别系统只按衍射强度顺序找菊池带。出现这类条形物后,可按图 6-7 中使用 Tango 子程序的 noise reduction 功能将这些点去除,但有时人工处理的工作量较大。

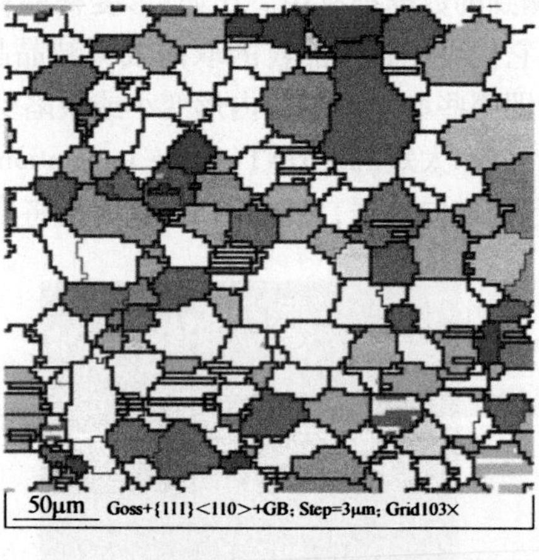

图 6-17　晶粒内出现的水平条状物

图 6-19 是六方结构中常出现的 30°[0001]伪对称性造成的大量红色点状误标,这可在取向差分布中明显看到。图 6-19b 是采用在 Match Units 文件中定义伪对称性从而消除了伪对称性造成的误标。

可通过下列方法减少伪对称性造成的误标:

(1) 缩短 EBSD 探头到样品的距离 DD,这样可捕获更多的菊池带;

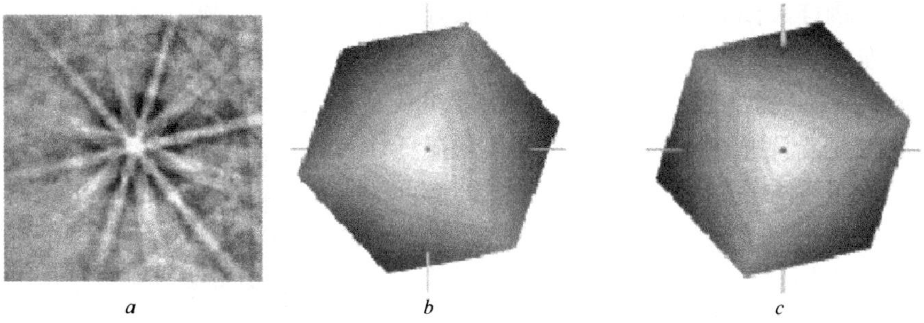

图 6-18 伪对称性的存在

（从 bcc 的[111]轴看不出差异，像存在 6 次对称性[1]）

a—bcc <111> 菊池图；*b*—可能性一；*c*—可能性二

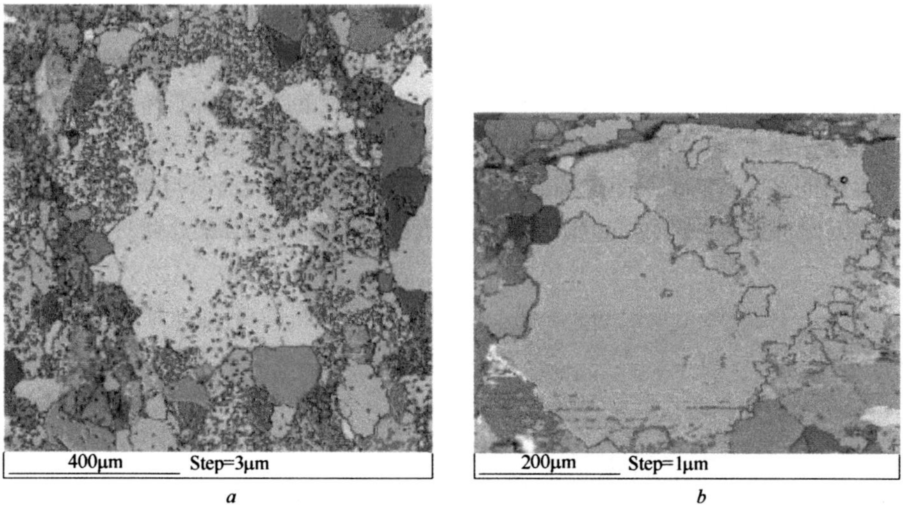

图 6-19 六方结构的石英中出现的 30°[0001]伪对称性[1]（*a*）以及采用在 Match Units 文件中定义伪对称性消除伪对称性（*b*）

（图 *a* 中的点表示出现伪对称性）

（2）增加 *. HKL 库文件中的晶带数目，从而可用高指数面标定；

（3）用双带边线代替中心线标定，以减小取向数据的误差；

（4）应用"Applied band width"功能；

（5）在 Tango 取向成像分析软件 Noise Reduction 窗口下用"Remove symmetric misindexing"功能。

此外，Channel 5 软件中，还可通过在 Match Units 文件中定义伪对称性的种类，采用取向转动等方式，基本消除伪对称性。详细步骤见 HKL Channel 5 使用说明书。

（6）因样品截取不当、SEM 中样品放置位置不准或 EBSD 系统标定的不好，或坐标系选择的不对，都会使测出的 EBSD 数据或做出的图是错误的，并且使用者对这些未能察觉。一般要靠使用者经验来判断。如轧制形变的铝，没有得到典型的轧制取向。图 6-20 为具有轴对称变形的金丝压缩样品，得到偏转的取向。表明，中心有近 5°的偏差；同时缺少绕轧向 *RD*（*Φ*）90°的转动，正确结果应是绕 *ND* 的同心环（丝织构）。这些都可通过数据转动而调整过来，而不需重测。

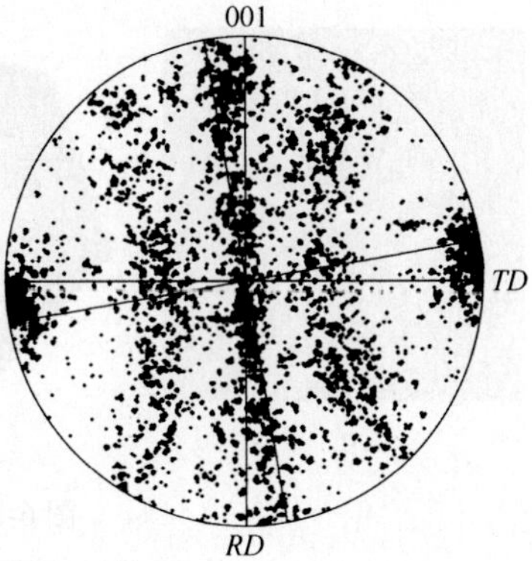

图 6-20　金线自由球取向的{001}极图

（7）图像漂移或多或少都存在于 EBSD 取向成像过程中，特别是用标定速度较慢的老版本系统对晶粒尺寸很小、并要大面积进行取向成像时易出现，如图 6-21 所示。图 6-21*a* 中上部晶粒被压缩，表明图像有向上的漂移；而图 6-21*b* 上侧晶粒沿垂直方向被拉长，表明图像向下漂移。因样品为普通热压缩的低碳钢，不应有导电不良的问题。初步认为是电流束太大，加上 EBSD 探头也是带电体，两者相互干扰所致。聚集在样品表面的电荷未能及时传走。但取向数据是正确的。

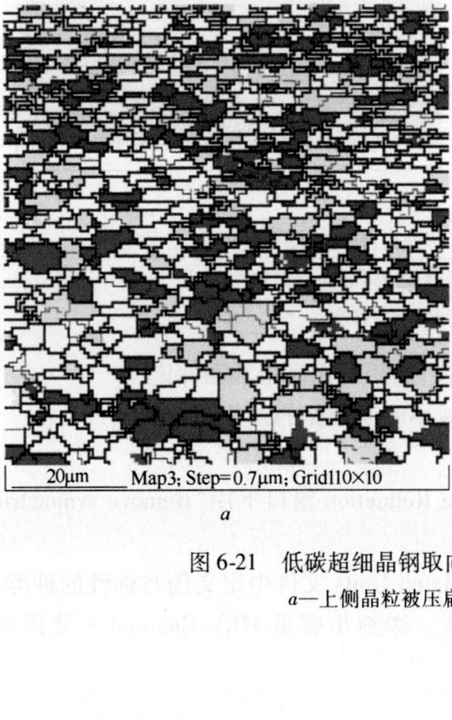

a

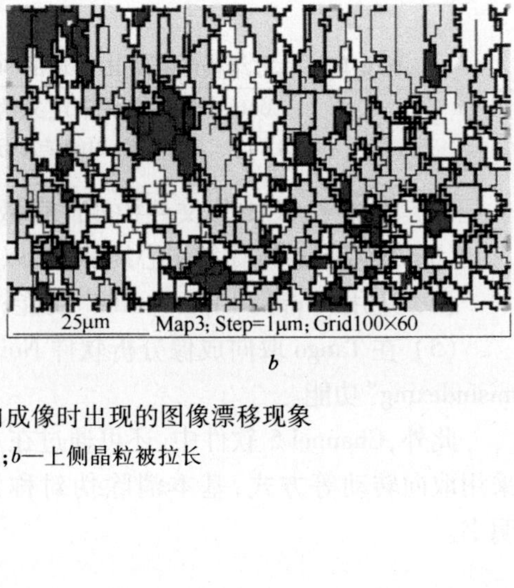

b

图 6-21　低碳超细晶钢取向成像时出现的图像漂移现象

a—上侧晶粒被压扁；*b*—上侧晶粒被拉长

6.6 其他方面的分析(Schmid 因子,Taylor 因子分布)

在 HKL 及 EDAX-TSL 公司的 EBSD 软件中,除前面提到的最基本取向信息(极图、反极图、取向差分布、取向成像图、晶粒尺寸分布、ODF)外,还有一些似乎不太常用的特殊功能,如计算 Schmid 因子和 Taylor 因子分布,弹性模量分布等。因它们只是标量数据,可用灰度表示,也可用不同颜色表示。

在材料专业本科生《材料科学基础》课程中"形变"一章学到过分切应力定律,或称施密特(Schmid)定律。它的含义是:作用在晶体上的一个单向正应力 σ 在滑移面、滑移方向上的等效切应力 τ 的大小为,$\tau=\sigma\cos\alpha\cdot\cos\beta$。式中,两个几何角 α,β 定义了晶体滑移系和外界应力间的几何关系,称取向因子或 Schmid 因子。按临界分切应力定律,晶体在滑移面、滑移方向滑动所需的应力是一个与材料本身结构相关,而与外力大小无关的定值。因此,Schmid 因子的大小决定了该取向晶体的软、硬。Schmid 因子大,对应取向的晶体处在软取向状态,即该晶体容易滑移;相反,Schmid 因子小,对应取向下的晶体就"硬"而不易滑移。在教科书中介绍 Schmid 因子时,是脱离了晶体取向的概念,即不介入外界样品坐标系,这时,Schmid 因子的含义比较简单。实际应用时要参考外界坐标系,即要对某一取向 $(hkl)[uvw]$ 的晶粒算出其取向因子的大小。若知道晶粒的取向、该结构的滑移系或孪生系、外部应力状态,Schmid 因子就可确定并可算出。该算法在第 4 章第 4.1.3 节已介绍。同样,多晶体的晶粒取向分布确定了,Schmid 因子的分布也就确定了,并可用图形表示出来。这样就可知道哪些晶粒应当先变形,即是软取向(只发生单系滑移);哪些是硬取向(多系滑移)。类似地,按第 4 章介绍的六方结构四轴制换算成正交的三轴制的方法,就可算出六方结构的 Schmid 因子。单向应力作用下的 Schmid 因子最大值是 0.5,平面应变压缩或轧制条件下,Schmid 因子是两个力作用之和(轧向的拉应力和法向的压应力),最大值是 1。

对取向是随机分布的多晶体,平均的 Schmid 因子值 m_s 的倒数 $M_s=\dfrac{1}{m_s}$,称萨克斯(sachs)因子,它是大于 1 的数。注意,Sachs 因子是针对多晶体变形而提出的。Taylor 因子也是针对多晶体变形提出的,它不能与一个晶粒的 Schmid 因子的计算完全对应,但也是倒数关系。

提到 Taylor 因子,要首先了解 Taylor 塑性变形理论[2]。它是专对多晶变形而言的。多晶体均匀变形要求每个晶粒内至少有 5 个独立滑移系,从而保证实现任意一种方式的变形,最后完成多晶体的均匀变形。fcc 有 12 个滑移系(5 个独立滑移系),从这 12 个滑移系中选 5 个有 386 种,具体哪一种是不确定的。Taylor 给出附加条件,能产生最小滑移和最小形变功的 5 个滑移系就是要找的那一组。这个条件可表达为:

$$d\varepsilon = m_{T}\sum_{s=1}^{5} d\gamma_{s}$$

确定好了这些滑移系，在给定外界应力状态下，就可算出各晶粒的 Schmid 因子，并按下式求出 Taylor 因子。Taylor 因子定义为：

$$M = \frac{\sigma_x}{\tau} = \frac{d\gamma}{d\varepsilon_x}$$

式中，σ_x 为多晶体中的正应力；ε_x 为正应变；τ 为切应力；γ 为切应变。γ 是 5 个独立滑移系组合产生的切应变之和，它们产生的 γ 为最小，做功也最少。Taylor 因子表示晶体抵抗塑性变形的能力。Taylor 因子既是晶粒取向的函数，也是外界应力场的函数。Taylor 因子越大，说明变形需要大量的滑移，消耗大的形变功。对某一个晶粒来说，它只有一个取向，算出的 Taylor 因子值说明它要在特定的外应力下要经过大的塑性变形还是小的塑性变形。而 Schmid 因子只说明它先滑移还是后滑移，滑移时所需的应力小还是大。两个参数有一定联系又有明显的差异。因是倒数关系，Schmid 因子越大，该取向越软，易滑移，Taylor 因子越小。从随机取向分布算出的 Taylor 因子比平均的 Schmid 因子的倒数（也称 Sachs 因子）要大。对 fcc 结构，Taylor 因子 M_T 等于 3.06，而 M_S 等于 2.24。

图 6-22 给出按 Y 方向拉伸，X、Z 方向压缩的外应力场条件算出的（即单向拉伸条件）Taylor 因子分布，见图中的图标。红色为高 Taylor 因子值晶粒，表明这些晶粒的变形难，需要高的形变功。

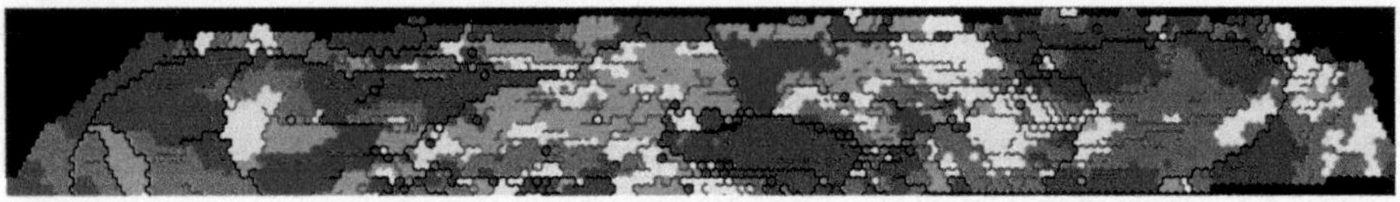

Color Coded Map Type: Taylor Factor

Deformation Gradient:

$$\begin{matrix} -0.5 & 0.0 & 0.0 \\ 0.0 & 1.0 & 0.0 \\ 0.0 & 0.0 & -0.5 \end{matrix}$$

	min	max	Total Fraction	Partition Fraction
	2.2778	2.55704	0.069	0.069
	2.55704	2.83627	0.140	0.140
	2.83627	3.11551	0.146	0.146
	3.11551	3.39475	0.210	0.210
	3.39475	3.67398	0.246	0.246

图 6-22　金丝倒装键合后取向成像数据基础上做出的 Taylor 因子分布图

参考文献

1 HKL-channel5 user menu

2 Red C N. Deformation geometry for materials scientists. London: Pergamon Press, 1973

7 电子背散射衍射技术的应用I——基础研究

▶本章导读

在掌握了与EBSD技术相关的晶体学原理和初步了解了EBSD技术硬、软件使用步骤后，接下来的内容就是如何用EBSD技术研究和解决材料中的问题。一本只介绍原理和使用方法的书，显然是不完整的，只有加入如何应用和解决怎样的问题，才是完善的。EBSD技术可用于固态晶体在各种加工条件下的结构、取向及相关信息的分析，相关的EBSD技术应用的文章很多，本书不准备对各种EBSD应用文章做详细的综述(受版权限制，也没有必要)，只对在其他领域中的应用做一个简单介绍，然后集中介绍作者在金属的形变、再结晶方面的研究例子，目的是使读者从对EBSD技术的认识、概念的理解过渡到揭示或解决材料微观过程的材料研究中的问题阶段。同时又可看到，仅形变、再结晶方面，1~2个人就可做出不少的工作。若材料各领域的研究人员都能有效地应用EBSD技术，我国EBSD技术应用的整体水平将有大的提高。EBSD技术绝不是一种点缀性的工具，而是可以实实在在地解决一些其他测试技术难以完成的问题。本章首先简单综述EBSD在其他领域的应用，再比较详细地介绍一些应用EBSD技术解决的材料学基础理论问题。第8章重点介绍EBSD技术在一些有明确工业应用背景的材料问题上的应用。应强调的是，这只是习惯划分，便于阅读而将它们分开。从应用上希望读者注意两个层次：一是EBSD"初级"的应用，主要指对所测数据基本没有加工，直接通过测出数据的极图、反极图，取向成像图等了解材料发生的微观过程，这个过程有点像"看图说话"；二是EBSD"中级"的应用，这里指一些通过EBSD数据的进一步处理，以及加入相关的一些知识及分析，从而更进一步得到材料过程信息的例子。希望读者在阅读时对这两层含义有所关注。毕竟本书是想引入EBSD对材料的分析，而不是所介绍例子本身所涉及的领域。还有一点请读者注意，本章及下一章的研究内容的理解需要对相关问题的材料学背景知识有较多的理解，这可能是刚学习完《材料科学基础》和《材料分析方法》的学生所不具备的，因而可能造成理解上的困难。本章与前面各章在风格上和难度上可能有一定的差异，但并不需要读者完全理解。

7.1 EBSD技术在晶体材料各领域的应用

EBSD技术在金属、陶瓷、地质矿物等领域，在凝固、变形、半导体制造、相变、腐蚀、断口等方面都有广泛的应用。特别是在地质学上，使地质学者对地质/矿物的演变的认识有个大的飞跃。A. Tommasi 等在"NATURE"杂志上发表了用 EBSD 技术收集形变矿物的取向，与各向异性的热导值建立联系，从而建立了热变形地质结构演变规律的理论[1]。类似的还有 M. Bystricky 和 K. Kunze 等在"SCIENCE"杂志上发表的用取向成像技术分析了地球表面橄榄石(Olivine)高温下流变过程[2]。在第 2 章 EBSD 发展历程中提到最新的 3D-OIM 技术，即借助在 SEM 中安装 FIB 硬件和 EBSD 技术人员开发出的处理各层 EBSD 数额、构建三维取向成像图的软件，使 EBSD 技术有了新的应用。图 7-1 是 EDAX-TSL 公司新开发的三维 EBSD 数据可视化软件处理的图像(OIM™ 3D Visualization Software)[3]。

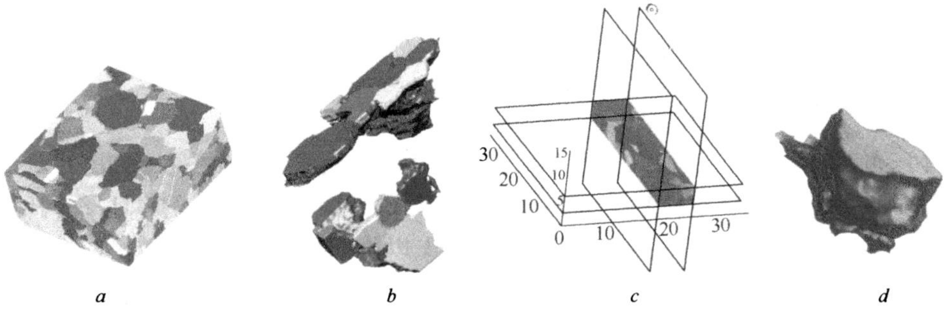

图 7-1 EDAX-TSL 公司新开发的三维 EBSD 数据可视化软件处理的图像[3]

a—从镍组织中得到的 3D 取向图(反极图)；*b*—从 3D 取向成像图中取出的晶粒进行旋转、缩放分析；*c*—从 3D 取向成像中取出一个微区从 6 个方向分析；*d*—从 3D 取向成像中取出一个含孪晶的晶粒进行分析

铜薄膜在半导体器件超大规模集成电路中有着重要的作用，每块集成电路芯片上有超过 1 百万个集成电路元件。在铜材料选定后，希望铜互连线内的电阻和电子漂流尽可能低。这些参量受晶粒尺寸、微织构和晶界特性的影响。图 7-2 给出EBSD取向成像分析铜薄膜的织构与组织的例子[4]。样品未经进一步的处理。

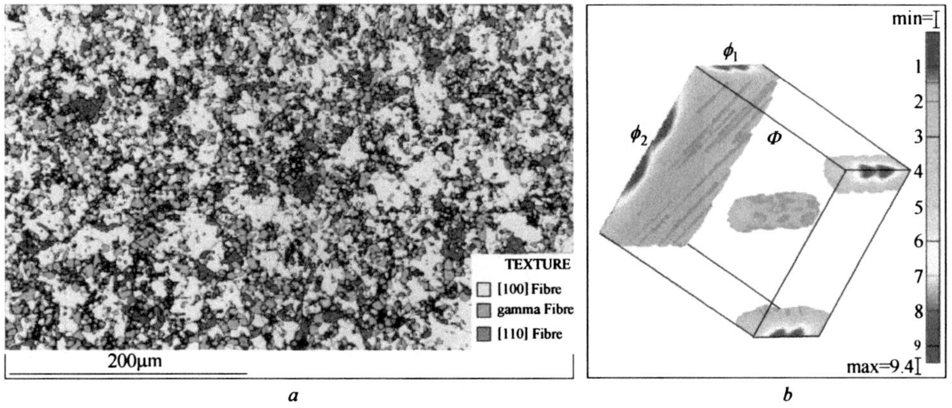

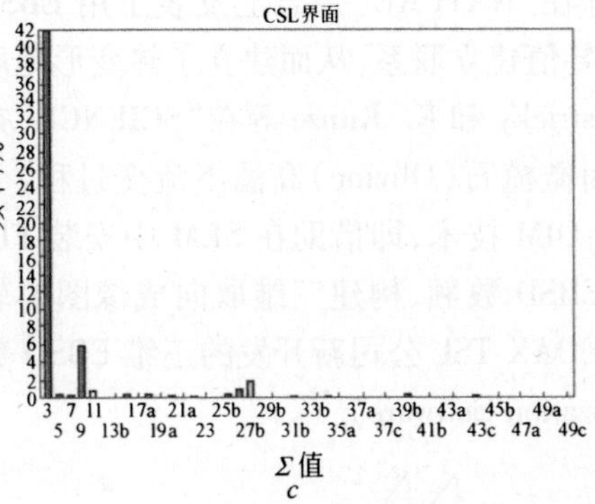

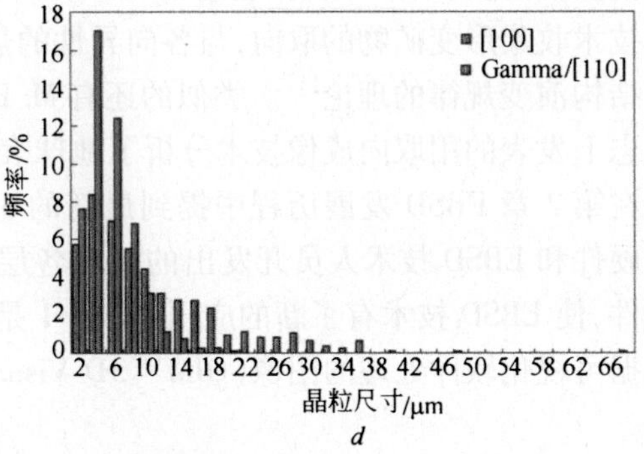

图 7-2　铜薄膜的取向成像分析[4]

a—取向成像图；*b*—三维的 ODF；*c*—相符点阵 CSL 关系晶界的分布

d—不同取向晶粒的尺寸分布，Gamma 指{111}取向的晶粒

图中浅绿色是{100}‖膜面取向的晶粒，紫色是{111}取向的晶粒。可见，大部分区域是{100}取向，且晶粒尺寸较大。三维 ODF 再现了强的{100}织构和弱的{111}织构（图 7-2*b*）。取向差及转轴分布出现强的孪晶关系 Σ3，以及二次孪晶 Σ9 和三次孪晶 Σ27 关系（图 7-2*c*）。孪晶界一般很稳定，难以迁移，这正是所希望的。晶粒尺寸分布表明（图 7-2*d*），{100}晶粒比{111}及{110}晶粒尺寸明显大，这里得出了定量的结果。

图 7-3 给出石英矿石的取向成像[5]，目的是了解其变形的特点。希望从晶界特征分布来给予地质学家石英变形的信息。由图 7-3*a* 可见，大部分区域是等轴晶，

补充案例1

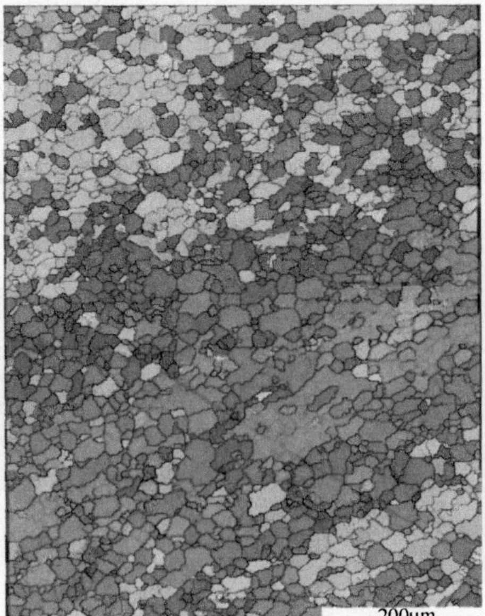

a

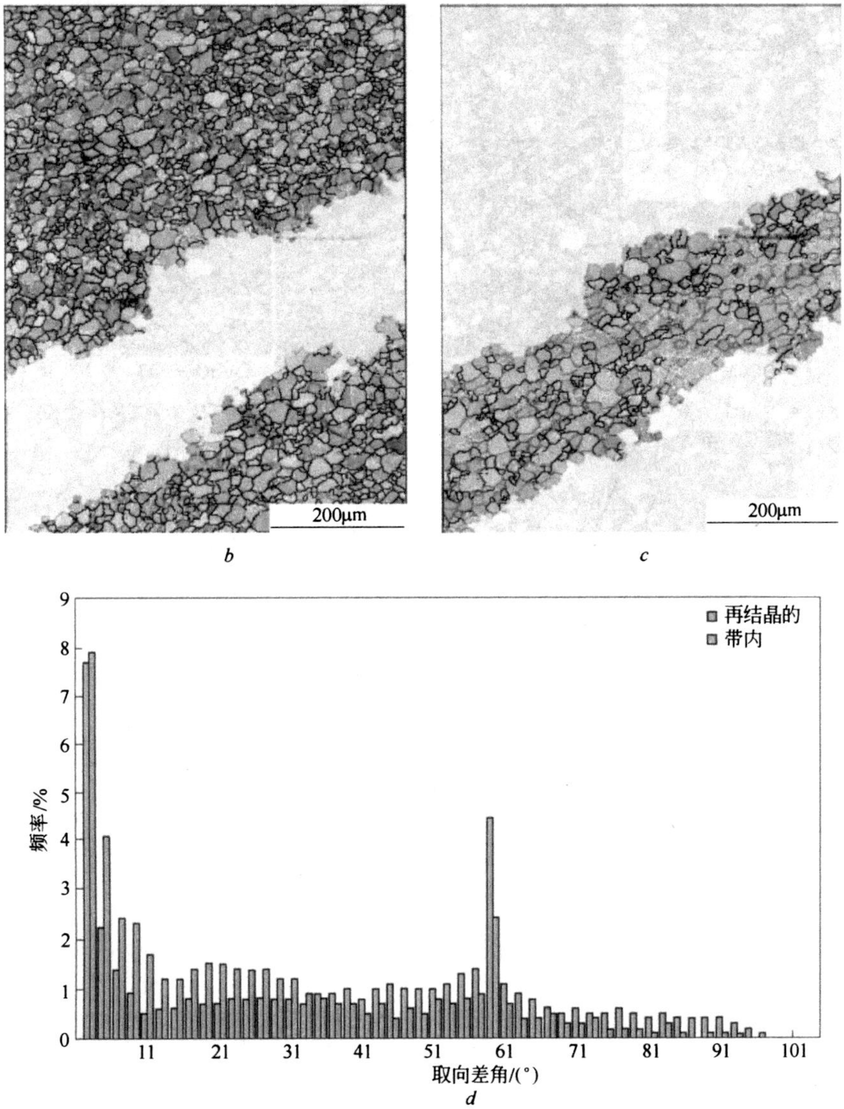

图 7-3 石英矿石取向成像分析[5]

a—取向成像图；*b*—再结晶区域；*c*—带状区；*d*—取向差分布

这是动态再结晶造成的；图的中间有一层带状区域，取向基本一致，是形变晶粒的形貌。将两种区域分开并加以突出（highlight），见图 7-3*b*，*c*，分别计算取向差分布，见图 7-3*d*。可见两种区域内都存在大量的亚晶界和孪晶界。亚晶界的大量存在说明以转动方式进行连续式动态再结晶。孪晶的成因尚不清楚。

图 7-4 是一个氧化铜 - 氧化铝扩散偶中相鉴定的例子。扩散偶相界面生成两个新相 $CuAl_2O_4$ 和 $CuAlO_2$。图 7-4*a* 给出由菊池带质量反映的形貌图和各相的菊池

a

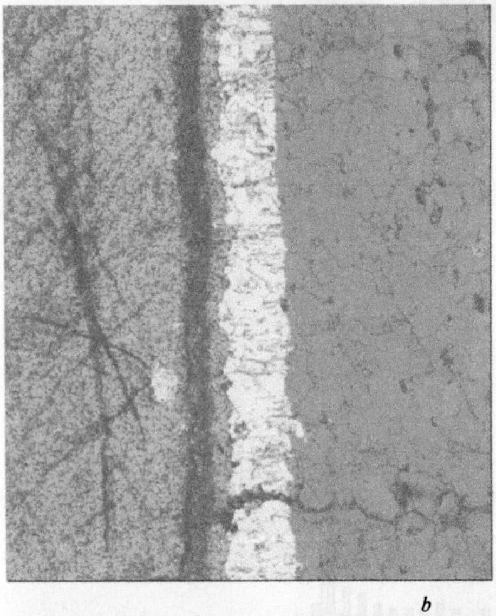

补充案例2

灰度图模式(*a*)：图像质量(IQ)

不同色彩填充图(*b*)：相

Phase	Total Fraction	Partition Fraction
Al_2O_3	0.417	0.422
$CuAl_2O_4$	0.140	0.142
$CuAlO_2$	0.120	0.121
Cu_2O	0.312	0.315

b

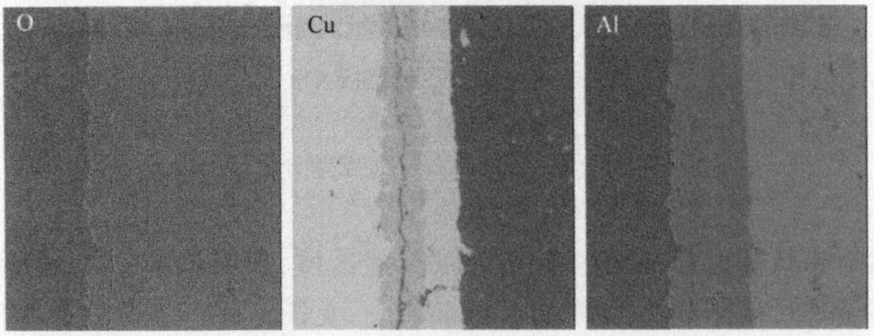

c

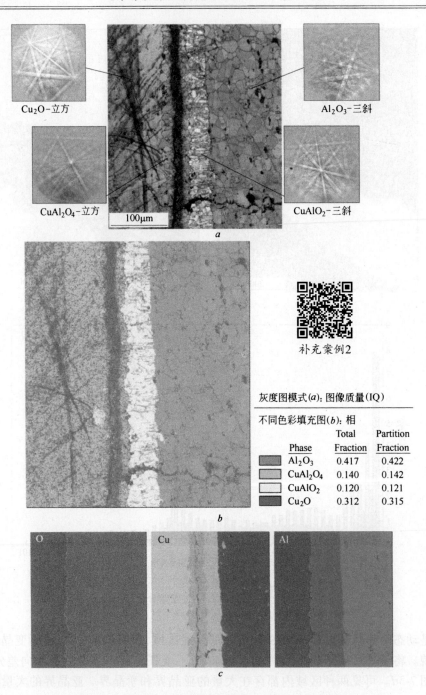

图 7-4　多相合金扩散偶的相鉴定(EDAX-TSL 数据)

a—菊池花样质量图及各相的菊池花样；*b*—EBSD 相鉴定的结果及各相百分率；

c—能谱仪测出的氧、铜、铝在各相中的分布

花样及晶体结构,可明显看到不同的扩散层。图 7-4*b* 中给各相的标定结果及各相的面积百分率。图 7-4*c* 给出能谱仪测出的元素铜、铝、氧在各相中的面分布。可见,与四种氧化物中的元素含量对应,这些成分信息从另一方面确定了各相。

7.2 EBSD 技术在基础研究中的应用

7.2.1 EBSD 技术在分析金属形变时内部存在的形变不均匀性中的应用

由于多晶体内各晶粒取向不同,形变时各晶粒内滑移出现的早晚及数目都不同,位错间交互作用的强弱也不同,晶内的取向差分布则一定不同,形变组织也不同。因此,多晶形变应不会是均匀的。这种差异对样品随后的动(静)态再结晶或相变有不同的影响。用 EBSD 技术可很方便地测出这种差异,并为确定再结晶形核规律提供依据。以下给出两方面的例子:一是确定 bcc 结构的低碳钢中两类取向晶粒内的形变差异;二是给出 fcc 结构铝中形变不均匀性对第二相析出先后和形态的影响。

7.2.1.1 bcc 低碳钢压缩变形时形变不均匀的分析

图 7-5 给出低碳钢 700℃热压缩后从样品侧面观察得到的组织。从图 7-5*a* 光学镜照片可见,热形变的铁素体中一部分为白色,另一部分为灰色(黑色区为压碎的珠光体团)。图 7-5*b* 的扫描照片表明,光学镜下的白色区域在电镜下是黑色凸起的,受侵蚀程度小;而光学镜下灰色晶粒在扫描电镜下是浅色的、下凹组织,说明受侵蚀较重。灰色区含晶体缺陷较多,白色区(或扫描电镜下的黑色区)含晶体缺陷较少。宏观织构的测定表明,bcc 压缩变形将导致{100}和{111}织构,这使我们推测,这种组织差异是晶粒的取向不同造成的。

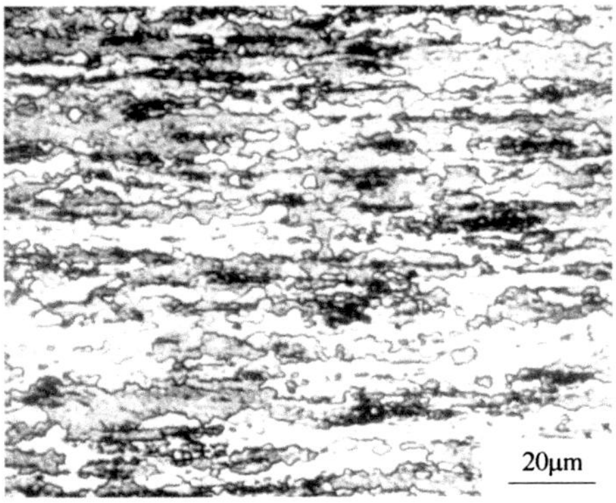

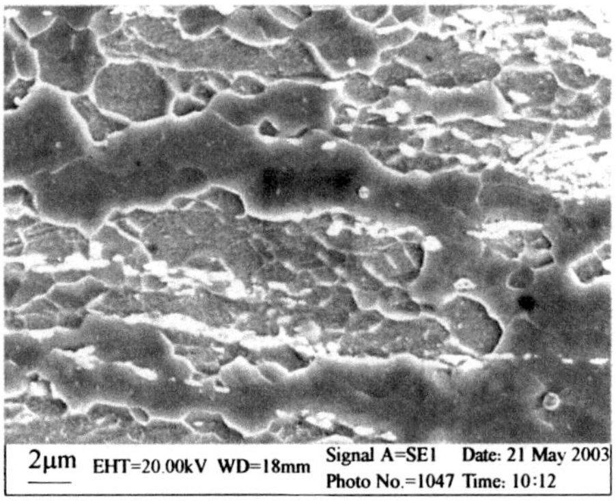

图 7-5 光学镜(*a*)及扫描电镜(*b*)下不同灰度的组织照片[6]

(Q235 低碳钢压缩样侧面,700℃,应变 1.4)

图7-6为加热到700℃应变1.4后的08钢取向成像结果。图7-6*a*显示明显的灰度和微观组织不均匀性。左下角为取向成像区域。图7-6*b*为取向成像图,黑色为{111}晶粒(最大取向偏差15°),灰色为{100}晶粒。图7-6*c*为取向的反极图表示(用散点表示,从而可看出取向偏离理想取向的程度),显示只有两种织构。对比图7-6*b*和图7-6*a*左下角的区域可知,图7-6*a*中的黑色形变晶粒为{100}取向,晶粒内部(亚)晶界少;浅色区域为{111}取向晶粒,晶粒内部(亚)晶界多。该图表明,不同取向的晶粒内的形变不均匀性是取向不同本身造成的,或称形变组织的取向依赖性。通过此结果建立了形变铁素体的取向与光学镜和扫描电镜下亮、暗灰度的关系,为在光学镜下可"观察"到两类取向的晶粒提供方便。

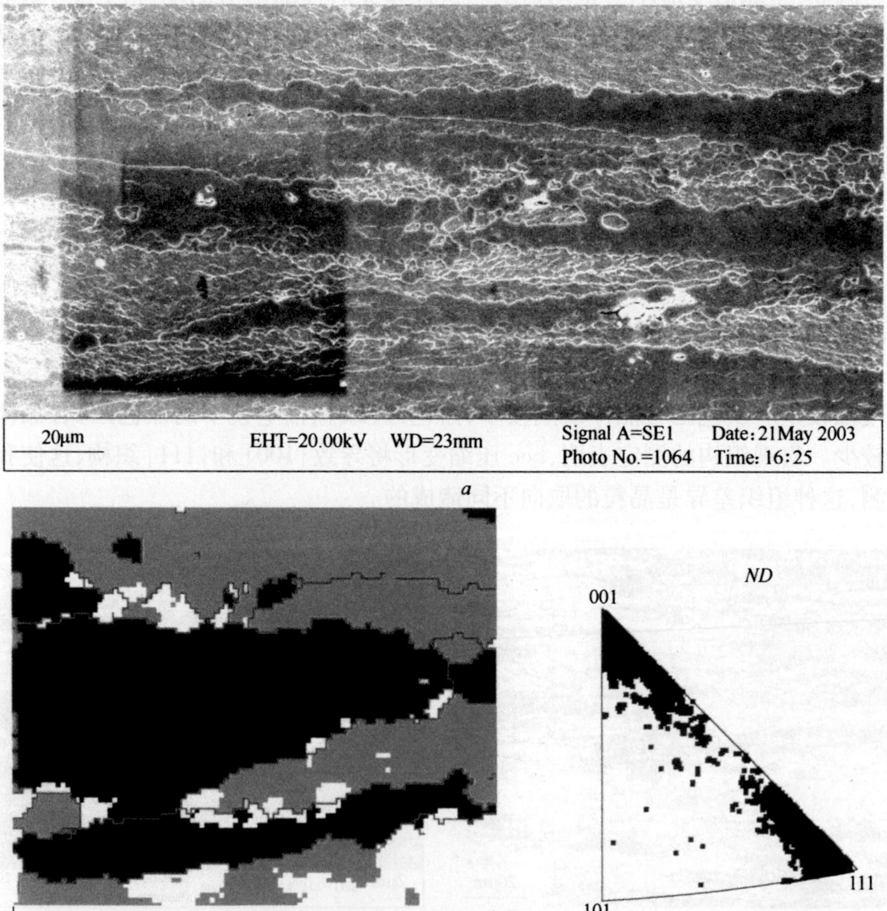

图7-6　08钢取向成像分析,压缩样品的侧面

a—组织照片;*b*—图*a*中左下角区域的取向成像;*c*—取向分布

事实上，前人已研究过纯铁形变晶粒的取向与其透射电镜下的组织形貌的关系。对形变后的纯铁，{100} ‖ 压缩面的形变晶粒在光学镜下表面平滑，在透射电镜下为均匀的胞状结构；{111} ‖ 压缩轴的形变晶粒在光学镜下表面粗糙，在透射电镜下为显微带（microbands）[7]。{100}取向的晶粒形变储存能低，退火时回复充分，再结晶推迟；而{111}取向的形变晶粒形变储存能高，退火时先进行再结晶。对 IF 钢，再结晶的出现总伴随{111}织构的增强和{100}织构的减弱，而低碳钢热变形后再结晶却出现相反的情况。

7.2.1.2 fcc 铝锰合金大形变后取向差分布对析出的影响

图 7-7 显示了 Al-1.3% Mn 合金中不同晶粒内取向差的不同对过饱和固溶体第二相析出先后的影响。对比图 7-7*a* 和图 7-7*b*，*c* 可见，A 晶粒中铜型取向 *C* 和 *S* 取向晶粒内取向差大，粒子提前析出；而 *B* 晶粒中黄铜 *B* 取向晶粒内取向差小，粒子析出晚。图 7-7*d* 给出有析出物和无析出物两类区域内部取向差的测定统计结果，可见，取向差小的区域析出慢。显然，取向差大，亚晶界上位错密度高，形变储存能高，促进了第二相的析出。

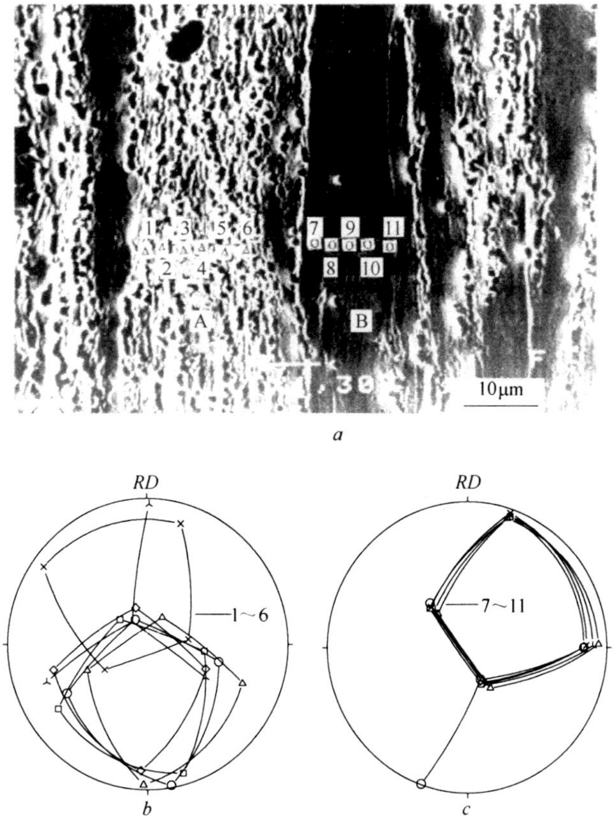

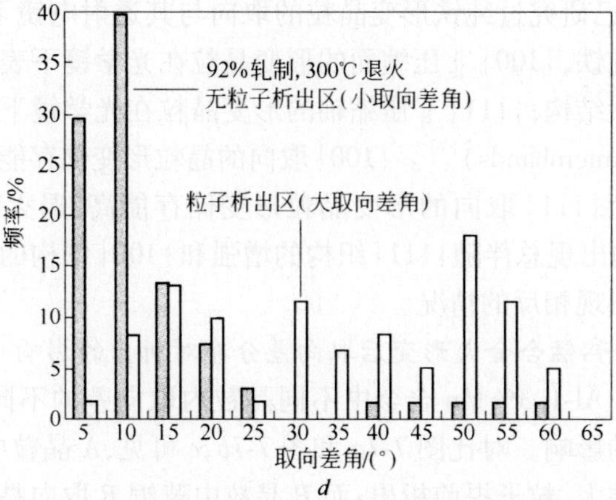

补充案例3

图 7-7　过饱和 Al-1.3% Mn 合金轧制形变后退火时析出动力学与基体取向的关系[8]

a—形貌像,显示不同基体中第二相析出速度不同;*b*—图 *a* 中 1 ~ 6 位置的取向;
c—7 ~ 11 位置的取向,{111} 极图;*d*—两类区域内取向差分布

图 7-8 给出不同取向晶粒内的取向差分布对析出相形貌影响的例子。随形变的过饱和固溶体退火时间的延长,原来析出速度较慢的黄铜 *B* 取向晶粒内也析出第二相粒子,并且形貌上比较规则,见图 7-8*a*, *b*。EBSD 测出这种规则形状的析出

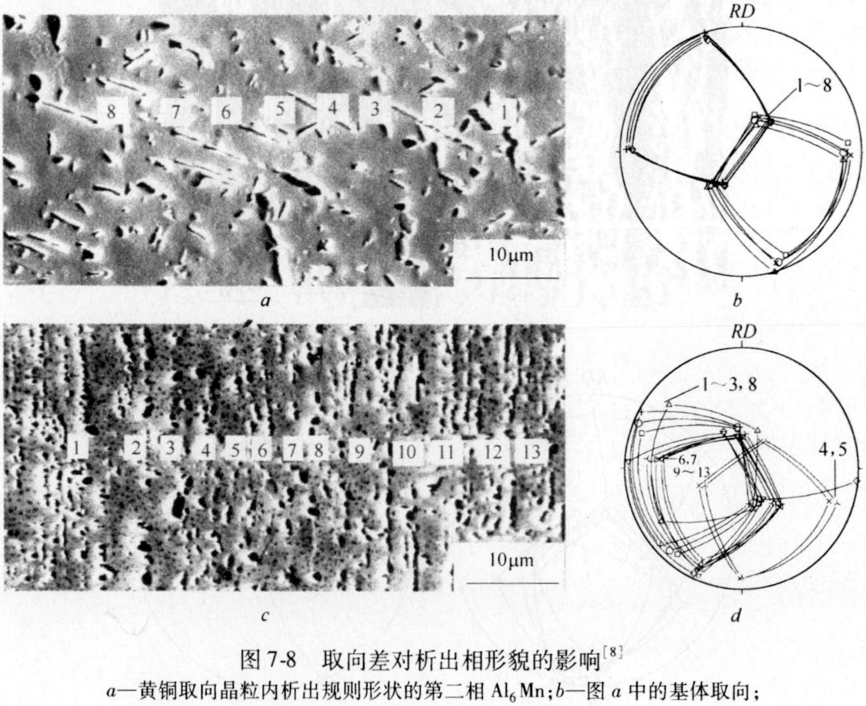

图 7-8　取向差对析出相形貌的影响[8]

a—黄铜取向晶粒内析出规则形状的第二相 Al_6Mn;*b*—图 *a* 中的基体取向;
c—非黄铜取向晶粒内取向差大,析出的圆形第二相颗粒;*d*—图 *c* 中基体取向;

物主要出现在 *B* 取向晶粒内；而其他取向的晶粒内析出第二相的形貌明显不规则，见图 7-8*c*，*d*。

本节解决的问题是：

（1）确定了 fcc、bcc 金属形变组织内部的形变不均匀性（形貌）与取向的关系；

（2）确定形变组织不均匀性对随后第二相粒子析出快慢和形态的影响；

7.2.2 EBSD 技术在金属静态再结晶过程分析中的应用

许多工业用结构件合金中都含有一定量的第二相粒子。在《材料科学基础》课程中介绍过，第二相粒子按其尺寸大小和体积量会对再结晶有促进作用或阻碍作用。大的第二相粒子的作用是通过在自己周围形成大形变量的所谓“形变区”（图 7-9*a*）而促进再结晶形核（见图 7-9*b*），最终是通过粒子促进形核（PSN，particle stimulated nucleation）提高形核率而细化组织，小的第二相粒子则通过钉扎晶界而阻碍再结晶。许多研究人员观察到含大的第二相粒子的样品再结晶后织构变弱，因而许多人认为，粒子周围形变区内亚晶取向是随机的，这里形成的新晶粒的取向也是随机分布的。利用 EBSD 技术可考察是否如此。

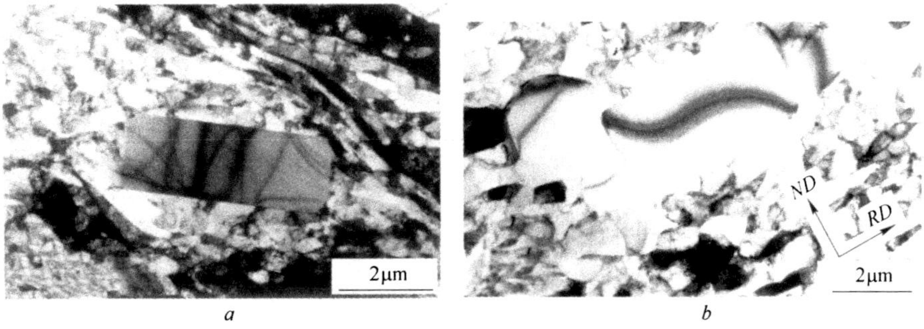

图 7-9　大的第二相粒子对形变及再结晶的影响

a—粒子周围的形变区；*b*—粒子促进形核

因为铝合金大变形后总是形成所谓的 β-线织构，它主要由铜型取向 *C*、*S* 取向、黄铜取向 *B* 组成，因此分别测定典型的 *C* 型取向和 *B* 型取向形变晶粒内第二相粒子周围亚晶的取向，特别注意寻找取向变化大的亚晶取向（通过与基体的菊池花样比较）。已知大形变区域的取向难以测出，通过短时回复退火以提高菊池带质量（严格来讲亚晶取向可能稍有变化）。图 7-10 是铜型取向 *C* 基体中粒子周围亚晶取向测定的结果。从所测结果可见，粒子周围亚晶取向有绕样品侧向 *TD* 轴逐渐转动到铜型取向 *C* 的互补取向的趋势，即转到另一个 *C* 取向，见图 7-10*b* ~ *e*。其中，在粒子轧向一侧基体内亚晶取向变化最大。

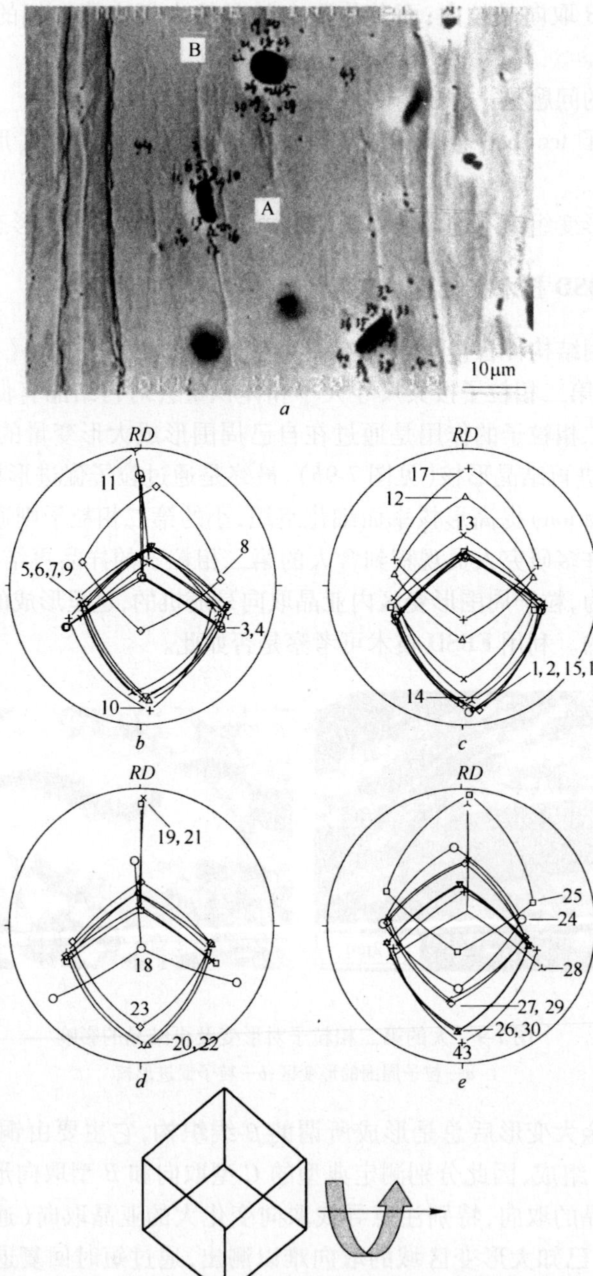

补充案例4

图 7-10 铜型取向 *C* 形变晶粒内部第二相粒子周围亚晶取向特点[9,10]

a—组织形貌（黑色孔洞处的第二相粒子已被溶解）；*b*～*e*—用极图表示的粒子周围亚晶取向变化；*f*—基体铜型取向 *C* 对应的单胞相对于样品坐标的取向及 *TD* 轴转动倾向

ZY 样品中晶粒的{0002}极点应在{0002}极图的圆周上，因测量时这个位置的 α 角太大，接近 90°，强度很低，改用测出的{$10\bar{1}0$}极图表示。这时，能看到中心一个{$10\bar{1}0$}极和环状两个{$10\bar{1}0$}极（一个取向在{$10\bar{1}0$}极图上有 3 个极点），见图 7-15*c*。

图 7-16 给出 *XZ* 试样 340℃下应变 0.60 后微区取向成像结果。为更清楚地表示，采用 EBSD 软件的 highlight 功能，即将等轴细小的再结晶新晶粒的取向用深色突出表示，而将形变基体晶粒的取向用浅色作为背底表示。可见两类晶粒的取向相近（极图中深色点为新晶粒取向，浅色点为形变晶粒取向），这就表现了连续式动态再结晶的特征，即新晶粒通过亚晶逐渐转动而形成。

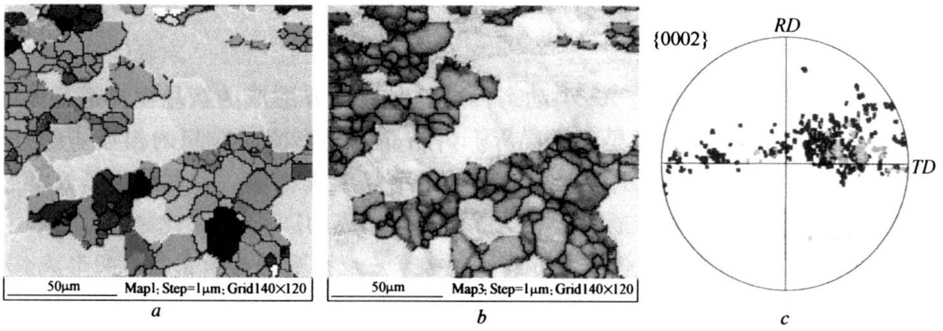

图 7-16 应变量对 *XZ* 试样两类晶粒取向变化的影响（340℃）

a—取向成像；*b*—动态再结晶区域应变 0.60；*c*—两类区域的取向

图 7-17 给出 *ZY* 试样 340℃下 0.25 应变后的微区取向成像分析。虽然初始织构不同，但是形变晶粒与再结晶晶粒的取向仍然相近，说明再结晶仍以连续的亚晶转动方式进行，并且形核地点主要在晶界。

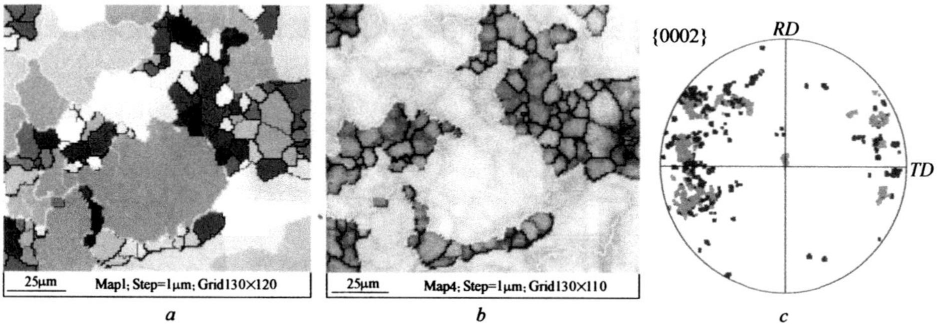

图 7-17 应变量对 *ZY* 试样两类晶粒取向变化的影响（340℃）

a—取向成像；*b*—动态再结晶区域应变 0.25；*c*—两类区域的取向

图 7-18 为 *XY* 试样 340℃，0.25 应变后的微区取向成像结果。虽然初始取向不同，两类晶粒仍然保持接近的取向关系。新晶粒也主要在原始晶粒的晶界上形成。

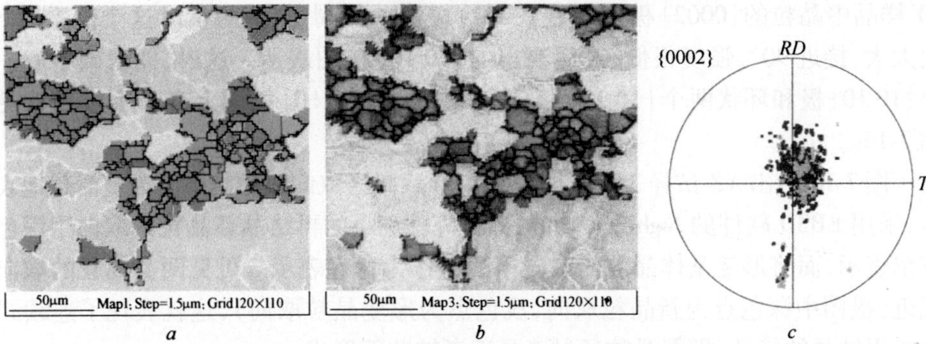

图 7-18　应变量对 *XY* 试样两类晶粒取向变化的影响[13]（340℃应变 0.25）

a—取向成像；*b*—动态再结晶区域；*c*—两类区域的取向

以上结果表明，镁合金 AZ31 动态再结晶时在晶界形成的新晶粒都是基体取向的偏转取向，其中一些还是小角晶界。再结晶仍是形变晶粒间的相互切动“摩擦”碎化产生的，不同初始织构样品的动态再结晶模式相似。表现出连续式动态再结晶的特点，即新晶粒是通过亚晶的逐渐转动形成的。

7.2.3.2　利用取向成像分析 hcp 镁合金大应变热变形时长条晶粒的形成

在热加工（热轧、热挤压）的镁合金中常存在一些长条状晶粒，其周围是细小的等轴动态再结晶晶粒。关于它的形成有两种看法：一是认为原来是等轴晶，高温下有合适的晶粒取向和足够的独立滑移系（如 <*a* + *c*> 滑移系的开动），可均匀形变成长条状，就像立方系金属晶粒的变形一样；二是认为它由原始等轴状粗大晶粒经高温水平方向的不断剪切摩擦作用形成，大晶粒消失的慢而部分保留下来。图 7-19 为含这种晶粒区域的取向成像。取向成像显示大的长条状形变晶粒内亚晶界较少而且晶粒内部菊池带质量较高（图 7-19*b*），没有大量位错滑移造成的不同方向的亚晶界，说明滑移主要发生在晶界附近，大的形变长条晶粒应是逐渐被剪切

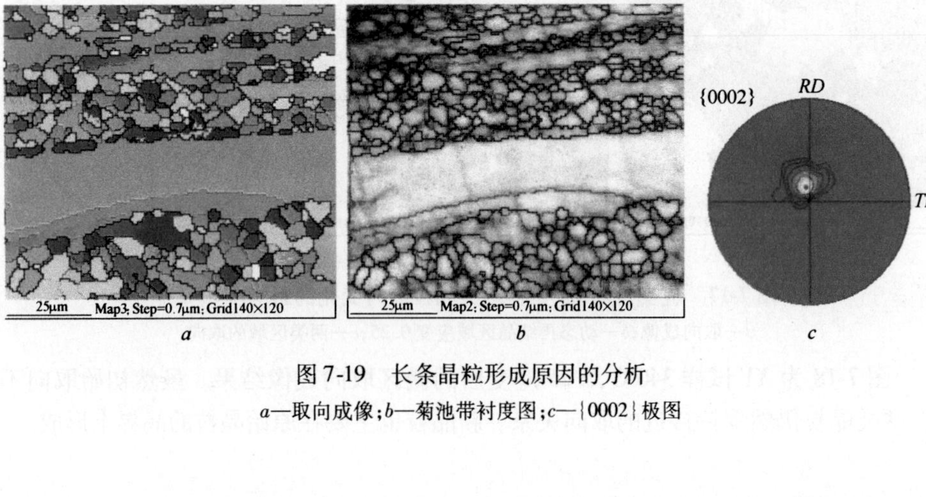

图 7-19　长条晶粒形成原因的分析

a—取向成像；*b*—菊池带衬度图；*c*—{0002} 极图

而演变成的。从取向分布看(图7-19*c*),它是稍偏转的基面取向,是不利于$<a+c>$滑移的取向(见图7-20中Schmid因子的分布),也与周围其他晶粒的基面取向相近,也说明不是高塑性变形的结果。

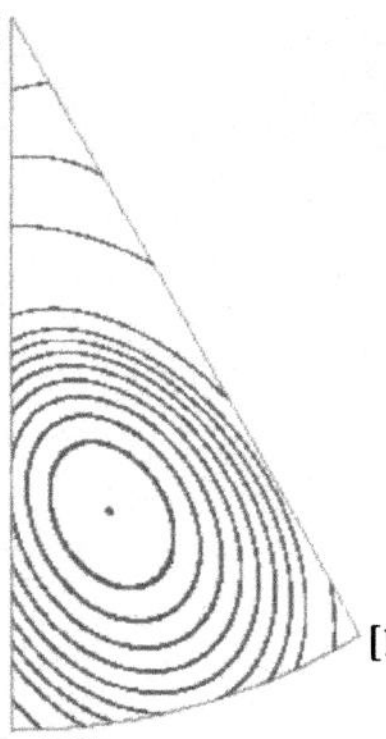

图7-20 镁中$<a+c>$滑移机制的Schmid因子分布

7.2.4 EBSD技术在孪晶分析中的应用

孪晶分生长孪晶、形变孪晶和退火孪晶。孪生在马氏体相变中也起重要的作用。本节给出利用EBSD分析高锰奥氏体钢和镁中的形变孪晶、铝合金中的退火孪晶的例子,第8章给出生长孪晶分析的例子。

7.2.4.1 高锰钢中形变孪晶不同变体的确定及其与晶粒取向的关系

晶粒取向会影响形变机制,如滑移或孪生,及不同滑移或孪晶系的组合,也会影响形变金属随后的析出、相变或再结晶过程。这种效应导致形变的微观不均匀性。TWIP钢(twinning induced plasticity)是一种新型结构钢,其强度可达1000 MPa,伸长率可达90%且有均匀的加工硬化行为。适合于制造未来新一代高安全性汽车的深冲件。孪生在这种钢的成形过程中起到重要的作用,而它出现的多少及转变动力学首先受晶粒取向的影响,同时还受形变量及形变中晶体转动造成的取向变化的影响。因拉伸、压缩时晶粒有不同的取向转动规律,推测拉伸、压缩时也有不同的孪生动力学。EBSD技术可很方便地分析这些过程。

图7-21为压缩量20%时样品EBSD取向成像分析的一个例子。首先从图7-21*a*中可看出,孪生只发生在某些取向的晶粒内,即孪晶发生有明显的选择性。对发生孪晶的区域进行微区取向成像,从图7-21*b*~*d*可见,孪晶两种变体成近120°交角,孪晶发生在基体晶粒中靠近压缩轴方向的两个{111}面上,见图7-21*d*。晶粒内微小的取向差(亚晶界)使得产生两种不同的孪晶变体。此时基体晶粒取向在高孪生Schmid因子处(比较图7-21*c*和图7-21*e*)。

为提高测量的统计性,分别对样品中发生孪生和不发生孪生的基体取向进行测定,结果见图7-22*a*,*b*。可见,也符合Schmid因子分布规律。类似地,对拉伸样品做这样的测定,也有此规律,见图7-22*c*。

7.2.4.2 镁中拉伸孪晶的确定与产生倾向的理论分析

对一个存在形变孪晶的组织会提出这样的问题:哪个是孪晶,哪个是母相;为什么有的晶粒内只有一个孪晶变体,而其他晶粒内却会有2~3个孪晶变体;能否根据晶粒的取向预测其产生孪晶变体的数目及孪晶的取向;由于镁中的$\{10\bar{1}2\}$型*C*轴拉伸孪晶界面很容易迁移,所以单靠形貌观察并不一定总能区分孪晶与母相。

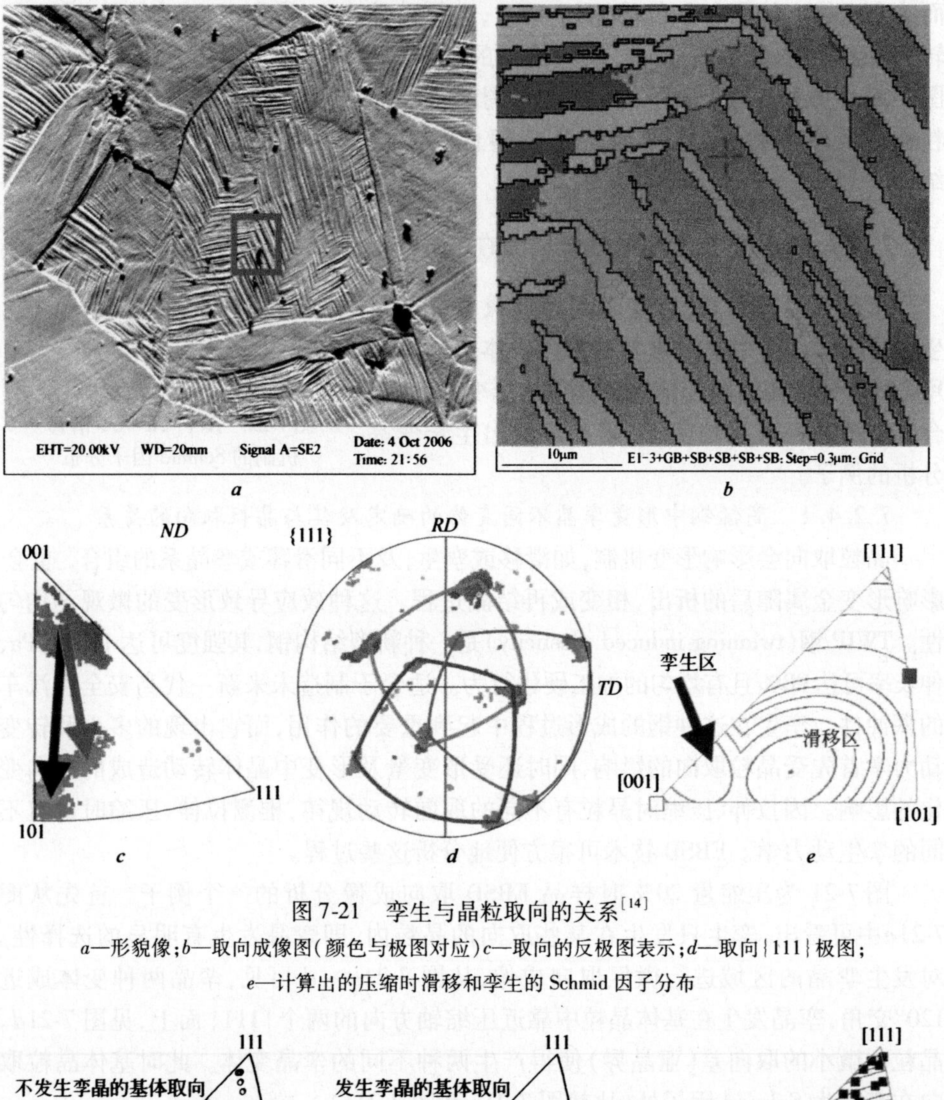

图 7-21 孪生与晶粒取向的关系[14]

a—形貌像；*b*—取向成像图（颜色与极图对应）*c*—取向的反极图表示；*d*—取向{111}极图；*e*—计算出的压缩时滑移和孪生的 Schmid 因子分布

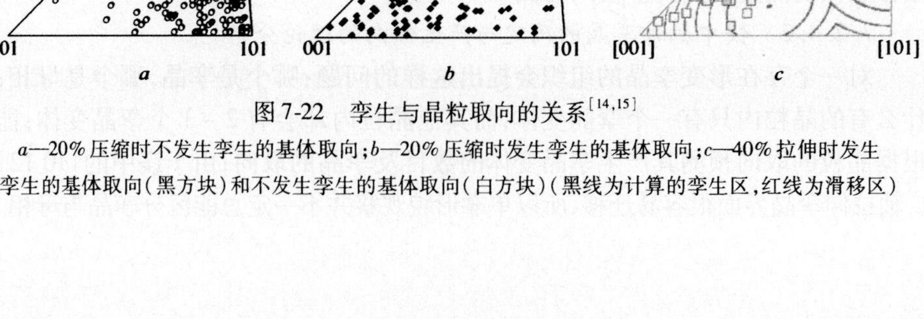

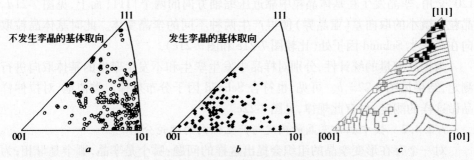

图 7-22 孪生与晶粒取向的关系[14,15]

a—20% 压缩时不发生孪生的基体取向；*b*—20% 压缩时发生孪生的基体取向；*c*—40% 拉伸时发生孪生的基体取向（黑方块）和不发生孪生的基体取向（白方块）（黑线为计算的孪生区，红线为滑移区）

图 7-23 给出平面应变压缩 8% 的镁合金 AZ31 的孪晶区域的取向成像。已知 $\{10\bar{1}2\}$ 型拉伸孪晶的取向关系是 86.3° $<11\bar{2}0>$，从转轴分布可证实这一关系，见图 7-23*b*。接下来的问题是，是否能明确分辨出哪个是孪晶，哪个是母相？比如，图 7-23*a* 中 *A* 可确定是孪晶，*E* 是其基体；但 *B/D* 和 *B/F* 就不易从形貌上判断。要根据拉伸孪晶的形成条件判断。镁是其 *C* 轴受拉伸时形成孪晶，在平面应变压缩时，*X* 方向（即 *RD* 方向）受拉（因模具侧壁与样品间有间隙，也造成 *Y* 方向，即 *TD* 方向有拉应力），*Z* 方向（即 *ND* 方向）受压，所以从{0002}极图上看，*A*、*B*、*C* 晶粒的 *c* 轴（[0001]）处在受压状态，应是孪晶，而其他 *D*、*E*、*F*、*H*、*G* 晶粒的 *c* 轴都受（微小的）拉应力，因而应是母相。

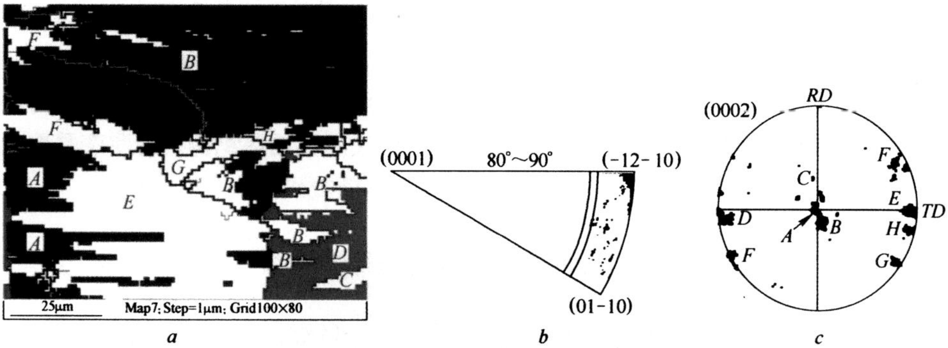

图 7-23　拉伸孪晶的分析（样品 *ZY*，应变 8%）[16]

a—取向成像；*b*—80°～90°内的转轴分布；*c*—取向分布，{0002}极图

利用矩阵可计算这些关系，计算原理见第 3、4 章。选 3 个初始取向（0,90,0），（0,90,30），（30,90,30），计算结果见图 7-24。每个取向可产生 6 个变体，随它们在极图中的位置不同，它们发生的难易也不同。进一步计算各孪晶变体产生的应变

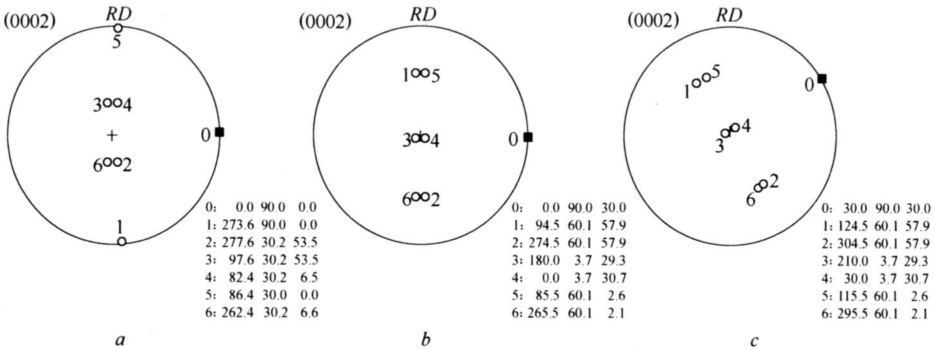

图 7-24　样品 *TR* 和 *ZY* 中不同初始取向孪生后取向的位置

a—样品 TR，(0,90,0)；*b*—样品 TR，(0,90,30)；*c*—样品 ZY，(30,90,30)

张量并与外界施加的应变状态比较，可确定哪些孪晶变体易产生，哪些较难，详细结果见文献[16]。

7.2.4.3　铝锰合金退火孪晶取向特点的分析

铝是高层错能材料，退火孪晶应很少。铝中加入锰会稍微降低层错能。在研究铝锰合金的再结晶行为时，在原始晶粒较粗大的样品再结晶组织中明显观察到一些孪晶，见图 7-25*a*。利用 EBSD 技术可对其进行较深入的分析。提出的问题是：再结晶的孪晶两部分的取向有何特点，孪晶周围形变晶粒的取向特点是什么，进而分析其可能的形成机制。

先看一个退火孪晶微区取向分布特点的例子，见图 7-25*b*，*c*。1 ~ 4 号取向是再结晶晶粒的取向，其中 1，2 是孪晶。其他取向 5 ~ 14 是孪晶周围形变基体的取向。可见，孪晶的一方（1 号晶粒）接近立方取向，这是再结晶织构之一；孪晶的另一方（2 号晶粒）是转动的黄铜 *B* 取向，或称 α-线织构取向，它也接近另一个再结晶织构的取向，见图 7-26 给出的 X 射线法测出的宏观再结晶织构。说明孪晶取向是有规律的，孪晶的两个取向在周围形变基体中都能找到。

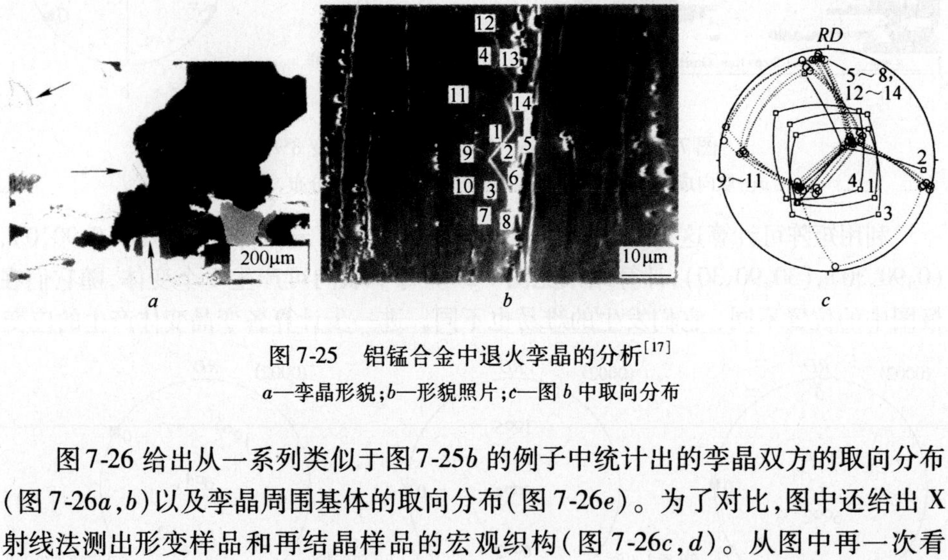

图 7-25　铝锰合金中退火孪晶的分析[17]

a—孪晶形貌；*b*—形貌照片；*c*—图 *b* 中取向分布

图 7-26 给出从一系列类似于图 7-25*b* 的例子中统计出的孪晶双方的取向分布（图 7-26*a*，*b*）以及孪晶周围基体的取向分布（图 7-26*e*）。为了对比，图中还给出 X 射线法测出形变样品和再结晶样品的宏观织构（图 7-26*c*，*d*）。从图中再一次看出，孪晶双方的取向是有规律的，一个是立方取向，另一个是 α-取向线上的取向；孪晶主要从转动的黄铜 *B* 取向基体中形成（图 7-26*e*），即处在 α-取向线上，而不是典型的 β-取向线上的铜型 *C* 取向和 *S* 取向，即孪晶生长的形变基体环境与低层错能 fcc 金属没有什么不同，只是这类基体在铝锰合金中不是最主要的形变取向。将 X 射线法测出的宏观织构（图 7-26*c*，*d*）与 EBSD 技术测出的微区孪晶取向相比，可见，孪晶的取向既存在于形变组织中，也是两个再结晶织构的取向。

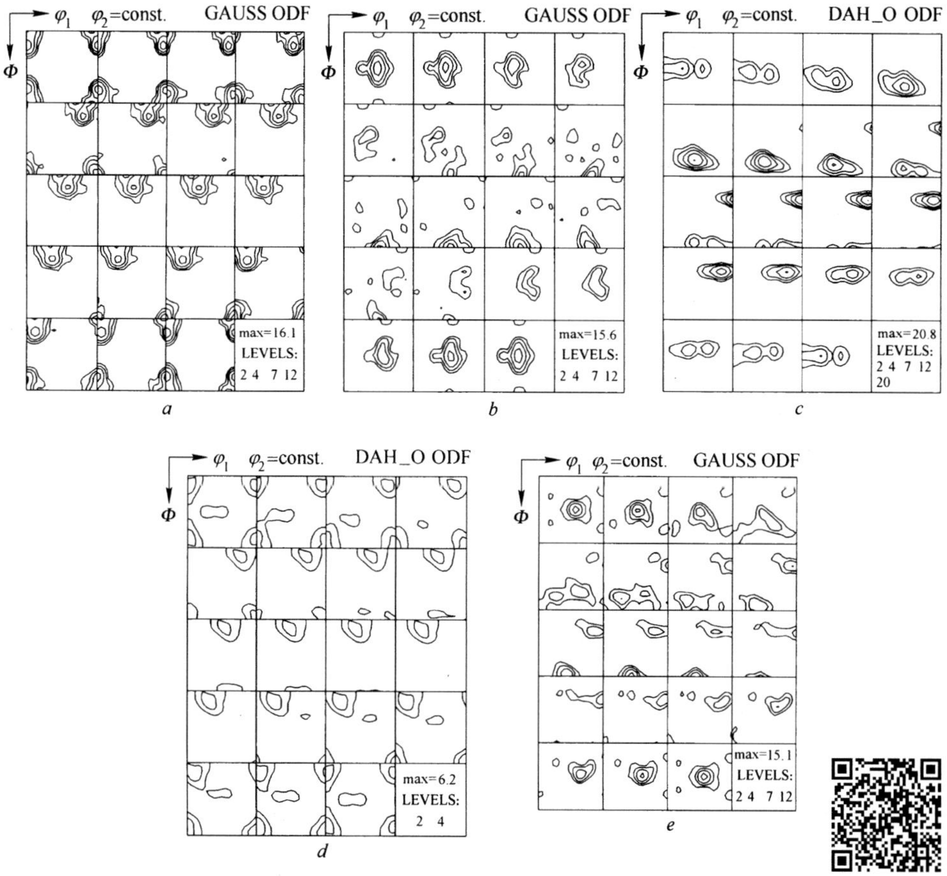

补充案例6

图 7-26 孪晶及周围取向分析[17]

a—孪晶一方的取向;*b*—孪晶另一方的取向;*c*—形变样品中的织构(X射线法);
d—再结晶后样品中的织构(X射线法);*e*—孪晶周围形变基体的取向

已知低层错能的fcc金属,如银、黄铜和奥氏体不锈钢形变时容易产生形变孪晶,退火后的再结晶组织中有大量退火孪晶;同时,退火孪晶与回复孪晶有一定关系,而回复孪晶与形变孪晶也有关系[18]。这会使人联想到,退火孪晶会不会是从形变孪晶演变过来的?虽然目前下不了此结论,但根据上面的EBSD测出的结果,再加上用EBSD技术还可在形变组织中测到一些近似的孪晶关系,见图7-27,更倾向于以上得出的推测。在EBSD技术没有应用以前,很难大规模测到形变微区内的孪晶关系,因而也难将形变孪晶与退火孪晶联系起来。在“Science”上也发表过在形变的纳米高纯铝中用高分辨电镜测出许多微小的形变孪晶[19]。若用安装加热台及EBSD的场发射SEM,应该有能力对这一问题进行回答了。

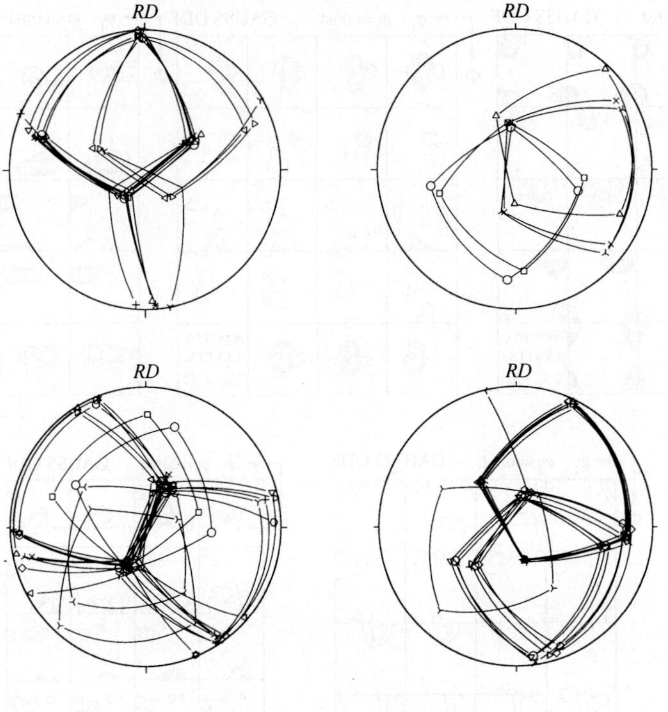

图 7-27　形变基体中找到的近似孪晶关系[20]

图 7-28 给出铝锰合金再结晶初期晶界上形成的 4 个再结晶晶粒 1,2,15,16 及周围形变晶粒的取向,晶粒取向及取向关系表示在图 7-28*b* 和表 7-1 中。晶粒 1,2

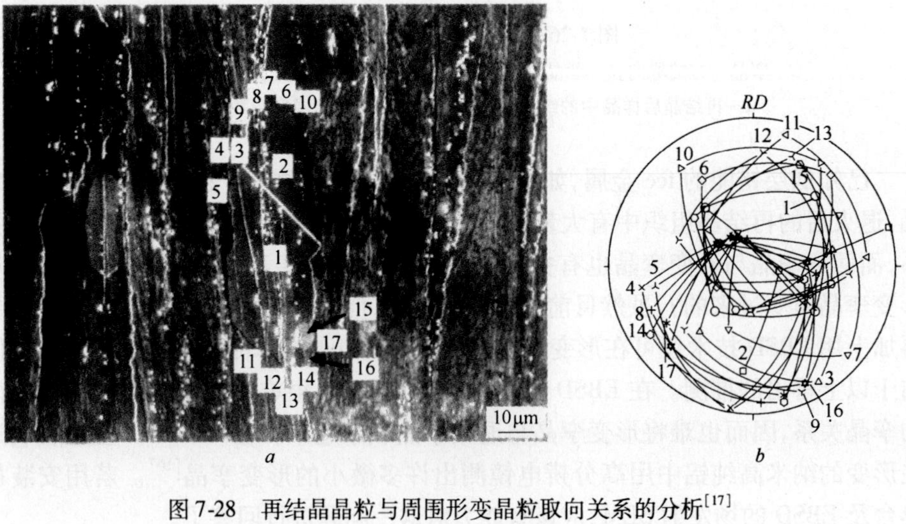

a　　*b*

图 7-28　再结晶晶粒与周围形变晶粒取向关系的分析[17]

a—组织形貌照片,1,2 是孪晶;*b*—取向分布,{111}极图

是孪晶对。取向 1,6,7,10 是过渡的取向。亚晶 3,9 相对于亚晶 4,5,8 绕 <111> 转动。亚晶 5 和晶粒 1 有近似的孪晶关系,从而与晶粒 2 有二次孪晶关系(Σ9)。可见,再结晶初期的形变组织中不但存在孪晶关系和共格孪晶界,还存在许多其他的 CSL 关系。虽然不能说孪晶双方是偶然碰撞上的,至少其他晶粒间的 CSL 关系主要是形变产生的。这样,经典的退火孪晶是单纯靠生长时低层错能而产生的理论在这里可能不完全适用。同样,晶粒 1 和 7 之间可由过渡取向 5 建立起二次孪晶关系。

表 7-1 图 7-28 中存在的取向关系

晶 粒	Σ值	偏差/(°)	晶 粒	Σ值	偏差/(°)
1,2	3	1.55	5,8	25*a*	0.53
1,5	3	3.19	6,8	7	4.67
1,7	19*a*	1.82	8,9	21*a*	2.59
2,5	9	3.97	9,10	9	3.57
3,4	7	4.48	2,17	5	6.37
3,8	13*b*	3.92	11,15	19*a*	2.97
4,7	3	2.17	12,14	11	3.05
5,7	3	8.60			

用 EBSD 技术还可测到该铝锰合金中存在的三阶孪晶,见图 7-29。从形貌上看不出这里存在平直的共格孪晶界,但测出却是严格的孪晶关系。图 7-29*c* 中的孪生链顺序是:1(*A*)→2(*B*)→3(*C*)→4(*D*)。可能的孪生顺序是:*B* 晶粒以其两个不同的{111}面孪晶生成晶粒 *A* 和晶粒 *C*,晶粒 *C* 再孪生出晶粒 *D*。但从测出的周围形变基体取向(图 7-29*b*)看,这 4 个再结晶晶粒在两个取向较接近的形变晶粒的晶界形成,是否就是形变亚晶的取向尚无法确定。不管怎样,EBSD 揭示的数据使我们对机制有更好的了解或把我们带入更深的思考。孪晶起源于形变基体,不一定是简单的长大行为。

本节用 EBSD 解决了如下问题:

(1) 确定孪晶双方及其周围形变基体的取向分布特征,用以分析孪晶产生的原因;

(2) 探测到微区内频繁出现的 CSL 关系,甚至三重孪晶关系;

(3) 确定 fcc 和 hcp 形变孪晶的各个变体,结合理论计算可分析各变体进行的难易程度;

(4) 和理论分析比较了孪晶对晶粒取向的依赖性。

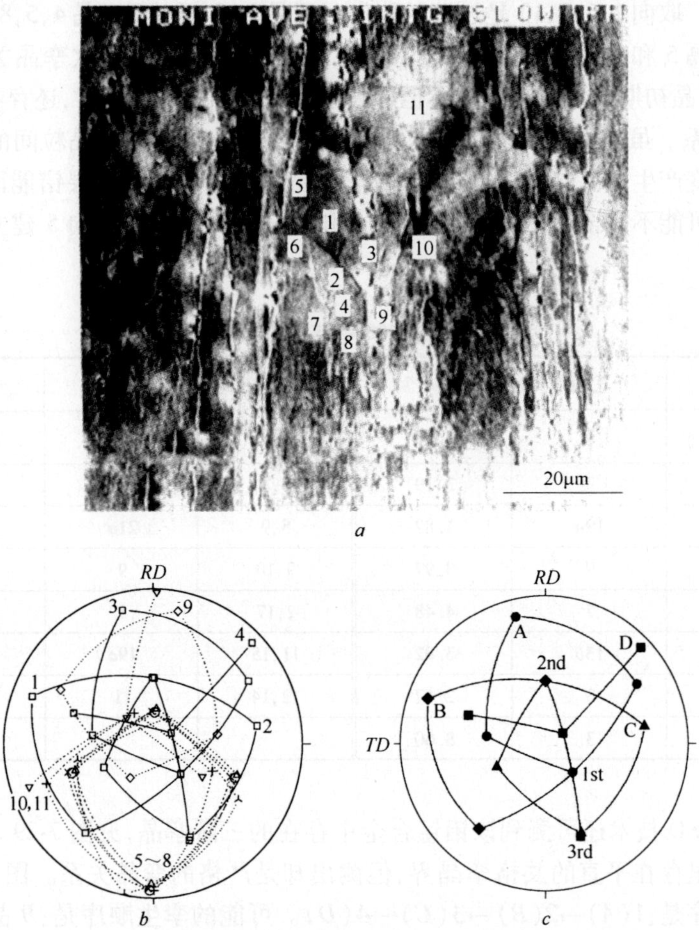

图 7-29　铝合金中的多重孪晶[17]

a—形貌照片；*b*—取向分布的极图表达；*c*—孪晶晶粒的取向

7.2.5　高锰钢中两相组织的鉴别[21]

性能优异的高锰钢当含锰量为 15% ～20% 时的热加工（锻造或热轧）组织常是 bcc 和 fcc 结构的两相组织，这可从该钢的组织形貌和 X 射线衍射数据中得出，见图 7-30。图 7-30*a*，*b* 为样品显微组织的二次电子像。此时，多数相基体连成一片，难以确定晶粒尺寸，而在背散射电子像下，可见 bcc 结构相也是等轴状（见图 7-31）；少数相呈岛状，在高放大倍数下岛内有相互交叉的条纹，初步推测为形变孪晶，这应是奥氏体受一定形变的结果。图 7-30*c* 为 Fe-15Mn-3Si-3Al 钢的 X 射线结构标定结果。表明，bcc 为主要相，可能是铁素体或马氏体；fcc 是少数相，应是奥氏体。为确定基体是铁素体还是马氏体，用显微硬度 HV 对两相进行了硬度测试。

结果表明,基体硬度 5 点测定平均值为 392.8(MPa),而岛状相为 263.5(MPa),说明基体为马氏体而不是铁素体,岛状软相为奥氏体。现在用取向成像确定这个推断并分析两相组织取向上有何差异。

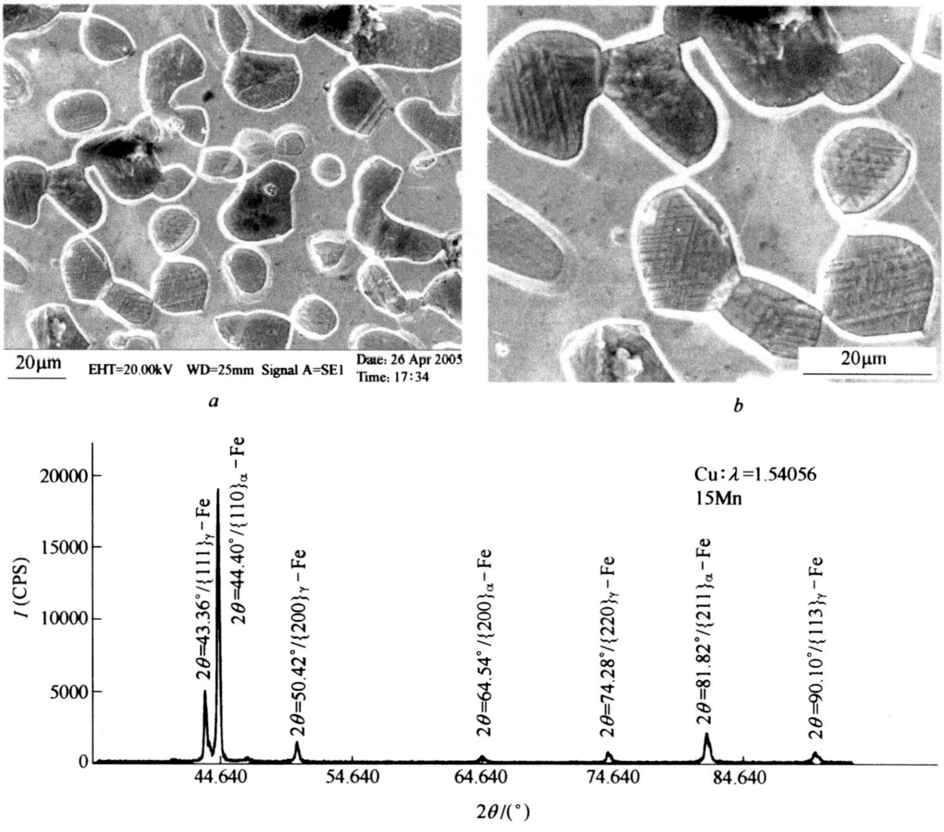

图 7-30 Fe-15Mn 高锰钢马氏体基体 + 岛状奥氏体

a—低倍组织;*b*—高倍组织,岛状晶粒内可能是形变孪晶;*c*—Fe-15Mn-3Si-3Al 样品的 X 射线相分析结果,为奥氏体与铁素体或马氏体两相组织

图 7-31 是该组织的取向成像分析结果。在背散射电子像下,两相有很好的取向衬度,见图 7-31*a*。取向成像图中灰色是基体 bcc 结构,少量的岛状白色区是 fcc 结构,结果与上面形貌的分析一致。取向差分布中,奥氏体内有大量孪晶(60° <111> 关系),见图 7-31*c*,从图 7-30*b* 高倍组织照片可知这是形变孪晶而不是退火孪晶,退火孪晶是较宽的带。bcc 相取向差几乎是随机分布的特点,说明没有明显的形变。奥氏体中的形变孪晶应是快冷时两相体积膨胀程度不同造成的。bcc 结构的马氏体在冷却过程中形成时造成膨胀使奥氏体形变。从奥氏体的取向分布看,择优取向不明显,即使有形变孪晶,其形变量也不大。

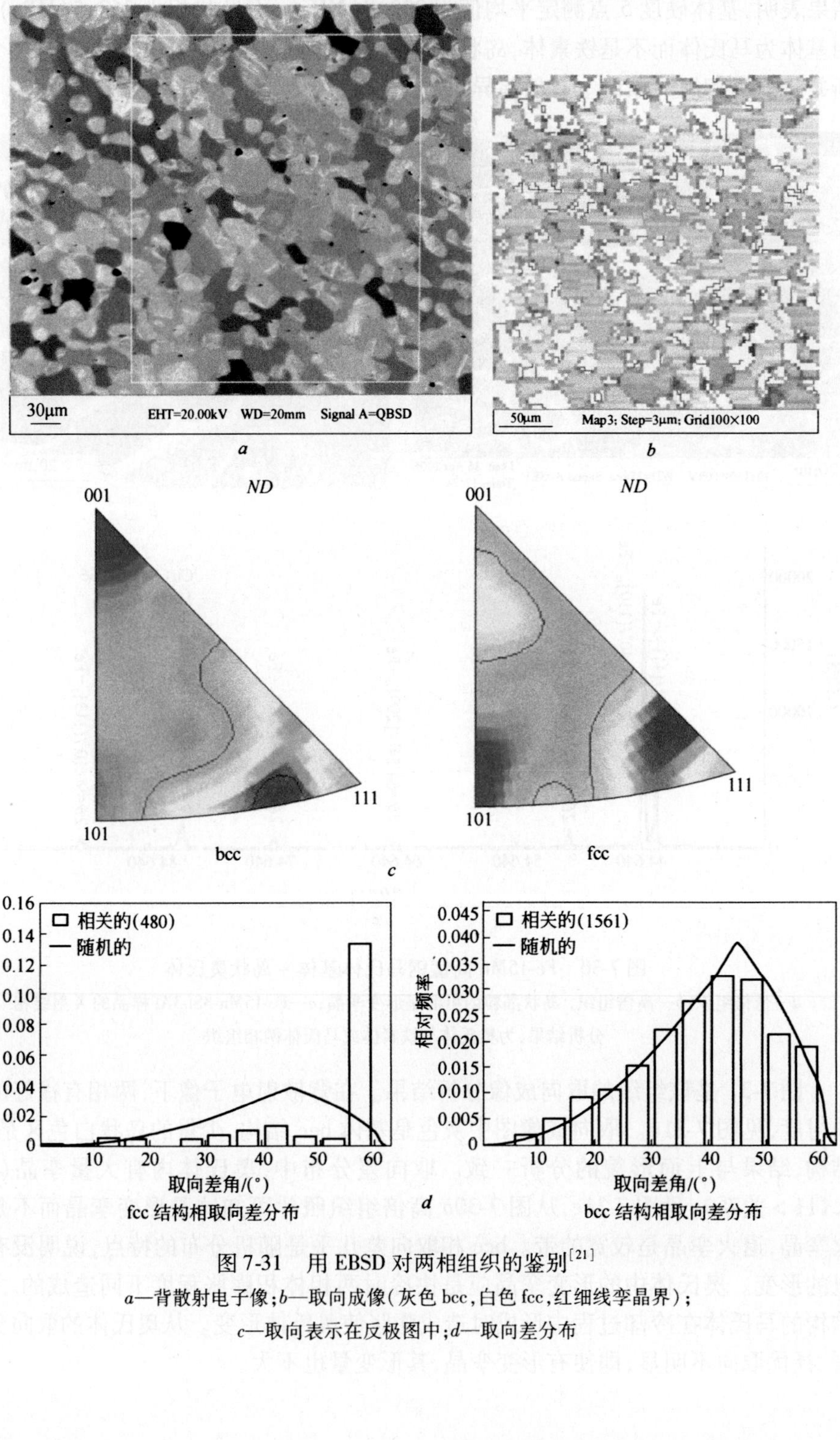

图 7-31　用 EBSD 对两相组织的鉴别[21]

a—背散射电子像；*b*—取向成像（灰色 bcc，白色 fcc，红细线孪晶界）；
c—取向表示在反极图中；*d*—取向差分布

本例表明,EBSD 可准确地区分两相组织,同时进一步给出两相取向及取向差分布。

补充案例7

参考文献

1 Tommasi A, Gibert B, Seipold U, Mainprice D. Anisotropy of thermaldiffusivity in the upper mantle. Nature, 2001(411): 783 ~ 786

2 Bystricky M, Kunze K, Burlini L, Burg J-P. High Shear Strain of Olivine Aggregates: Rheological and Seismic Consequences. Science, 2000(290):1564 ~ 1567

3 http://www. edax. com

4 HKL online report: Ⅶ Grain size, grain boundary and quantitative texture analysis of a Cu thin film. 2001

5 HKL-web report: Ⅸ Understanding the Deformation of Quartz Rocks. 2001

6 杨平,高鹏,孙祖庆. 低碳钢压缩变形中的组织形貌、晶粒取向与微观形变不均匀性. 材料科学与工艺,2005(13): 655 ~ 658

7 Grewen J. Influence of deformation microstructure on annealing textures of cubic metals and alloys. Z. Metallkde., 1984(75): 657 ~ 666

8 Yang P. Continuous recrystallization in pure Al-1.3% Mn investigated by local orientation analysis. Trans. Nonferrous Met. Soc. China, 1999(9): 451 ~ 456

9 杨平, Engler O. Al-Mn 合金中粒子促成形核及初期再结晶织构, Ⅰ 粒子周围的形变区及粒子促进形核. 金属学报, 1998(34): 785 ~ 792

10 杨平, Engler O. Al-Mn 合金中粒子促成形核及初期再结晶织构, Ⅱ 粒子与其他形核位置的交互作用及初期再结晶织构. 金属学报, 1998(34): 793 ~ 801

11 Kong X. Einfluss von Ausscheidungen auf die Walz- und Rekristallisationstextur in Einkristallen aus Al-Cu und Al-Mn. Dissertation RWTH Aachen, 1992

12 Engler O. Einfluss des Ausscheidungszustants auf die Texturentwicklung in kfz-Metallen, insbesondere in Aluminium-Legierungen. Doctoral thesis, RWTH Aachen, Germany, 1990

13 孟利,杨平,崔凤娥,赵祖德. 镁合金 AZ31 动态再结晶行为的取向成像分析. 北京科技大学学报,2005, 27(2): 187 ~ 192

14 Meng L, Yang P, Xie Q, Ding H, Tang Z. Dependence of deformation twinning on grain orientation in a compressed high manganese steel. Scripta Materialia, 2007(56). 931 ~ 934

15 Yang P, Xie Q, Meng L, Ding H, Tang Z. Dependence of deformation twinning on grain orientation in a high manganese steel. Scripta Materialia, 2006(55): 629 ~ 631

16 Yang P, Yu Y, Chen L, Mao W. Experimental determination and theoretical prediction of twin orientations in magnesium alloy AZ31. Scripta Mater., 2004(50):1163 ~ 1168

17 Yang P, Engler O. The formation of twins in recrystallized binary Al-1.3% Mn. Materials Characterization, 1998(41):165 ~ 181

18 Berger A, Wilbrandt P-J, Ernst F, Klement U, Haasen P. On the generation of new orientations

during recrystallization: recent results on the recrystallization of tensile-deformed fcc single crystals. Progress in Materials Sci., 1988(32): 1 ~ 95

19 Chen M, Ma E, Hemker K J, Sheng H, Wang Y, Cheng X. Deformation Twinning in Nanocrystalline Aluminum. Science, 2003(300): 1275 ~ 1277

20 Yang P. Special orientation relationships observed at the early stage of recrystallization in pure AlMn alloy. J. of Uni. of Sci. & Tech. Beijing (English edition), 1998(5): 140 ~ 146

21 孟利,杨平,唐荻,米振莉,严玲,郭锦. 利用 EBSD 技术分析高锰钢两相组织的结构与取向. 中国体视学与图像分析, 2005,10(4):244 ~ 246

8 电子背散射衍射技术的应用Ⅱ——工程材料

▶ **本章导读**

本章介绍几个 EBSD 技术在工程材料中的应用，每个例子都有确定某类工艺的效果、优化材料的制备工艺或解决工业生产中的问题的目的和背景。

8.1 bcc 结构低碳钢热压缩动态再结晶细化晶粒的效果分析

一些文献报道，利用大变形下的动态再结晶可明显细化铁素体晶粒[1]，但在形变过程中也常看到形变状的组织，究竟在多大程度上发生了动态再结晶以及光学镜下观察到的晶界是否都是大角度晶界，这些都需定量给出。现在看一个加热到 710℃热压缩，应变速率为 0.01/s，真应变量为 2 的样品细化后的组织，见图 8-1*a*。从形貌上看，晶粒尺寸大约 2 ~ 3 μm，存在较多的等轴晶。取向成像的结果表明样品内有很强的织构，见图 8-1*b*。绝大多数晶粒的取向为 <100> ‖ 压缩轴（黄色），少数晶粒的取向为 <111> ‖ 压缩轴（红色）。该微区内 <111> 晶粒占 13.8%，<100> 晶粒占 73.9%。即使不是 <100>、<111> 取向的晶粒，其取向也已转到 <100> 与 <111> 的连线上，见图 8-1*c*。在取向成像图上不少晶粒仍是形变长条状，存在大量的亚晶界（图 8-1*b*，*e*，红色晶界线为 5°取向差）。显然，这样强的织构会造成性能的各向异性。所以，单靠一种简单的应变状态细化晶粒需要很大的应变量并会伴随强织构产生。

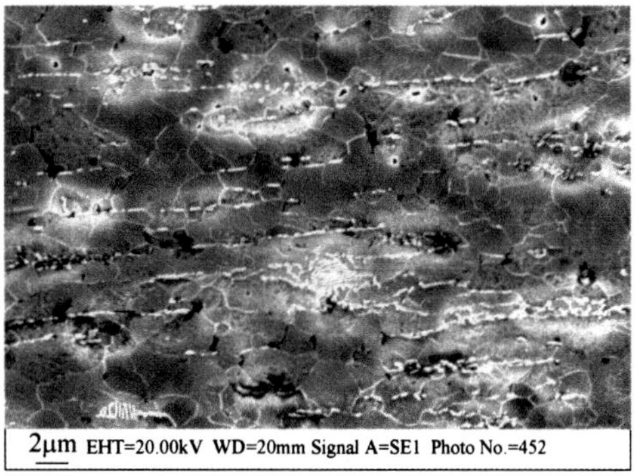

a

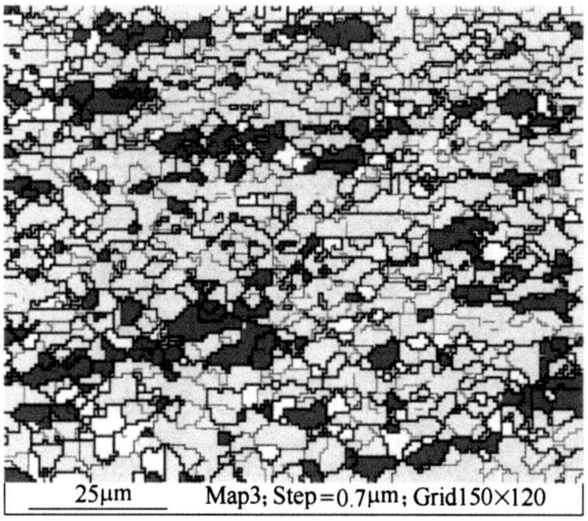

b

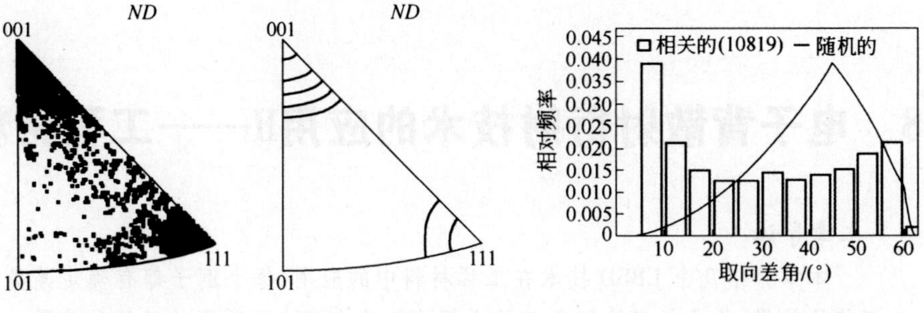

c　　d　　e

图 8-1　低应变速率 0.01/s、大应变量 2 下的取向成像分析(710℃压缩,低碳钢)

a—形貌像;*b*—取向成像;*c*—反极图(散点);*d*—反极图(等高线);*e*—取向差分布

为更好地了解两类择优取向晶粒的形成过程和晶粒碎化过程,图 8-2 给出对加热到 710℃的样品进行不同程度的应变的取向成像分析。为更直观地给出织构百分数与应变量的关系,将统计的数据以曲线形式表示,见图 8-3。可见,随着应变量的增加,铁素体晶粒从无应变时的等轴状逐渐过渡到大应变(1.6)时的长条状。<111>晶粒(红色,包括偏离绝对取向 15°范围内的晶粒)的比例迅速增长,在应变 0.7 时达到高峰后,<111>晶粒比例又逐渐降低;而<100>晶粒(黄色)所占比例随着应变量的增加不断增长。大应变量时增加得更加明显,当应变达到 1.6 时,<100>晶粒占到近 70%,即<111>不是最终稳定取向。应变 0.7 时的总织构率已达约 90%,说明晶粒的转动速度是较快的。从反极图中也可看出,随着应变量的增加,<100>晶粒的强度逐渐增加,而<111>晶粒的极图强度是先增加后降低。取向差分布表明,大应变下有大量的小角晶界。

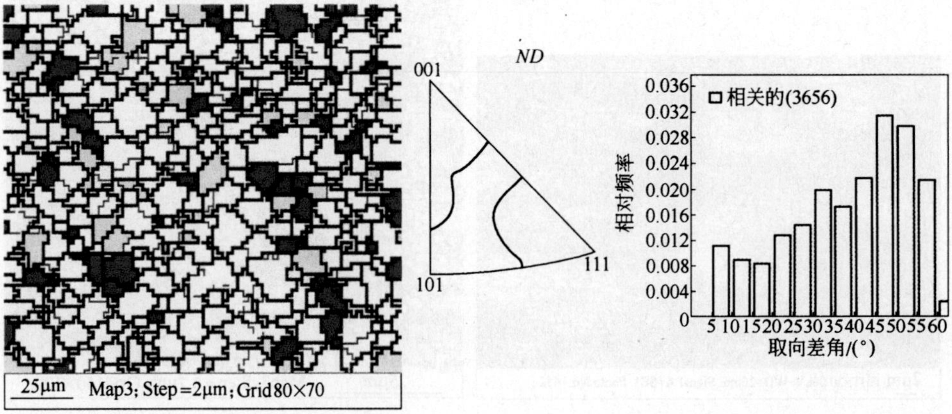

a

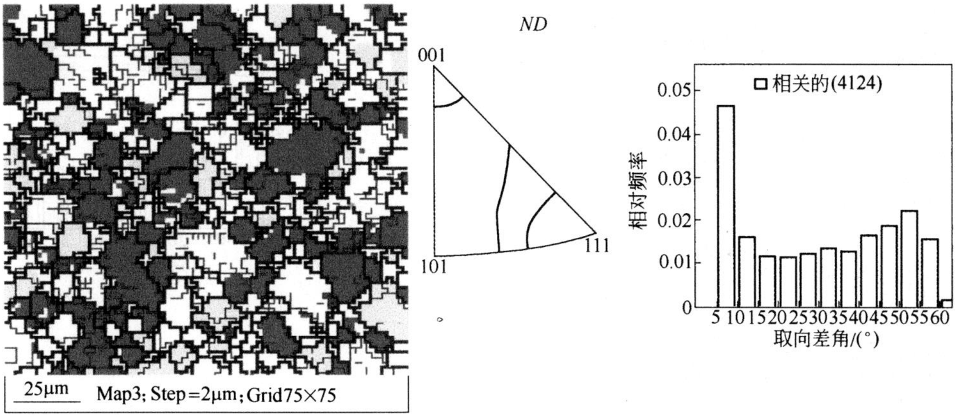
25μm Map3; Step=2μm; Grid75×75
ND
001
101
111
相关的(4124)
0.05
0.04
0.03
0.02
0.01
0
相对频率
5 10 15 20 25 30 35 40 45 50 55 60
取向差角/(°)

b

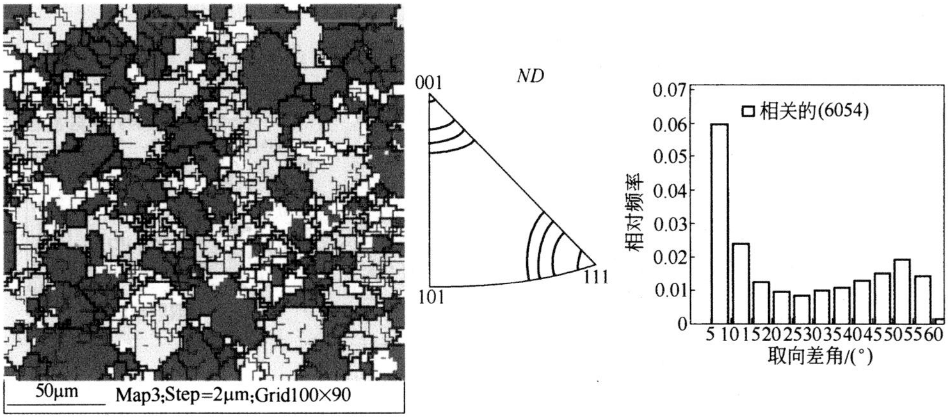
50μm Map3;Step=2μm;Grid100×90
ND
001
101
111
相关的(6054)
0.07
0.06
0.05
0.04
0.03
0.02
0.01
0
相对频率
5 10 15 20 25 30 35 40 45 50 55 60
取向差角/(°)

c

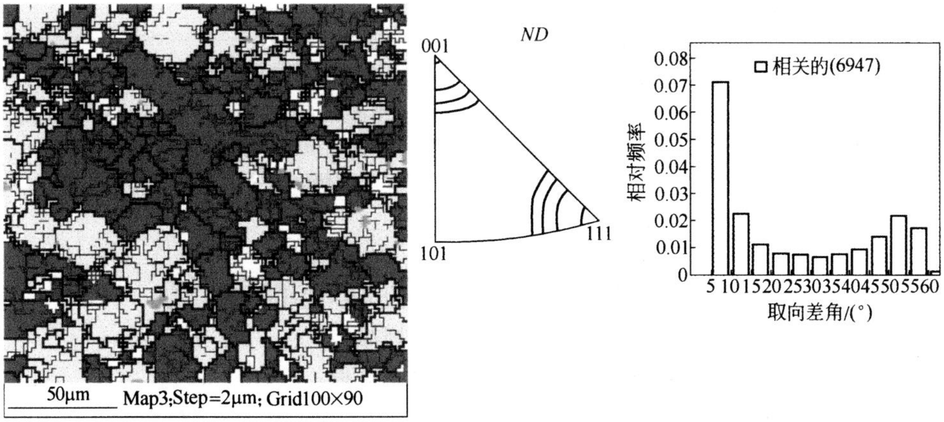
50μm Map3;Step=2μm; Grid100×90
ND
001
101
111
相关的(6947)
0.08
0.07
0.06
0.05
0.04
0.03
0.02
0.01
0
相对频率
5 10 15 20 25 30 35 40 45 50 55 60
取向差角/(°)

d

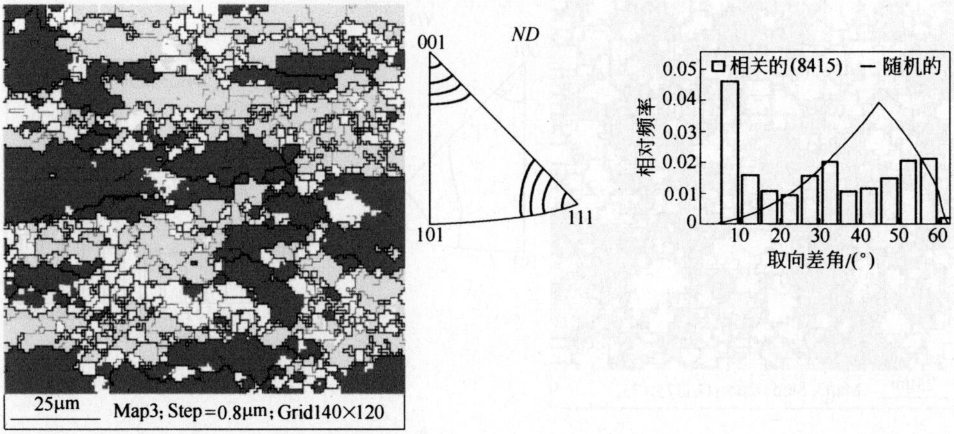

e

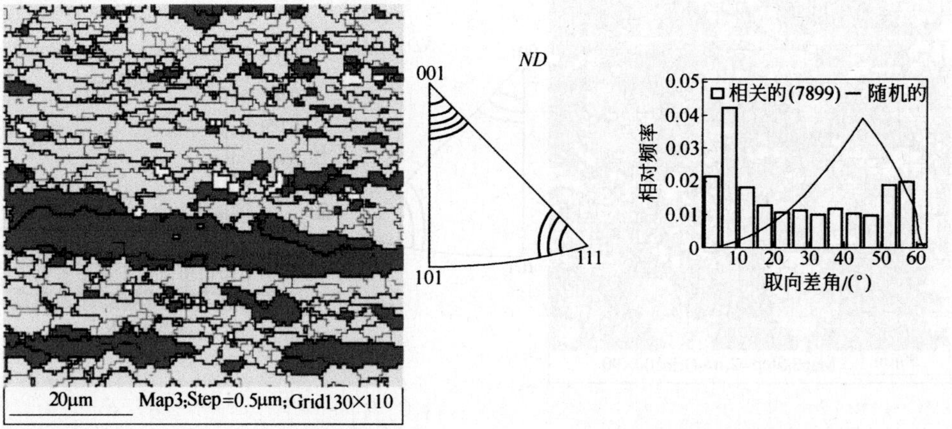

f

图 8-2　不同应变量下的取向成像分析（710℃，应变速率 1.6/s；低碳钢）[2]

（左：取向成像；中：取向分布；右：取向差分布）

a—应变量 0；*b*—应变量 0.3，压缩面；*c*—应变量 0.5，压缩面；*d*—应变量 0.7，压缩面；

e—应变量 1.0，侧面；*f*—应变量 1.6，侧面

通过 EBSD 分析，得到这样的信息：

（1）虽然晶粒细化，但织构非常强，其性能值应存在织构的影响；

（2）形变过程中两类织构随应变量的变化规律；

（3）一些从形貌上观察到的晶界仍是小角度晶界；

（4）这种动态再结晶方式主要是晶粒不断碎化分解的过程，有时被认为是连续式动态再结晶；晶粒长大过程较弱。

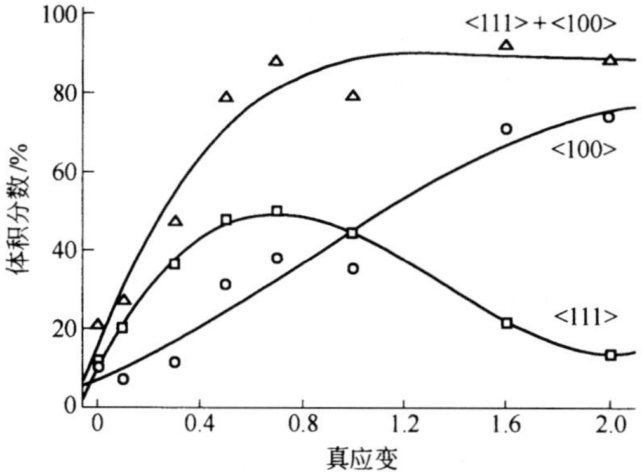

图 8-3 <111>和<100>晶粒的面积比例随应变量的变化

（应变 2 时应变速率为 0.01/s，其余为 1.6/s）

补充案例8

补充案例9

8.2 形变强化相变细化低碳钢铁素体晶粒时的取向特点

利用形变强化相变实现铁素体的超细化，从而使钢的强度在不明显损失塑性、韧性下提高一倍是近些年国际上研究的一个热点，并在大生产中获得成功。该细化过程一般也需要较大的应变，如超过真应变 1。上面例子表明，若单纯形变，应变 0.8 会使约 80% 的晶粒变为 <100> <111>取向。现在看形变伴随相变时晶粒取向择优的程度。因相变是在形变的作用下完成，X 射线法也测出样品中有比一般热轧钢中更明显的{111}织构，见图 8-4。需要进一步分析的是这种取向择优是相变的结果还是形变的结果。或是动态再结晶的结果。为此进行了如下的分析。首先测形核阶段铁素体新晶粒的取向，看是否出现较明显的{111}取向；其次测相变完成前的取向分布；最后测大应变下晶粒最细时的取向分布。

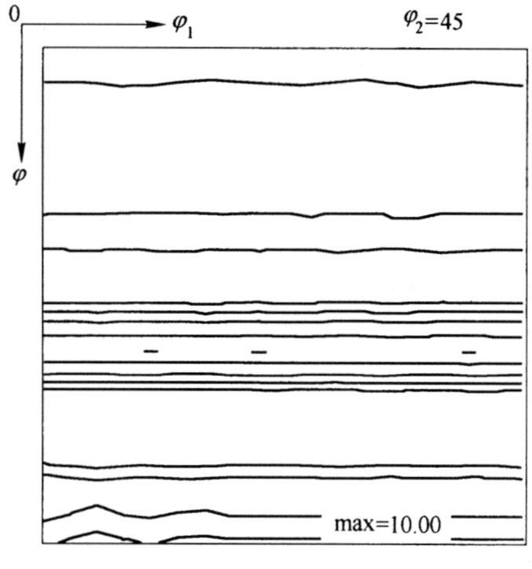

图 8-4 铁素体晶粒取向分布

（900℃加热，15℃/s 冷至 770℃，应变 1.6）

8.2.1 形变强化相变初期（小应变量）晶界及形变带上形成的铁素体的取向

在无应变及小应变时，在奥氏体晶界上形成的铁素体取向近似随机分布，图 8-5 给出两个例子。无应变时即使一个奥氏体晶界上析出的铁素体晶粒取向相近，因各奥氏体晶粒取向不同，整体上也不会出现铁素体的取向择优。同时因冷速较低，一个奥氏体晶粒周围析出的铁素体取向也不相近。微小的应变使晶界原子排列更混乱，也不太可能形成取向相近的铁素体。

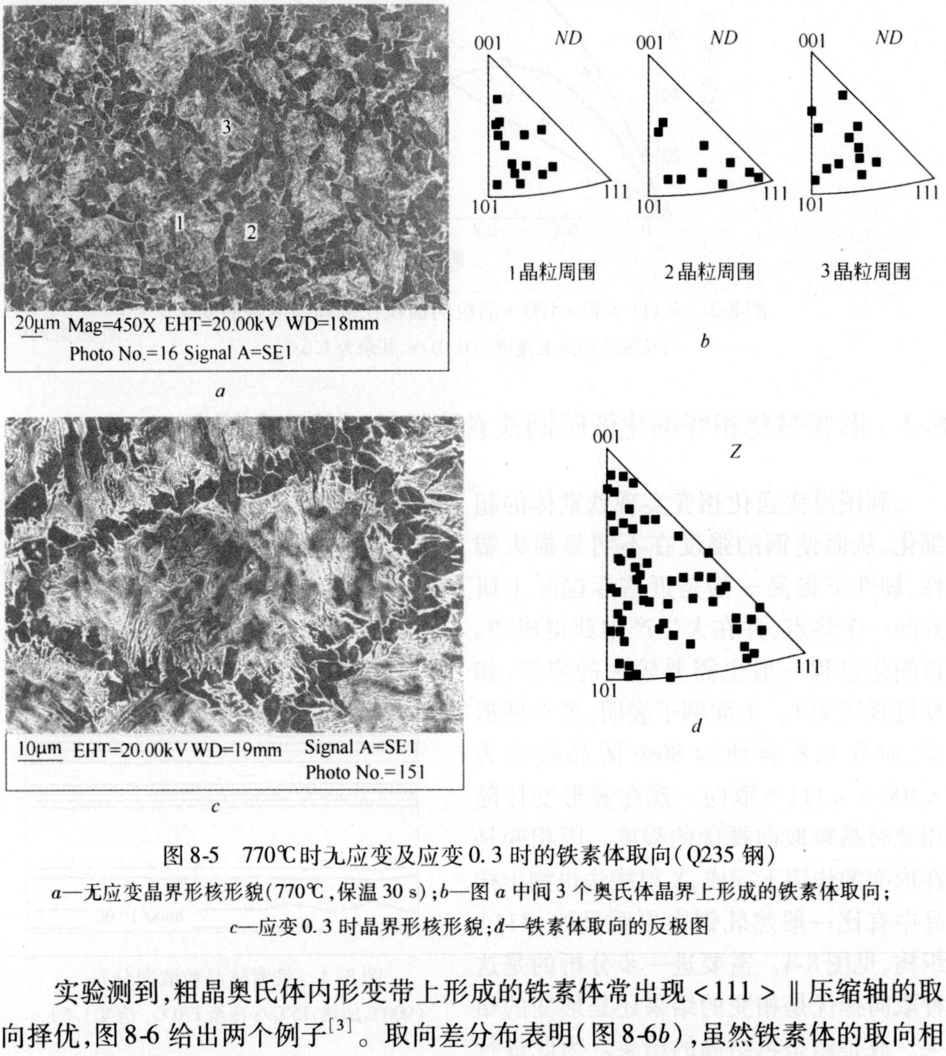

图 8-5　770℃时无应变及应变 0.3 时的铁素体取向（Q235 钢）

a—无应变晶界形核形貌（770℃，保温 30 s）；*b*—图 *a* 中间 3 个奥氏体晶界上形成的铁素体取向；*c*—应变 0.3 时晶界形核形貌；*d*—铁素体取向的反极图

实验测到，粗晶奥氏体内形变带上形成的铁素体常出现 <111> ‖ 压缩轴的取向择优，图 8-6 给出两个例子[3]。取向差分布表明（图 8-6*b*），虽然铁素体的取向相近，但相邻晶粒间的取向差以大角晶界为主，这与等轴铁素体相对应。

一个奥氏体晶粒只有一个取向，其内部形成的铁素体也应有固定取向；但只有奥氏体中形变带内部的亚晶也有择优取向时，才有可能经过相变产生择优分布的铁素体取向。已知，单向压缩的低层错能面心立方材料 Cu-Zn 及 Cu 的形变稳定取向为 <110> ‖ 压缩轴，若同样为低层错能的奥氏体形变后按 K-S 关系（$\{111\}_\gamma \parallel \{110\}_\alpha$，$<110>_\gamma \parallel <111>_\alpha$）相变，便有倾向形成 <111> 的铁素体。但铁素体是从形变带上形成的，只有形变带中亚晶的取向是 <110> ‖ 压缩轴，相变织构的分析才成立。粗晶形变时主要的形变不均匀区是切变带(不论是铜型的还是黄铜型的切变带),切变带中的典型取向是高斯取向{110} <001>[4],即 <110> ‖ 压缩轴;所以,相变后可形成 <111> ‖ 压缩轴的铁素体。

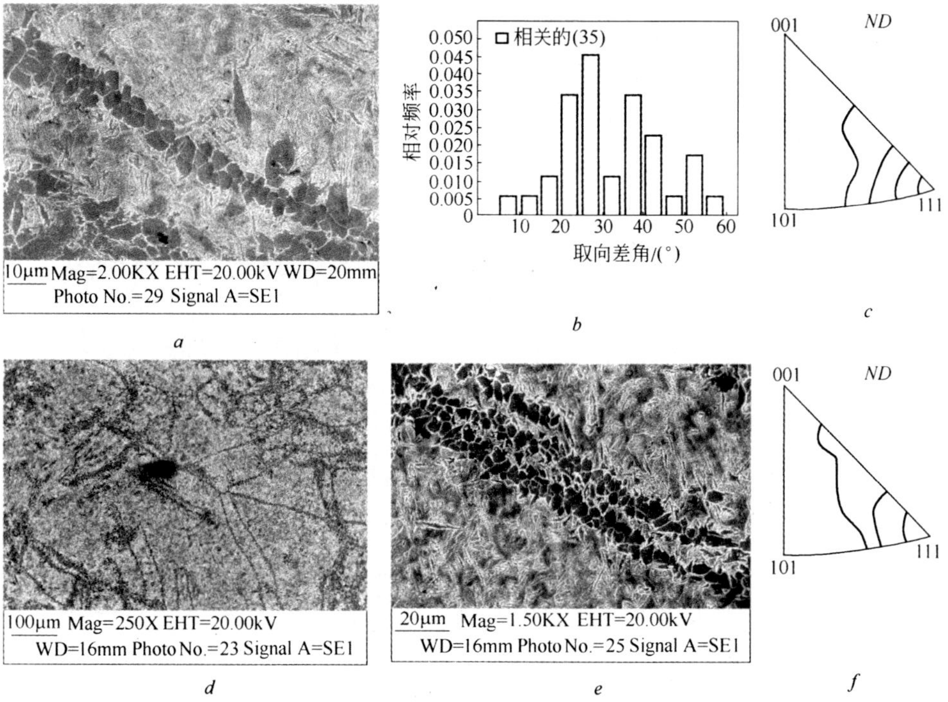

图 8-6 形变带上形成的铁素体取向分析[3](760℃,应变 0.1,Q235 钢)

a—组织形貌;*b*—相邻铁素体晶粒间取向差分布;*c*—图 *a* 中铁素体的取向;
d—组织形貌;*e*—图 *d* 中心区域的高倍照片;*f*—图 *e* 中铁素体的取向

8.2.2 奥氏体转变中、后期(大应变量下)铁素体晶粒的取向

图 8-7 为 Q235 钢冷却到 770℃应变 1.6 时的取向成像。图 8-7*a* 为以 EBSD 菊池带质量绘制的图,显示出组织形貌(该区域偏离样品中心,转变尚未完毕)。一些 <111> ‖ 压缩轴的晶粒(红色)成串分布,并沿奥氏体晶界或形变带排列(图 8-7*b*),说明这应是相变导致的取向择优。图 8-7*c* 中粗线表示大角度晶界,细黑线表示取向差大于 8°的小角晶界,细红线表示取向差大于 5°的小角晶界。可见,一些铁素体内部已形成不同角度的亚晶。随着应变的进一步加大,小角晶界将演化成大角晶界。这是铁素体动态再结晶的过程。由于铁素体是软相,奥氏体较硬,动态转变中应变会集中在铁素体上,这将加速铁素体的动态再结晶过程。反极图显示(图 8-7*d*),与压缩形变相对应的 <100> 织构已形成。

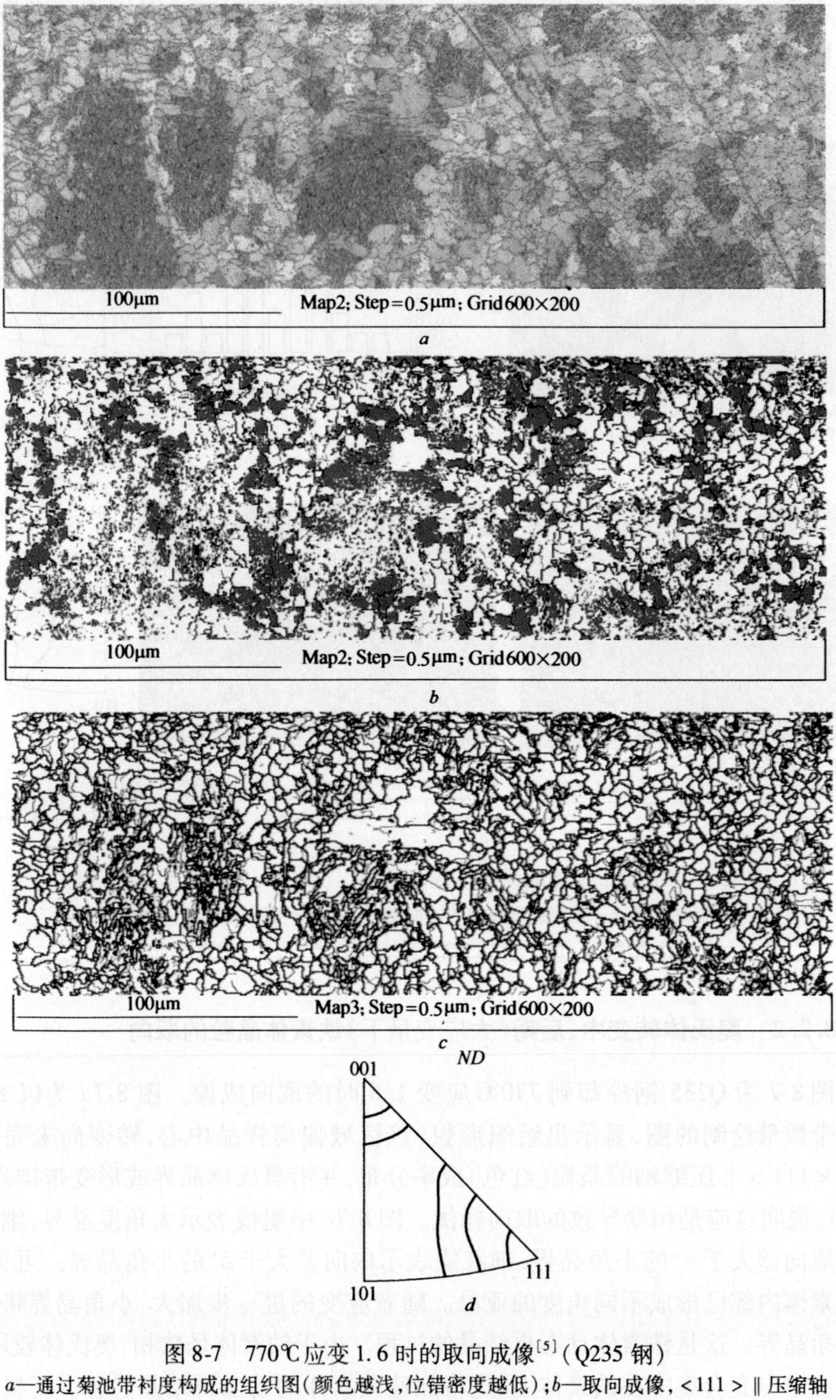

图 8-7　770℃应变 1.6 时的取向成像[5]（Q235 钢）

a—通过菊池带衬度构成的组织图（颜色越浅，位错密度越低）；*b*—取向成像，<111> ∥ 压缩轴晶粒的分布；*c*—按取向差大小绘制的晶界分布图；*d*—取向分布

当应变增加到2后，超细铁素体经受了大量的变形，取向择优更加明显。形变使<111>，<100>取向加强，但晶粒形貌基本是等轴状(图8-8*c*)。取向差分布显示较多的小角晶界(图8-8*b*)。根据A_1以下铁素体形变时取向的演变规律可知，若<111>、<100>在缓慢增强，小角晶界增多，这是形变的结果。值得注意的是，铁素体取向的转动速度比低温单纯形变时慢得多。和A_1以下形变时铁素体的转动速度相比可知，770℃应变1时相变基本完毕，此时的应变主要用于相变过程；应变2后细晶铁素体至少应受应变1的形变量，这时总织构率只有53.6%，低于A_1以下应变1产生的79.4%的织构率(图8-3)。

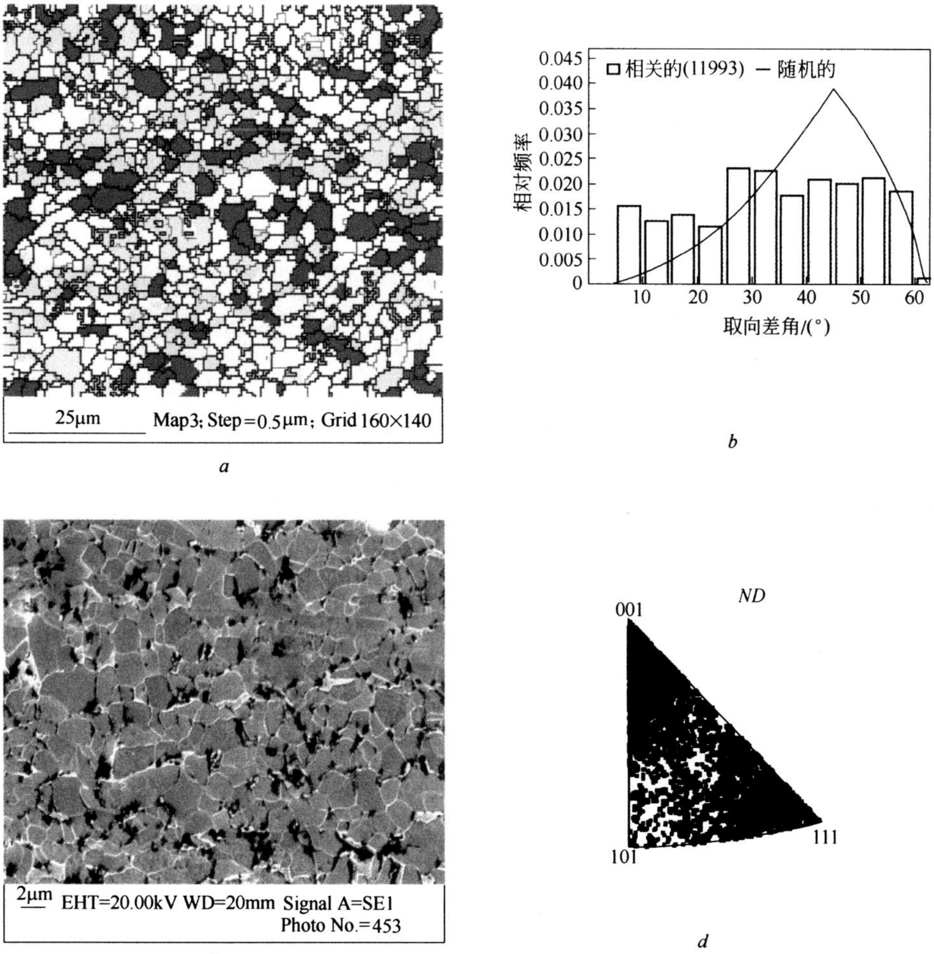

图8-8 取向成像分析(900℃加热，15℃/s冷至770℃应变2，Q235钢)

a—取向成像，侧面；*b*—取向差分布；*c*—组织，侧面；*d*—取向分布

此例说明以下几点：

（1）形变强化相变过程也出现取向择优，但比相同应变量下的纯形变造成的织构弱。这是形变主要用于相变和细晶粒取向变化慢的结果。

（2）奥氏体内部形变带上形成的铁素体取向也会择优，即相变造成的择优。

8.3　银薄膜中的晶粒异常生长现象的分析

银薄膜材料在半导体行业微电子封装时所用的引线框架中起着重要的作用。与 fcc 结构的铝、铜薄膜一样，< 111 >线织构在这类薄膜中普遍存在，但工业上并不总希望出现这种织构。银的层错能很低，沉积时出现孪晶是不可避免的。工业生产中发现在银薄膜沉积时某些区域出现六角锥体，见图 8-9*b*，它会影响膜表面的平整性，因此工业界希望知道其本质和产生的原因。

图 8-9*a* 为正常银薄膜表面形貌，图 8-9*b* 为样品表面边缘区域形成的六角锥体，初步认为这是晶粒异常生长的结果，是特殊的制备工艺造成的。这种组织是不希望得到的，六角锥体周围基体内表面较平整。

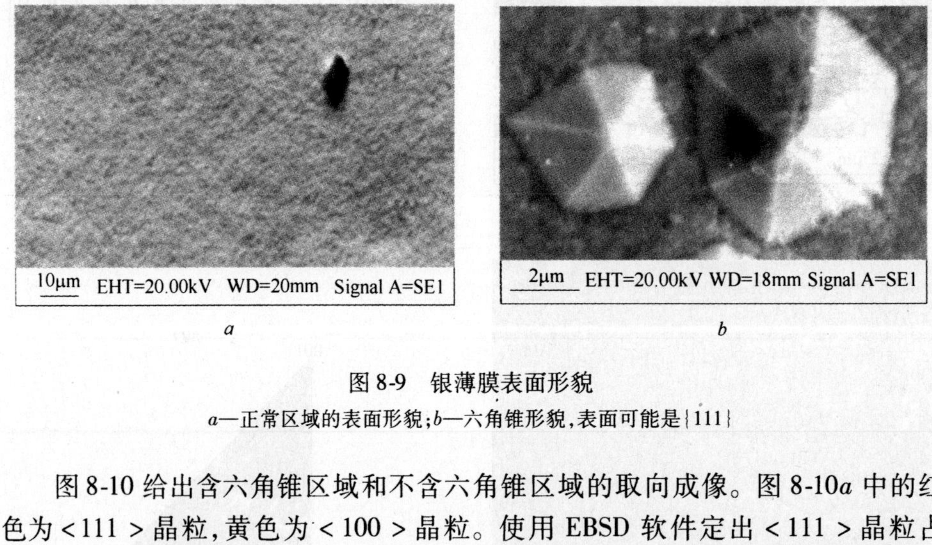

a　　　　*b*

图 8-9　银薄膜表面形貌

a—正常区域的表面形貌；*b*—六角锥形貌，表面可能是{111}

图 8-10 给出含六角锥区域和不含六角锥区域的取向成像。图 8-10*a* 中的红色为 < 111 > 晶粒，黄色为 < 100 > 晶粒。使用 EBSD 软件定出 < 111 > 晶粒占 50%，< 100 > 晶粒占 9.14%。孪晶界的比例为 40.8%，见图 8-10*b*。织构强度上 < 111 > 占主体，见图 8-10*c*。取向成像结果的另一特点是，六角锥对应的“盲区”主要在 < 111 > 晶粒内（红色）。图 8-10*d*，*e*，*f* 是正常区域的取向成像结果。< 111 > 取向的晶粒占 32%，< 100 > 占 15.8%。虽然仍是 < 111 > 晶粒多，但 < 100 > 织构已很明显（图 8-10*f*）。孪晶界占 36.8%，与六角锥区相差不大。两区域的晶粒尺寸也相差不大。

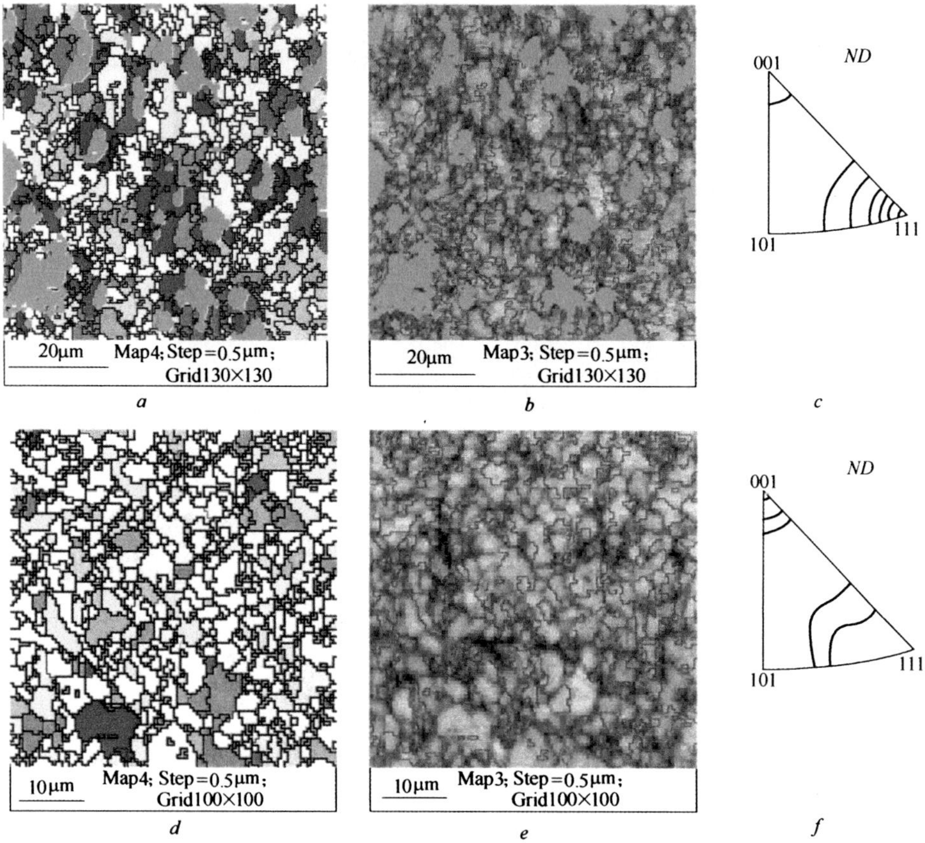

图 8-10 银薄膜中两类区域的取向成像分析[6]

a—含六角锥区的取向成像,绿色为盲区(包括六角锥位置);*b*—菊池带衬度及孪晶界(红线);
c—六角锥体区域的取向;*d*—不含六角锥区域的取向成像;
e—菊池带衬度及孪晶界(红线);*f*—正常区域的取向

现在的问题是,六角锥体的表面是否是{111}? 六角锥是单个晶粒还是多个晶粒? 六角锥产生的原因是什么?

图 8-11*a*,*b* 给出在六角锥体上测出的单个取向(原始数据)。因六角锥表面不平,倾转 70°后只有前面的 3 个侧面可观察到,后面的 3 个锥面被挡住(见图 8-11*a*)。此外,前面的 3 个锥面中,中间锥面常难得到衍射菊池带。图 8-11*c* 是图 8-11*b*中同一取向的 4 个{111}极点用连线连接的极图,以便于各取向的区分。从图 8-11*b*,*c* 看出,六角锥体内存在 60° <111> 的孪晶关系,且孪晶关系的转轴处在极图中心 *ND* 处,说明至少部分孪晶面{111}为水平面,即薄膜表面,这表明六角锥不是单晶。一个单胞内有 4 个{111}面,它们围成一个四面体,若 1 个{111}型的面为底面(即薄膜表面),则单晶锥体表面只可能由 3 个{111}面围成,而不可能由 6 个{111}面围成。

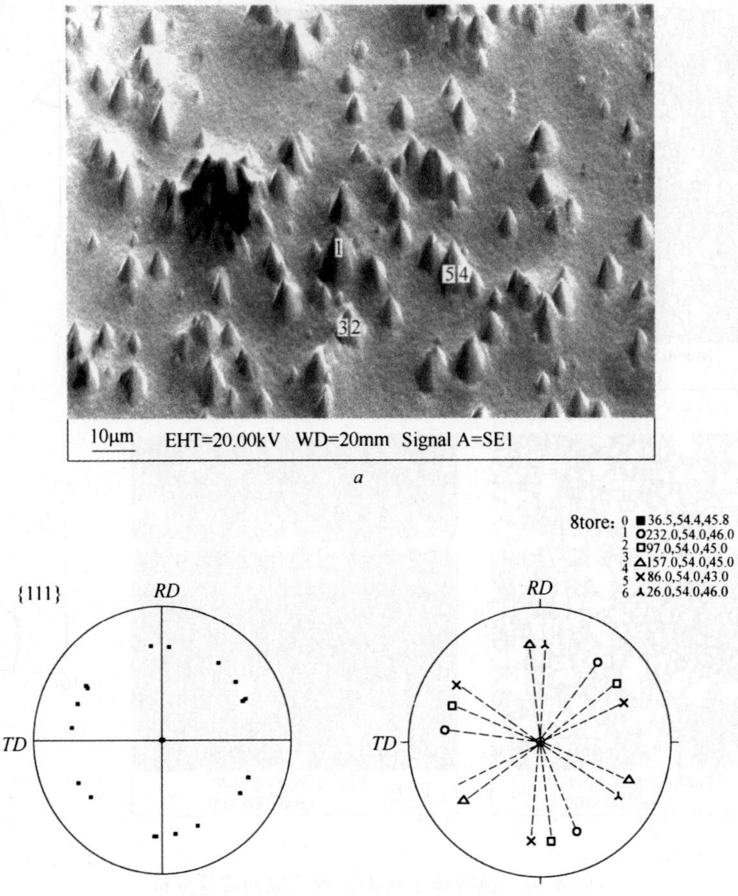

图 8-11　六角锥体及周围取向测定结果

a—六角锥体区域的组织形貌；*b*—3 个六角锥上的原始取向 1～5；*c*—同一取向的 4 个{111}极点用连线连起来，以便于各取向的区分（可算出 2/3 是孪晶关系，4/5 是孪晶关系）

图 8-12 给出六角锥体可能的形成机制。六角锥是两个取向按图 8-12*a* 所示的方式构成。图 8-12*b* 是同一晶粒 4 个{111}面的关系，图 8-12*c* 中 *A*、*B*、*C* 是一个晶粒的另 3 个{111}面，但只是一部分；图 8-12*d* 中 *D*、*E*、*F* 是另一个晶粒的另 3 个{111}面，也只是一部分；两个晶粒的各 3 个{111}面围成一个六角锥体。实测时发现有时锥的两个侧面是一个取向，这正好与推测的一致。此外，还有一点不清楚，孪晶面是薄膜平面，而观察到的是垂直于或倾斜于薄膜表面的孪晶面，说明这些孪晶面并不是孪生进行时的界面，而是孪生后两晶粒对称长大后围成的界面，因孪晶界面能很低，较多的孪晶界不引起界面能的大幅度提高。进一步的工作是确定这个原因。

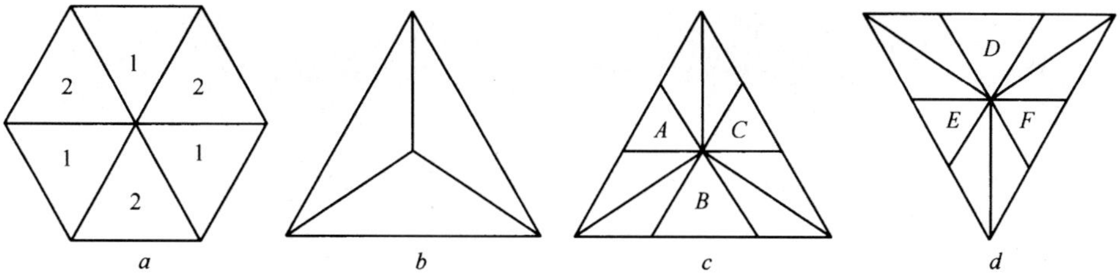

图 8-12 银薄膜表面六角锥体的形成方式分析

a—孪晶构成六角锥体的方式；*b*—单个 <111> 取向晶粒的 3 个{111}外表面；
c——个晶粒的外表面；*d*—另一晶粒的外表面

文献[7]报道了沉积在硅片上的陶瓷薄膜 PZT 中出现的孪晶及对应的晶粒异常生长现象。其特征是，大晶粒中都有相互穿插的孪晶，并且显示 2 次轴或 3 次轴的特征，见图 8-13。因 PZT 是四方结构，外表面展示了四方结构的特征；而银为 fcc 结构，所以晶粒外形表现为三角形状，两个互为孪晶的晶粒，围成六角锥体。

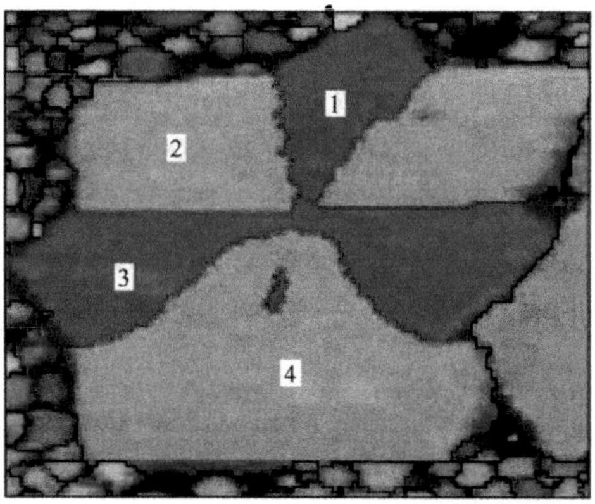

图 8-13 PZT 中出现的生长孪晶[7]

8.4 镁合金中压缩孪晶的 EBSD 分析

镁合金是金属结构材料中最轻的，密度只有 1.7 g/cm^3，比铝还轻 1/3。我国的原镁产量占世界第一。变形镁合金塑性行为是目前我国的研究重点。孪生在镁塑性形变时起重要作用，镁合金中至少有两类孪晶，$\{10\bar{1}2\}$ *C* 轴拉伸孪晶和 $\{10\bar{1}1\}$ *C*轴压缩孪晶。拉伸孪晶是最容易形成而被观察到的，压缩孪晶难以观察但却是裂纹产生的直接根源。

图 8-14 为镁合金中的两类孪晶。图 8-14*a* 为拉伸孪晶的典型透镜状形貌，尺度较大，界面很易迁移。压缩孪晶在轧制、压缩条件下主要出现在基面取向（{0001} ∥ 压缩面）晶粒内；是平行的细条带状，界面不易迁移，见图 8-14*b*。

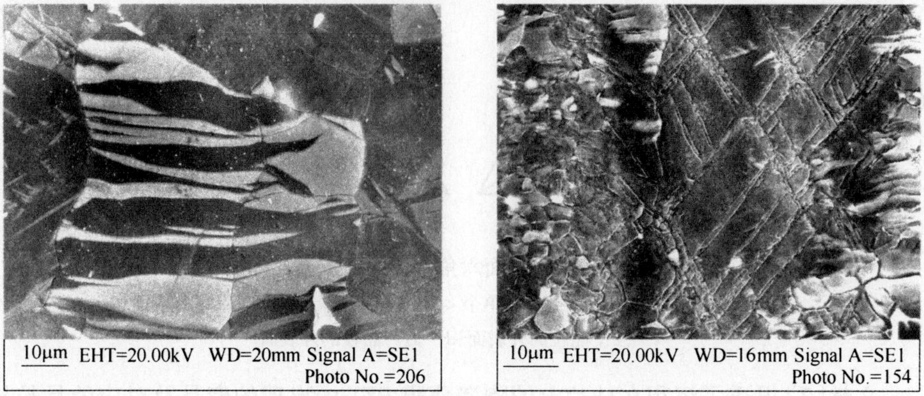

a　　　　*b*

图 8-14　镁合金中的孪晶特点

a—AZ31 中的拉伸孪晶形貌（孪晶界很易扩展，97℃，应变 0.08，初始织构为柱面取向）；
b—AZ31 中的压缩孪晶形貌（孪晶界不易扩展，97℃，应变 0.15，初始织构为柱面取向）

图 8-15*a* 为计算出的平面应变压缩条件下不同形变机制的高 Schmid 因子区域。可见，压缩孪晶主要出现在基面取向（指{0001}‖压缩面的取向）附近（浅蓝色），而拉伸孪晶主要出现在柱面取向附近（指<0001>‖*RD* 的取向）（绿色）。蓝色为柱面滑移区（{$10\bar{1}0$}<$1\bar{2}10$>），褐色为基面滑移区{0001}<$11\bar{2}0$>，灰色为锥面滑移区{$10\bar{1}1$}<$1\bar{2}10$>。图 8-15*b* 给出了用 EBSD 技术测出的拉伸孪晶基体和压缩孪晶基体的取向分布，可见基本符合预测。

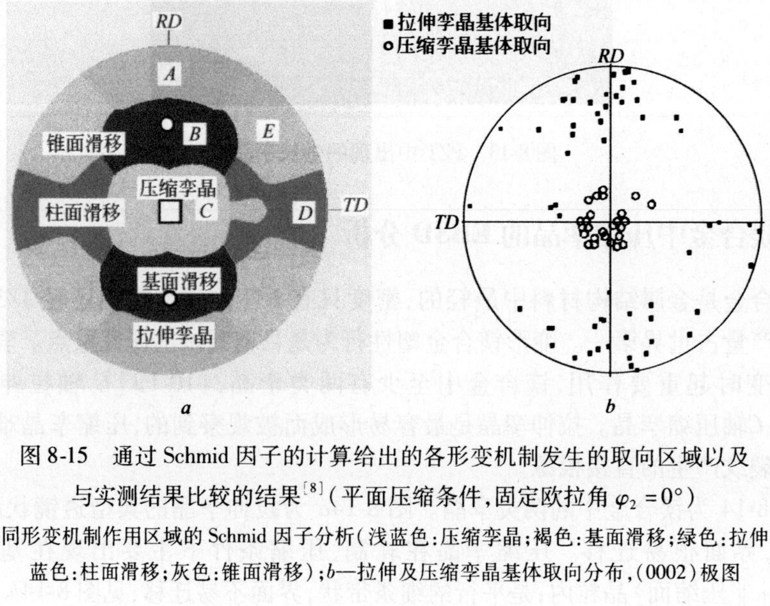

a　　　　*b*

图 8-15　通过 Schmid 因子的计算给出的各形变机制发生的取向区域以及与实测结果比较的结果[8]（平面压缩条件，固定欧拉角 $\varphi_2=0°$）

a—不同形变机制作用区域的 Schmid 因子分析（浅蓝色：压缩孪晶；褐色：基面滑移；绿色：拉伸孪晶；蓝色：柱面滑移；灰色：锥面滑移）；*b*—拉伸及压缩孪晶基体取向分布，(0002) 极图

图 8-16 给出了通过 EBSD 取向成像技术确定压缩孪晶取向关系的例子,约 40° $<\bar{1}2\bar{1}0>$,见图 8-16*d*。初始织构为 *TD* 转动的基面织构,见第 7 章图 7-15*d*。形貌观察为细条纹组织。此取向成像图展示了两个压缩孪晶变体 T_1 和 T_2,孪生将取向突变到远离基面取向的位置,该位置有利于基面滑移,又使取向逐渐转到基面取向附近 T_2,即使取向差减小,图 8-16*d* 中箭头指出孪晶群中的基体取向。

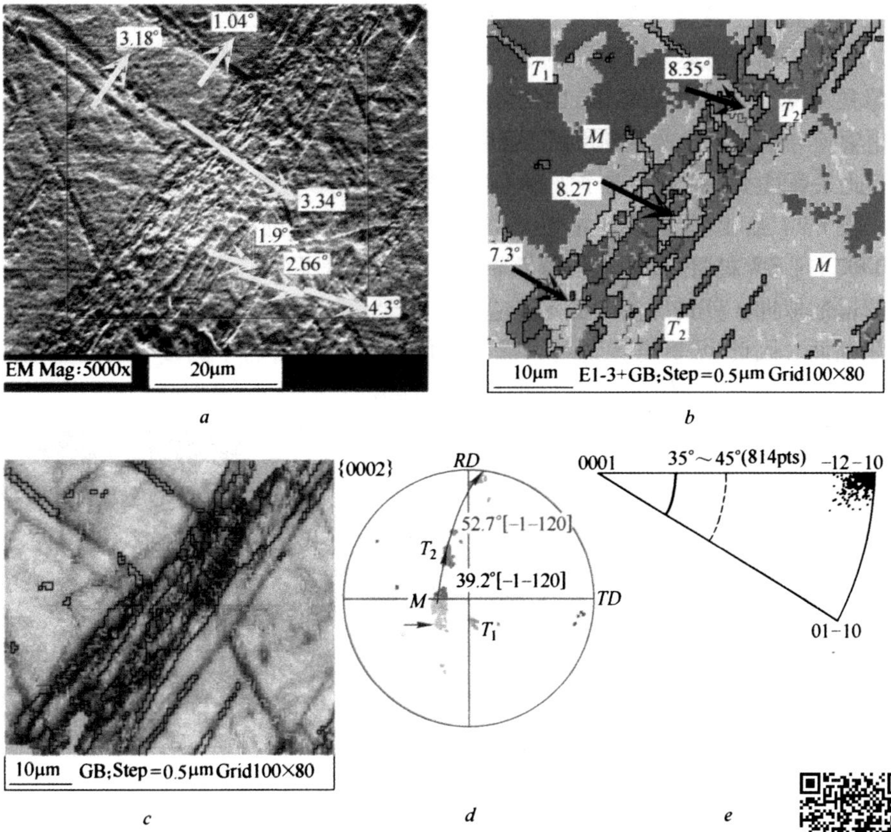

补充案例10

图 8-16 压缩孪晶的 EBSD 取向成像分析[8]

a—压缩孪晶形貌图;*b*—取向成像(颜色与取向的对应关系见极图 *d*);
c—菊池带质量图;*d*—(0002)极图;*e*—压缩孪晶的取向关系

本例得到以下几方面的结论:

(1) 测到两个压缩孪晶变体;

(2) 压缩孪晶发生在基面取向附近的晶粒内,取向关系已由 56° $<11\bar{2}0>$ 降为约 40° $<11\bar{2}0>$;

(3) 切变带是由一组平行的压缩孪晶演变而成,切变带内含有基体取向;

(4) 压缩孪晶的产生引起基体内出现取向差,一般来说,取向差大小与所跨过压缩孪晶带的数目有叠加的关系。即平行的孪晶带越多,两侧取向差就越大。

8.5　利用 EBSD 技术确定镁合金中形变孪晶量与应变量的定量关系

镁是在 c 轴受拉力时形成$\{10\bar{2}1\}$孪晶；原始织构不同，形变时孪晶转变量就不同。虽然孪生只是一种形变机制，不是相变也不是再结晶时的组织转变，但其也由形核和长大过程组成。有些研究用类似于 J-M-A 方程的式子 $f=1-\exp(-k\varepsilon^n)$ 描述孪晶量与形变量的关系[9]，ε 是应变量。若是恒应变速率，则与 J-M-A 方程相同。形变孪晶与退火孪晶不同，不能用孪晶界的多少描述其相对量，因孪生后期，转变量很大，但孪晶界并不增多，反而会减少。此外，光学镜下不容易区分孪晶与基体。孪晶量应与孪晶对应的取向区域百分数有对应关系。现利用取向成像解决此问题。确定此关系的另一个意义在于了解孪生能提供多大形变量（理论值为 6.8%）。

图 8-17 给出基面取向晶粒的相对量与形变量的关系。样品原始织构为 <0002> ∥ *RD* 的柱面织构，见第 7 章图 7-15*b*，这是平面应变压缩时最容易形成拉伸孪晶的取向。镁的拉伸孪晶取向差达 86.3°，且压缩时孪晶取向总是基面平行于压缩面。因此，可较容易地将孪晶与基体区分。定出的孪晶量与应变量的关系见图 8-17*g*，每个数据值是几组图的加权平均值。

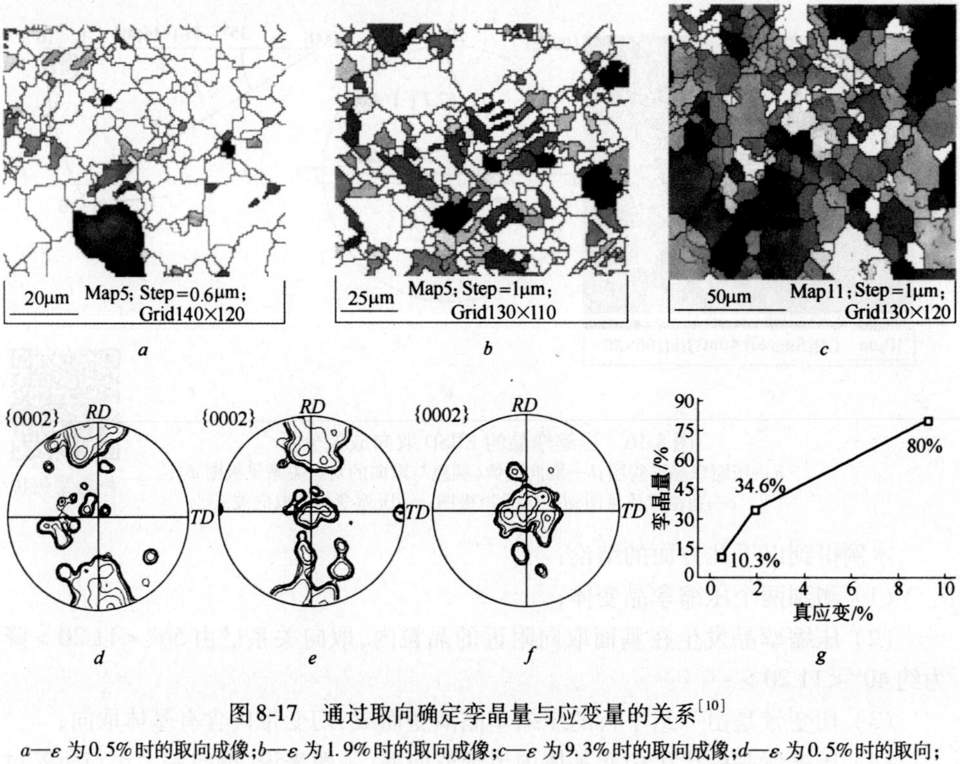

图 8-17　通过取向确定孪晶量与应变量的关系[10]

a—ε 为 0.5% 时的取向成像；*b*—ε 为 1.9% 时的取向成像；*c*—ε 为 9.3% 时的取向成像；*d*—ε 为 0.5% 时的取向；*e*—ε 为 1.9% 时的取向；*f*—ε 为 9.3% 时的取向；*g*—孪晶量与应变量的关系

8.6　利用 EBSD 技术分析 fcc 铝合金中立方取向晶粒的特点

立方织构在立方结构金属中起极其重要的作用，如 fcc 铝合金，fcc 镍基超导带，bcc 硅钢中；也有重要的理论研究价值。对铝合金来说，不同的应用条件，要对立方织构量有不同的控制。用于电解电容器的高压阳极高纯铝箔需要 90% 以上的立方织构；而冲压用的 1XXX 和 3XXX 系列的铝合金则希望一定的立方织构量（产生 0/90°制耳）以抵消 R 织构造成的 45°制耳。热轧又是这两类产品必不可少的前期工艺。立方取向晶粒在热轧、冷轧、退火中的行为是人们有效控制产品首先要了解的信息。以下给出 3 个阶段立方取向区域 EBSD 分析的结果。

补充案例11

8.6.1　热轧板中立方取向晶粒的特点

图 8-18 是高纯铝板退火时的取向成像。该区域以立方取向为主，越接近红色与立方取向的差异越小。对比立方取向的区域和菊池带质量分布可见，立方取向区域常常（但并不总是）有较高质量的菊池花样，说明该取向的形变晶粒回复得较充分。

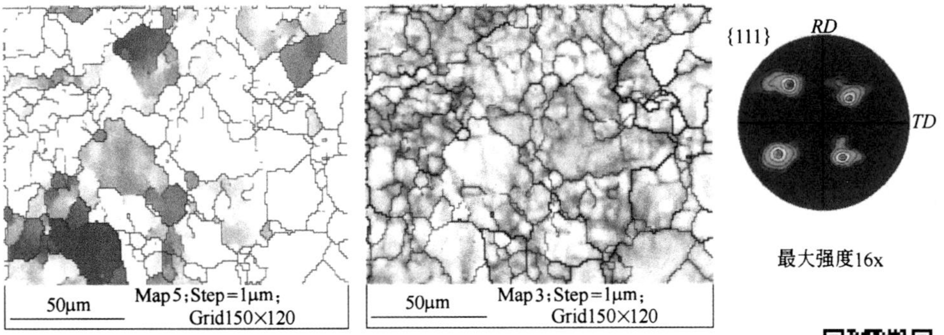

a　　*b*

图 8-18　高纯铝退火时的取向成像（300℃，30 min）

a—取向成像图，红色为立方取向；*b*—菊池带质量图；*c*—{111}极图

补充案例12

8.6.2　冷轧板再结晶初期立方晶粒的形核

图 8-19 是高纯铝再结晶初期（冷轧 98.7% 并在 300℃退火 15 s）取向成像的一个例子。多年的研究已经清楚，工业应用上最关心的立方织构{100}<010>是由形变后残留的立方（亚）晶粒在退火时择优形核及择优长大而得到的。目前关心的焦点是形变金属中立方晶粒或亚晶主要处在一个怎样的环境下以及如何在形核过程中处在比其他取向晶粒更有利的环境下而形核、生长的。该图中红色为立方取向晶粒（一个大的再结晶晶粒和一些亚晶）；黄，蓝，灰为互补的（或等效的）*S* 取向（{123}<63$\bar{4}$>）的亚晶；白色为其他取向的（亚）晶（绿色为“盲点”，即菊池带质量太差而无法识别的情况）。该图表明，立方晶粒主要与不同的 *S* 取向（而不

是另两个典型的形变取向，即铜型 *C* 取向{112}<11$\bar{1}$>或黄铜型 *B* 取向{110}<1$\bar{1}$2>)形变晶粒为邻居。事实上 *S* 取向的晶粒通常是由立方晶粒在形变时“分裂”而转动后的“稳定”取向。不同的 *S* 取向的出现是为协调或保持形变时样品的正交稳定性。这种协调性在一个原始晶粒内部便出现了。取向成像还表明，形变后晶粒内部出现很多大角晶界。这样，它们都是潜在的再结晶形核地点。由于不同 *S* 取向晶粒间也是约 40°<111>关系，所以唯一能与立方晶粒生长竞争的便是 *S/R*{124}<21$\bar{1}$>取向的晶粒。

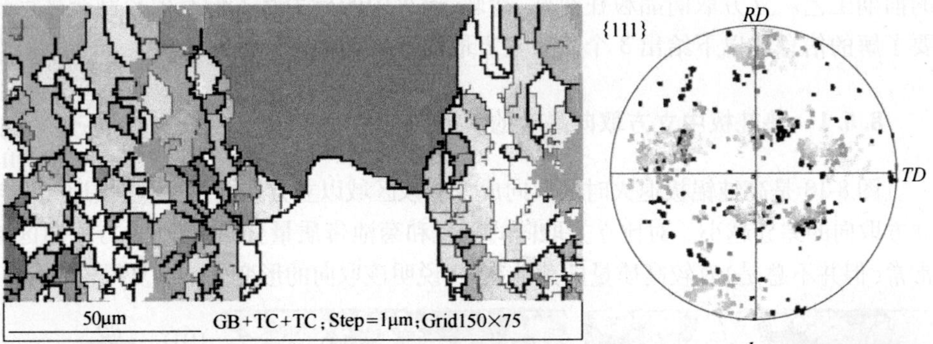

a　　*b*

图 8-19　冷轧高纯铝再结晶初期的取向成像(300℃, 15 s)

a—取向成像；*b*—取向表示在{111}极图上

补充案例13

8.6.3　高纯铝再结晶后立方织构的相对量

图 8-20 为高纯铝再结晶后的取向成像。可见，绝大部分为立方取向晶粒，软件定出立方取向晶粒在此视场下占 80%。从该组织可看出，若只以大角度晶界区分各

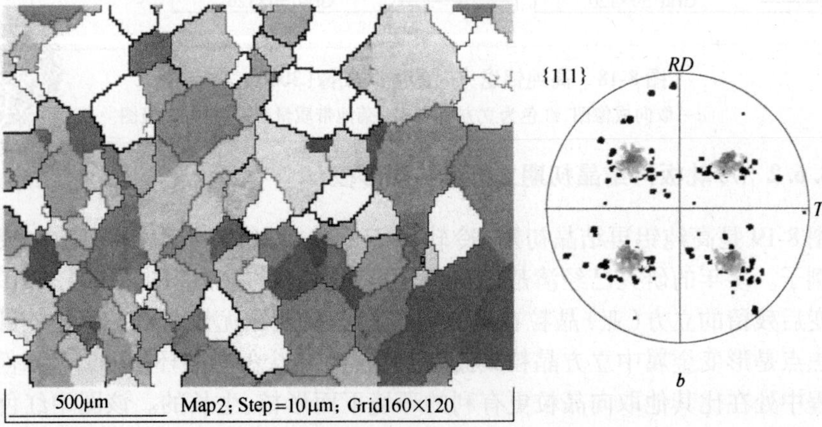

a　　*b*

图 8-20　高纯铝再结晶后立方织构(500℃, 10 s)

a—取向成像，红色为立方晶粒；*b*—以散点表示的晶粒取向

晶粒,则此时晶粒尺寸分布很不均匀,应是个晶粒异常长大过程。文献[11]认为高纯铝再结晶过程就是个异常长大行为,完全不同于一般的均匀/正正常长大过程。

补充案例14

8.6.4 1050 铝合金中制耳率与立方织构相对量的关系[12]

针对退火的 1050 铝合金冲压时出现明显的 45°制耳的现象,即再结晶后存在过强的 *R* 织构,采用增加中间退火的工艺调整 *R* 织构与立方织构不同的百分比。不同冷轧压下量后进行中间退火会造成不同强度的立方织构量,因而可建立两者的定量关系。中间退火越接近最终样品厚度,最终退火后立方织构就越强。原因是立方取向晶粒可更大程度上保存下来。通过改变再结晶织构组分及立方织构和 *R* 织构的相对含量,深冲制耳从 45°方向转为 0/90°方向,并且制耳率从 14% 降低到 2%。此时立方织构大约为 25%,与 *R* 织构的比例大约是 1:2。

图 8-21 给出用 EBSD 取向成像方法分析的结果。用软件中的 LEGEND 功能计算出 *R* 取向(20°取向偏差)的晶粒占 93.8% 以上,其中粉、黄、蓝、绿是 4 个 *R* 变体取向的晶粒,面积百分数为 20.7%, 15.7%, 20.9%, 36.5%。立方取向晶粒的百分比为 0.4%(红色),同时此两类取向以外的晶粒取向并不是随机分布的,而是接近 *R* 取向,见图 8-21*b*。不同 *R* 变体取向晶粒分布比较均匀,说明它们不是通过连续再结晶方式形成的。另外,内部仍有不少小角度晶界(红细线),见图 8-21*a*,它们是同种取向晶粒相邻造成的,与形变晶粒不再相关。该微区内的晶粒取向分布与宏观织构一致。对在 450℃退火样品的另两个视场共 0.2 mm^2 区域的取向成像分析的结果是立方晶粒面积百分比 7.1%,*R* 取向晶粒面积百分比为 88.6%。

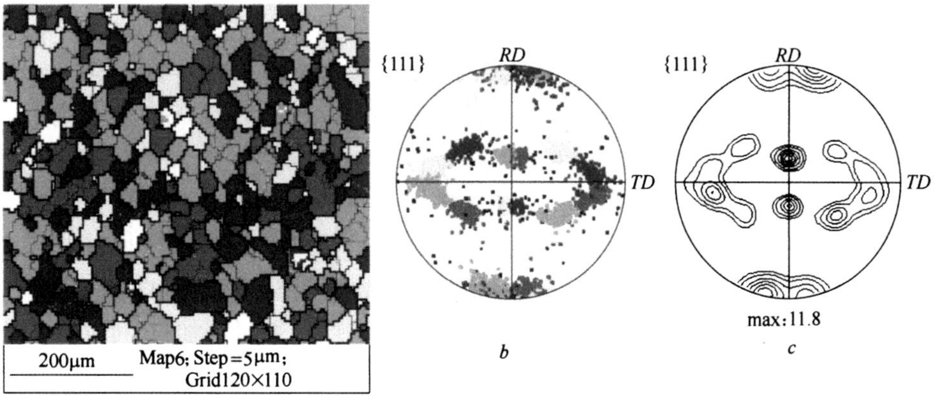

a *b* *c*

图 8-21 直接退火样品的取向成像

(400℃ R-$\{12\bar{4}\}$ <211> - 粉、黄、蓝、天蓝色是 4 个 R 变体取向的晶粒)

a—取向成像图;*b*—{111} 极图;*c*—等高线极图

图 8-22 为用 EBSD 取向成像的方法对热轧板中间退火和最终退火(约 0.8 mm)都是 500℃的样品进行的分析。其中,红色为立方取向的晶粒,面积百分数为 127%。R 取向的 4 个变体面积百分数分别为 23.2%(粉色),19.9%(绿色),13.6%(黄色),8.8%(蓝色),总和为 65.5%。对另一视场取向成像的结果得到立方取向 10.5%,R 取向总体 67.4%。加权后在 0.61 mm^2 区内立方晶粒的面积百分数为 11.5%,R 取向晶粒的面积百分数为 66.5%,其余 22% 为这两种取向以外的晶粒,但它们也不是随机分布的。计算出的等高线极图与 X 射线法测出的极图一致。

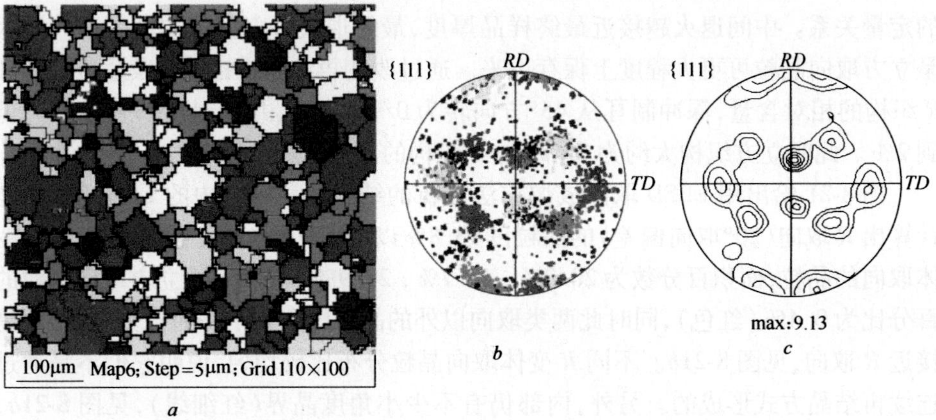

图 8-22　热轧板 500℃中间退火,500℃最终退火的取向成像分析

(R-{12$\bar{4}$}<211>-粉、黄、蓝、绿是 4 个 R 变体取向的晶粒,红色为立方取向晶粒)

a—取向成像图;b—{111}极图;c—等高线极图

图 8-23 给出 1.3 mm 冷轧板中间退火和最终退火(约 0.8 mm)都是 500℃的样品 EBSD 取向成像分析结果。计算出所测区域立方织构(红色)含量为 29.8%,R 织构的含量为 56.2%(4 个 R 变体相对量分别为:10%、19.7%、10%、16.5%)。对另一视场的取向成像分析,定出立方晶粒百分比为 38.6%,R 晶粒的百分比为 38.3%。再对面积进行加权,得出在 0.855 mm^2 区域内立方晶粒面积百分率为 35.2%,R 晶粒面积百分数为 45.2%。对中间退火在 350℃,最终退火 500℃样品取向成像定出立方晶粒面积百分比为 42.9%,R 晶粒面积百分比为 47.1%。

利用上面各图定出的织构百分数,再增加测量次数,并进行加权,可初步得出如图 8-24 所示的制耳率与两种织构比值的关系。这就为企业找出织构控制的定量范围。

本例用 EBSD 解决了以下几个问题:

(1) 热轧铝板退火时不同取向晶粒菊池带质量的差异,立方取向晶粒常回复较充分,即菊池带质量高;

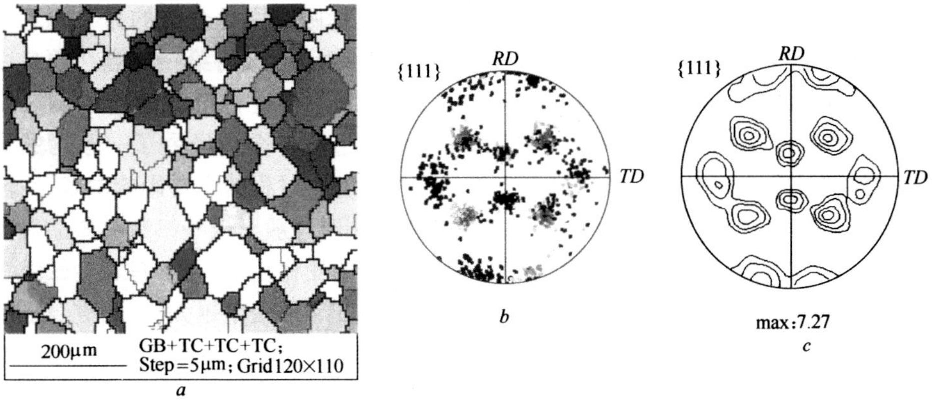

图 8-23 1.3 mm 冷轧板中间退火及最终退火(约 0.8 mm)都是 500℃样品的取向成像
(立方-{001} <100>-红色,退火)
a—取向成像图;b—{111}极图;c—极图,等高线分布

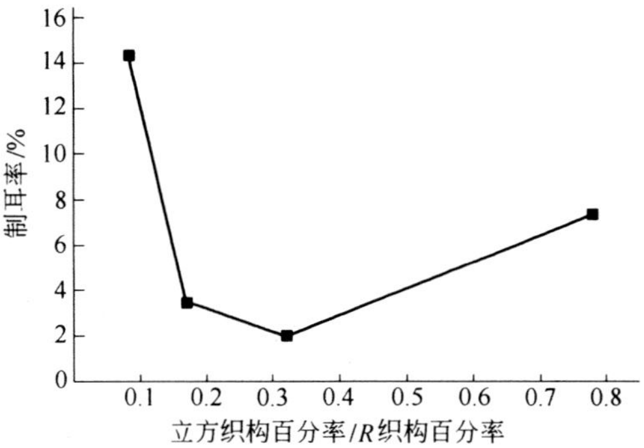

图 8-24 制耳率与两种织构比值的关系

(2) 冷轧样再结晶初期立方取向新晶粒主要与 *S* 取向的形变晶粒接触,两者有有利的取向关系;

(3) 建立了制耳率与 *R* 立方织构相对量的关系。

8.7 EBSD 技术在微电子封装中金线键合性能评价时的应用

微电子封装中金(铜)线键合质量的好坏对产品有极重要的影响。金(铜)丝键合过程分金丝球键合、楔形键合和倒装键合。图 8-25*a* 是铜载带自动键合(TAB)带中的一个局部区域的照片。向右的箭头指的是铜丝球键合,向左的箭头指向楔形键合焊点。图 8-25*b* 是一个放大的金丝球键合点。键合过程的基本工艺是,用冷拉拔并经回复退火的金丝(直径约 25 μm)经高压放电使其端部熔化形成自由球(FAB,free air ball),用刚玉吸管引导控制,在水平方向的热超声作用下与硅片进行扩散键合，见图 8-25*c*。第一点键合完成后，吸管引导金线的另一端到铜制引线框架上进行楔形键合，见图 8-25*a* 向左的箭头所指，或将第一焊点在原自由球 FAB 的脖颈处拉断形成凸点(Bump)，见图 8-25*b*。再进行第二键合的倒装焊(FCB,flip chip bonding)，其示意图见图 8-25*d*。该过程中金丝经受了一系列的形变过程，同时受外加水平方向的热超声波的作用。整个过程的主要影响参数是：热超声功率大小、载荷力的大小、键合温度和超声作用时间。对这些参数对样品界面键合强度的影响已有不少研究，但对相应形变组织的变化还不了解，并且金的组织不容易浸蚀显示。最重要的是，剪切性能测定表明并非形变量越大，界面键合强度就越高。因此，最佳性能对应的形变组织是企业所关心的。EBSD 取向成像可较好地完成这个工作。第一次键合、楔形键合与倒装键合的形变方式与形变量都有很大差异，其相关的形变组织与微织构就会不同，它们也会影响焊点强度、刚度、电阻率、扩散系数和组织稳定性。因为织构的不同会影响弹性模量及拉拔时的界面强度；晶体缺陷的增多一方面产生加工硬化，提高强度；另一方面影响提高电阻和扩散系数；同时，含大量晶体缺陷的组织是热力学不稳定的，可加速原子的扩散，也会造成后续时效时软化速度的不同。金丝球键合和倒装键合的受力状态和应变速率都与常规的低应变速率下的单向均匀压缩不同。键合过程中会有一系列的微织构变化，如金线中的拔丝织构、金丝球内的铸造织构和热影响区内的再结晶织构，凸点中的弱形变织构和倒装键合中较大形变量下的压缩织构。因此，研究工艺参数对金丝键合中形变不均匀性的影响无论在理论上还是应用上都有重要的意义，而 EBSD 取向成像技术是有效揭示形变组织变化及亚晶界分布的技术。

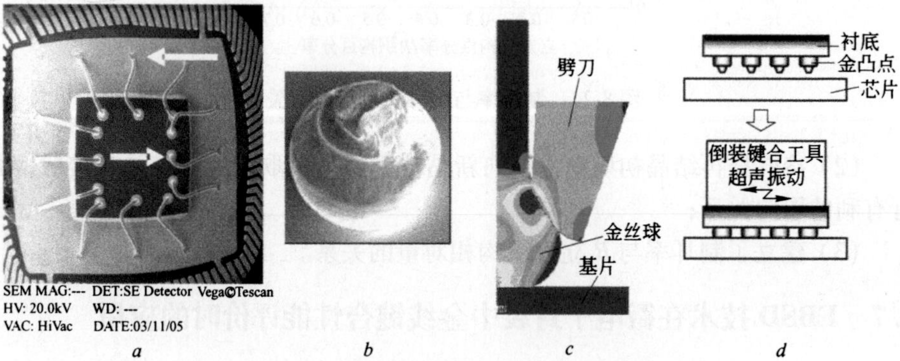

图 8-25　微电子封装键合点实物照片金丝球键合过程

a—自动载带键合带中的一组焊点；*b*—放大的第一键合点；
c—金丝球键合过程受力模拟；*d*—倒装键合过程示意图

8.7.1　金丝键合时不同加工阶段的组织与微织构特点[13]

首先考察金丝在不同加工阶段的组织及取向特征。图 8-26 给出各形变阶段样品的取向成像。对比参考取向三角形中的颜色可知，金丝中心有 <100> 取向的择优，中心以外是<111>取向的择优，即金丝含强的<111>和较强的<100>丝织构。在高压放电时金丝下端部熔化，再在表面张力的作用下凝固成球形端部（称自由球），其特点是由冷拔丝的原始形变组织到以等轴晶为主的热影响区，再过渡到凝固的柱状晶区。虽然组织有很大变化，但取向变化并不大。热影响区的

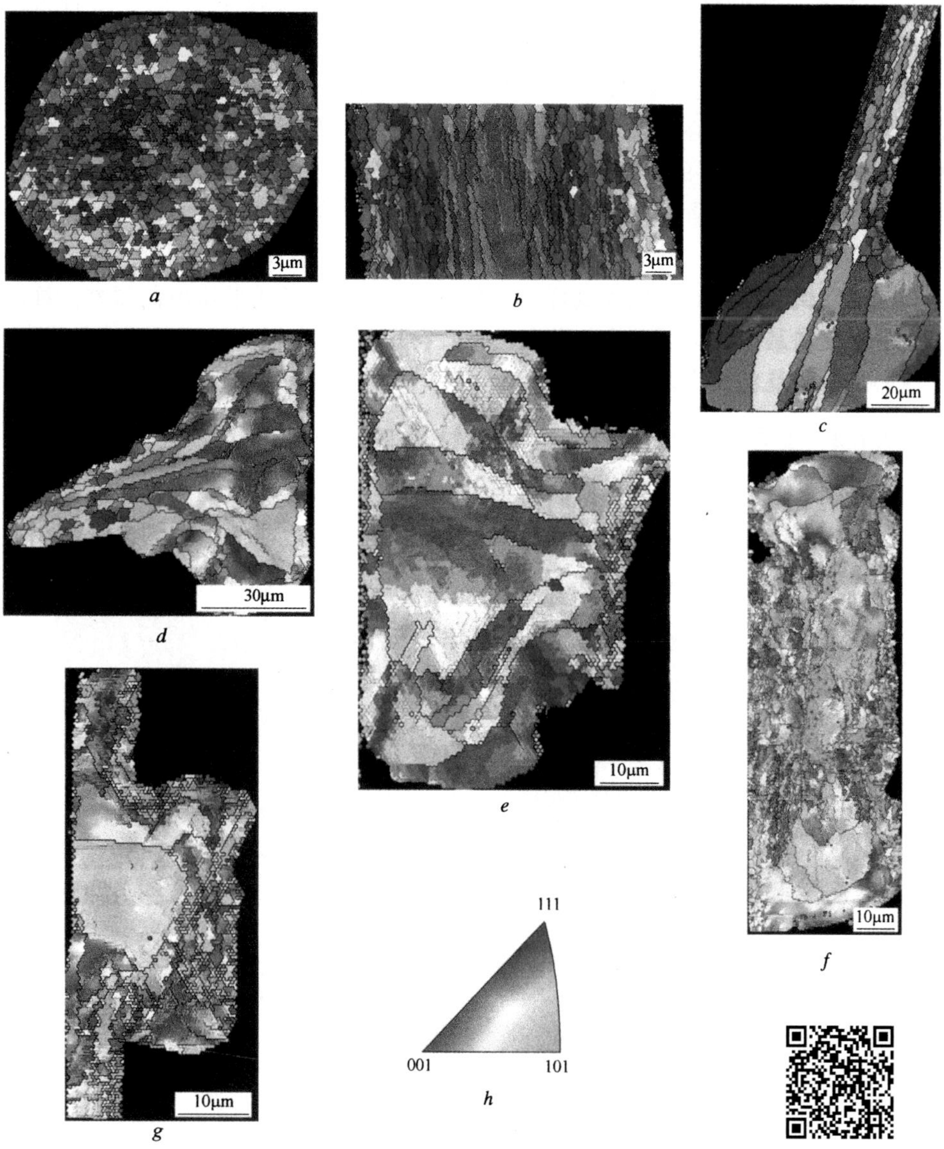

补充案例15

图8-26 金丝键合时不同加工阶段的组织与微织构特点

a—金丝，横截面；*b*—金丝，纵截面；*c*—自由球；*d*—金丝球键合，长“尾巴”；*e*—金丝球键合，短“尾巴”；*f*—倒装键合点；*g*—功率过大的凸点；*h*—取向图标

再结晶并长大的等轴晶继承了原始冷拔丝的取向，而柱状晶又继承了热影响区的取向，致使第一次键合前自由球 FAB 内是一个边上为 <111> 的柱状晶，中心为 <100> 的柱状晶凝固组织。又知 <111> 晶粒间和 <100> 晶粒间是较容易出现重合位置点阵关系的取向和转轴，虽然凝固时间很短，只有几微秒，仍可形成一定的 CSL 关系。可观察到柱状晶间一些平直的晶界，其中某些是重合位置点阵(CSL)晶界。金丝球键合后形成的凸点中，见图 8-26*d*，*e*，不论凸点尾部制作工艺如何(长尾巴凸点还是短尾巴凸点)，因形变量不大，凸点取向仍继承了自由球中边缘 <111> 为主，中心 <100> 为主的取向特点。与吸管接触的自由球的脖颈处形变较大，通过亚晶界的分布可知样品截面上形变量的大致分布。倒装键合后，见图 8-26*f*，样品形变量是两次形变的叠加，即第一次键合(ball bonding)和倒装键合(FCB)形变的叠加。从组织上看，倒装键合后晶粒完全被压扁。并且可看到，原凸点长尾巴在倒装键合时被压入到样品中的区域，其形变量比平均值高得多。样品侧面是形变量最小的区域。在一些工艺参数设置不当，如温度过高或功率过大，会出现再结晶及晶粒长大现象，见图 8-26*g*。

8.7.2 工艺参数对金丝键合组织与微织构的影响

在了解各阶段形变组织与取向特点后，进一步的工作是鉴别出各影响参数间的差异。在前面提到的 4 个影响参数中，超声波功率和载荷的影响明显大于超声作用的时间和温度的影响。图 8-27 给出了超声波功率和载荷的影响。

图 8-27 超声波功率和载荷的影响[14]

a—低功率；*b*—高功率；*c*—低载荷；*d*—高载荷

图 8-27a,b 给出温度固定,一定超声波频率及超声作用时间,载荷约为 200 mN 的条件下不同功率(或不同超声振幅)时的取向成像结果。在低功率下,组织明显变化的是与吸管接触区和凸点中下部两晶粒相接触的区域,这可由这里较多的新亚晶界看出。高功率时,整个截面上的晶粒均匀变形,每个晶粒内都有不少亚晶界,不同区域的取向开始有差异。从取向上看,以 <100> 和 <111> 为主的原始自由球的取向仍保留。频率增加可能是有利的,但振幅增加到一定程度后可能会影响界面上的有效键合而产生不利的影响。

图 8-27c,d 给出在温度、功率、时间固定,不同负荷下金丝球键合取向成像。低负荷下,变形很小且较均匀,看不到与吸管接触区明显的变形,但可见 <111> 蓝色柱状晶的一部分因吸管力作用而发生取向变化。大负荷下,形变量均匀增加,晶粒内有大量亚晶。与吸管接触区域形变量很大,晶粒取向已转向 <110>(绿色),这是以前没有的取向。

8.7.3 工艺参数对倒装键合后组织与微织构的影响

倒装键合因其第一次键合产生的形变组织和加工硬化及大的样品截面积而使用明显大的功率、载荷和超声时间,自然也形成与凸点完全不同的组织和微织构。与上面所测第一次键合组织比较,最大的差异是倒装键合有明显大的形变量,且形变集中在中心区域靠近原金球的凸点处。因形变量很大,菊池带质量明显下降,取向标定率下降,盲点增多。即使是小形变量的边缘,晶粒也明显被压扁。产生大量新的晶界。虽然有大量区域晶粒尺寸较小,像是出现了晶粒因形变而碎化,但至少一部分是原始热影响区内的细晶。

图 8-28 给出在负荷、温度、超声作用时间固定时,功率影响的取向成像图。在功率为零时,可见 <111> 取向的柱状晶被压缩压倒后,内部一部分区域取向转动的情况,这与金丝键合时的变化相同,只是这里更明显一些。对比取向三角形可知,<111> 晶粒会经 <233> 转向 <110>。<100> 也通过 <120> 转向 <110>,整体取向有明显的变化。低功率下,形变量加大,大尺寸的晶粒减少,亚晶界增多。碎化晶粒很有效,已难以辨认原来的柱状晶,几个原始 <111> 晶粒内明显出现部分区域转向 <110>(绿色)的现象。中等功率时晶粒形状有明显的变化,变为扁条状,见图 8-28c。大功率下,形变量继续加大,但晶粒碎化明显,回复的特征也明显,压扁的长条状晶粒减少。原始晶粒为 <100> 和 <111>,随形变的进行,靠近晶界的一部分逐渐转向 <110>,说明不同区域内开动的滑移系不同。根据图 8-27 可知,不论哪个参数下的样品,内部碎化的、小的 <111> 区域应是原 <111> 柱状晶碎化后留下的,<100> 也是如此。<110> 是理论上的压缩稳定取向,但由于水平超声的强烈作用,<110> 的比例并不很大。

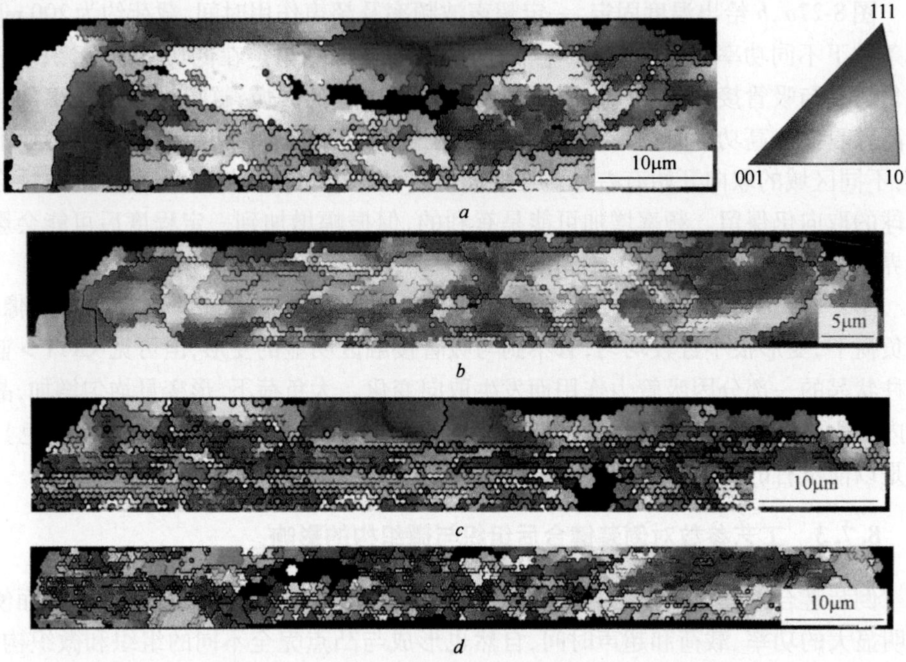

图 8-28　功率对倒装键合样品组织及取向的影响

（载荷、温度、超声作用时间不变）

a—0 W；b—低功率；c—中等功率；d—高功率

本例用 EBSD 技术确定了以下几个结论：

（1）有效揭示金丝键合各阶段形变组织的特征，包括形变不均匀性的分布（通过亚晶界分布和晶粒尺寸确定）。与金丝球键合相比，倒装键合形变量大，组织处于热力学不稳定状态，长时间工作时，组织易发生变化。

（2）确定取向变化规律，特别是各阶段取向的继承性，及晶粒不断碎化时的取向转动；

（3）确定不同工艺参数对形变组织影响的差异或不同点。

参考文献

1　Najah-Zadeh A，Jonas J J，Yue S. Grain refinement by dynamic recrystallization during the simulated warm-rolling of interstitial free steels. Metall. Trans.，1992(23A)：2607～2617

2　杨平，常守海，孙祖庆．低碳钢铁素体热变形过程的取向成像分析．材料研究学报，2003，17(5)：520～529

3　杨平，常守海，崔凤娥，孙祖庆．Q235 碳素钢应变强化相变中铁素体的取向特征．材料研究学报，2002(16)：251～258

4 Hirsch J , Lücke K, Hatherly M. Mechanism of deformation and development of rolling textures in polycrystalline fcc metals-Ⅲ. The influence of slip inhomogeneities and twinning. Acta Metall. , 1988(36): 2905

5 杨平,孙祖庆,毛卫民. 取向成像,一种有效研究晶体材料组织、结构及取向的手段. 中国体视学与图像分析, 2001, 6(1): 50 ~ 54,32

6 杨平,孟利,王玉峰,崔凤娥,毛卫民. 利用 EBSD 技术分析银薄膜中的晶粒异常生长、孪晶及织构. 中国体视学与图像分析, 2005,10(4): 225 ~ 228

7 HKL-web report5: Ⅷ Contrasting grain types in a ceramic thick film. 2001

8 Yang P, Meng L, Xie Q G, Cui F E. A Preliminary Analysis on Compression Twins in Magnesium. Materials Science Forum, 2007(546 ~ 549): 297 ~ 300

9 Choi H C, Ha T K, Shin H C, Chang Y W. The formation kinetics of deformation twin and deformation induced ε-martensite in an austenite Fe-C-Mn steel. Scripta mater. , 1999(40): 1171 ~ 1177

10 胡铁嵩,杨平,赵祖德,马端骋. 利用取向成像研究镁合金的孪生过程. 中国有色金属学报,2004,14(1): 105 ~ 111

11 Engler O and Huh M-Y. Evolution of the cube texture in high purity aluminium capacitor foils by continuous recrystallization and subsequent grain growth. Mater Sci Eng. , 1999(A271):371 ~ 381

12 李雪, 杨平,王海峰,杨宏. 铝合金中制耳与织构关系的衍射分析. 中国体视学与图像分析, 2006,11(4): 246 ~ 251

13 Yang P, Li C M, Liu D M, Hung M, Li M, Meng L. Microstructural and textural analyses of flip chip bonded gold by orientation mapping. Materials Science and Technology, 2005, 21(12): 1444 ~ 1449

14 Li C, Yang P, Liu D, Hung M, Li M, Qi J. Effect of Parameters on the Microstructure and Microtexture of Thermosonic Gold Stud Bump Flip-chip Bonding. J. Electronic Materials, 2007,36(5):587 ~ 592

补充案例16　　补充案例17　　补充案例18

9 EBSD 分析用样品的制备

▶本章导读

前面介绍了 EBSD 分析时在硬件操作上和数据分析处理时可能遇到的问题，本章讨论 EBSD 分析时样品制备时可能存在的问题。这是 EBSD 技术使用者最先遇到的问题，样品问题不解决，得不到较清晰的菊池带花样，晶体结构与取向的测定和分析就无从谈起。从测试过程的时间顺序上看，本章内容应放在前面讨论，因担心它会分散读者对 EBSD 技术本身及其相关概念理解的注意力，故放在最后讨论。本章先讨论 EBSD 分析用样品可能遇到的问题及对样品的基本要求；然后总结样品制备的几种方法及较新的技术；最后列出前人已有的一些 EBSD 分析用样品制备的参数和经验。应当强调的是，所讨论的制备方法中绝大多数是已经成熟的、与一般金相、扫描电镜观察用样品一样，读者可参考更详细的样品制备专著，如文献[1～3]，所以读者只需留意最基本的原则。

9.1 样品制备可能出现的问题及对样品的基本要求

虽然在本书引言中提到，利用 EBSD 技术确定晶体结构及取向的主要特点之一是样品制备简单，这是与 TEM 分析用薄膜样品的制备相比而言的。实际当中，EBSD 技术使用者（特别是初次使用者）常常在样品制备上遇到问题。最常见的问题是，得不到较好的菊池花样。特别是铝、镁、铅、金等很软或易氧化的样品难以制备。有时还遇到样品表面明显不平或样品尺寸太小，如只有几十个微米（微电子封装用金、铜、铝丝的分析）的问题。因 EBSD 样品分析时要倾转 70°，所以，表面高低不平或倾斜会造成表面稍高的区域明显挡住较低的区域。再有就是导电不好的问题，其特征是图像漂移（见 6.5EBSD 数据可能出现的问题）；因取向成像要用较长时间，EBSD 分析时电流又很大（以提高菊池花样出现的清晰度），这样易造成样品表面积累的电荷不能及时流走。尽管已有低真空及可调气压的环境扫描电镜，但都不足以完全克服导电不良的现象。

对 EBSD 样品最基本的要求是：样品表面要“新鲜”、无应力（弹、塑性应力）、清洁、表面平、良好的导电性；需要绝对取向数据时，样品外观坐标系要准确；尺寸约为 1 cm^3 或稍小一些，或为与加工方向轴平行的圆柱形样品。

9.2　一般的样品制备方法

EBSD 分析用样品的制备还是遵循能简单的尽可能用简单方法,如常规的机械抛光、化学抛光、电解抛光。对硬度较高的样品,或原子序数较大的样品,直接进行机械抛光及化学浸蚀即可,如钢、金属间化合物。化学浸蚀可在一定程度上改善样品表面质量,减少形变层。国外 EBSD 公司专业人员更推荐使用机械抛光法,并在抛光时使用硅胶体抛光液。国内往往对抛光技术不够重视,较少使用这种抛光液。目前,EBSD 分析较多使用的是电解抛光法,如钢、铝、镁等。但要查电解液配比成分并摸清电解抛光参数,同时注意及时清洗干净样品表面。不少成熟的电解抛光液是专利产品,比较昂贵,且难以从手册中所提供的成分配方成功配制出来。样品制备后,应尽可能及时进行 EBSD 分析,以保证样品表面干净新鲜。镁合金是我国近几年的研究热点,但不少研究者对镁进行 EBSD 分析时遇到样品氧化快,得不到清晰的菊池花样的问题。对镁合金,用商用 AC-2 电解液较理想;但进口价格非常高,约每升 1000 元以上。也可用 20% 的硝酸甲醇溶液代替,这种电解液对样品腐蚀(溶解)得很重。

EBSD 数据仅来自样品表面下 10 ~ 50 nm 厚的区域,沿平面方向远大于这个值,样品表面应避免机械损伤、表面污染或氧化层的干扰。不导电时要喷金、喷碳或使用导电胶带。且喷金/碳层的厚度一定要合适。机械抛光时使用的金刚石抛光膏不是理想的,它会损伤样品表面;浸蚀可在一定程度上除去表面形变层。对于脆性样品,如矿物、陶瓷、半导体可机械抛光;对于表面污染或氧化的样品,应及时超声清洗或离子轰击。

国外 EBSD 技术厂家一般推荐机械抛光时使用石英硅乳胶体(colloidal silica)进行最后抛光,可避免表面损伤。不适当的样品制备可能引起误导,例如,菊池花样变模糊可能是抛光引起的,而不是样品本身存在的应力。不出现菊池花样,不见得是非晶或纳米晶。

陶瓷样品进行 EBSD 分析时会有三方面的问题。一是要在表面喷上导电层。陶瓷中是离子键或共价键,往往导电不好,有高电阻。电子束照射陶瓷表面时,引起电荷积累,图像畸形,图像不稳定及漂移。一般喷铂(Pt)或碳。因电子束要两次穿过喷涂层(穿入及穿出),一般希望喷涂层有低的原子序数以便于穿透。碳满足这个条件且是非晶态膜,但碳导电能力并不很好。铂导电性很好,但原子序数高,会明显减弱背散射衍射信号。因此,要因实际情况而定。扫描电镜的低真空模式会缓解放电现象,但这方面的结果还不多;二是陶瓷表面是否干净或平坦。必要时可进行机械抛光及化学浸蚀;三是可能产生的阴极发光效应。高能电子束会在不导电的陶瓷表面产生声子,声子在 EBSD 磷屏探头上引起额外的发光,降低了菊池花样的清晰度。目前的商用 EBSD 探头上涂有铝或其他不透明的导电金属膜以减弱阴极发光效应。有关陶瓷材料的 EBSD 分析可参考文献[4]。

EBSD 取向成像时可不对样品进行浸蚀,而直接用电解抛光的样品。但要对某类特殊的组织进行 EBSD 分析时,可能要浸蚀。这时要注意,浸蚀不要太重,因样品倾转 70°后表面高低不平会显著影响获取菊池带的效果。样品制备是优选电解抛光、化学抛光、离子轰击。最后是机械抛光。

9.3 特殊的样品制备方法

9.3.1 小样品的处理

对尺寸小、难以直接用手拿的样品,一般用镶样的方法解决。可用环氧树脂冷镶或电木热镶。但这两种介质都不导电,这给 EBSD 分析带来困难。目前国外已有导电的镶嵌材料销售,国内也有这些厂商的代理。但使用的仍不广泛。对不导电的镶嵌样可通过喷金、喷碳解决(这仍需摸索获得合适的参数)。另一种方法是电镀。一般 0.2 mm 厚的小样品可用常规的机械夹持法或镶在导电的金属基体内,对几十微米粗细直径的金属丝,可用电镀铜、镍或其他金属的方法。图 9-1 是直径为 25 μm 金丝电镀镍到直径 3 mm 后(大约用 15 h)的纵、横截面照片。金丝电镀镍工艺为,电镀液成分:$NiSO_4 \cdot 5H_2O$,240 ~ 300 g/L;$NiCl \cdot H_2O$,约 45g/L;H_3BO_4,约 30 g/L。电镀液温度:小于 20℃,电流密度:约 2 A/cm^2。将金丝作为阴极,99.9% 的镍板作为阳极放入电镀液中,按要求调节电流和电压。电镀刚开始时,尽量把电流调低一些,直到金丝上没有气泡产生。

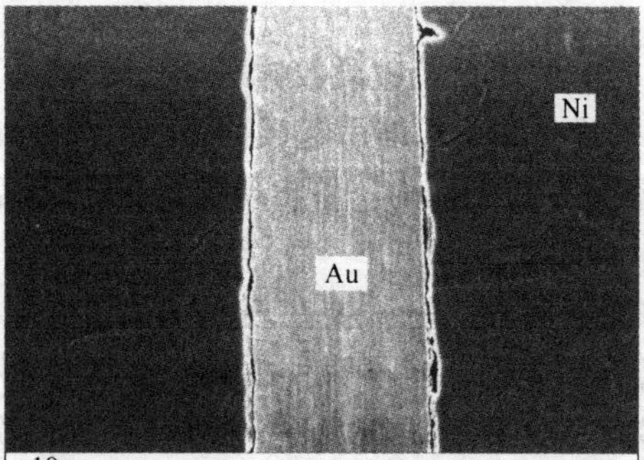

a

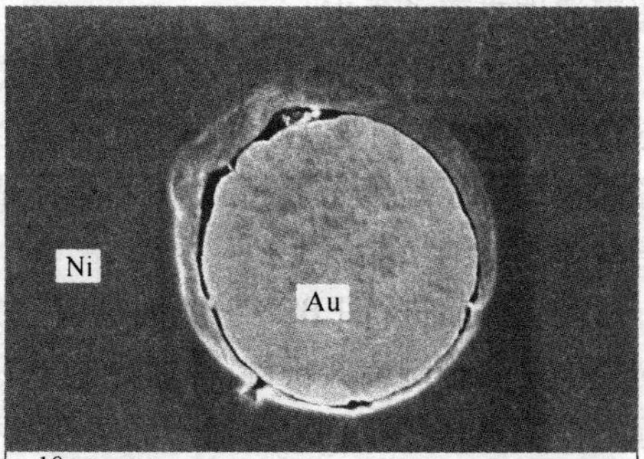

b

图 9-1 直径为 25 μm 金丝电镀镍到直径 3 mm 后的纵、横截面照片

a—纵截面;*b*—横截面

9.3.2 表面喷碳、金

对不导电的样品,如矿物,可通过取很小的样,镶在大块导电体上;或喷几个纳

米厚的金属；或降低加速电压或采用低真空模式进行 EBSD 分析。

气相沉积金或碳提高导电性，大的样品对控制膜的厚度很关键。沉积上的导电膜往往是非晶态组织。镀膜太薄，则起不了提高导电性的作用，太厚则得不到膜下金属的菊池带。合适的厚度要通过摸索得出。图 9-2 给出加速电压对单晶硅表面镀镍膜穿透能力的影响。图 9-2*a* 是 40 kV 电压下硅表面无镀膜时的菊池花样，图 9-2*b* 是 10 kV 下无镀膜的情况（菊池带变宽），图 9-2*c* 是 40 kV 下表面有5 nm厚的镍镀膜时的菊池花样，表明此时可穿透镍膜，图 9-2*d* 是 10 kV 下有 5 nm 镍镀层的情况，此时菊池花样受很大影响。Joy[5] 的工作表明，电子束与表层交互作用的厚度是弹性平均自由程的两倍。40 kV 下铝、镍、金表层临界厚度分别是100 nm、20 nm、10 nm。

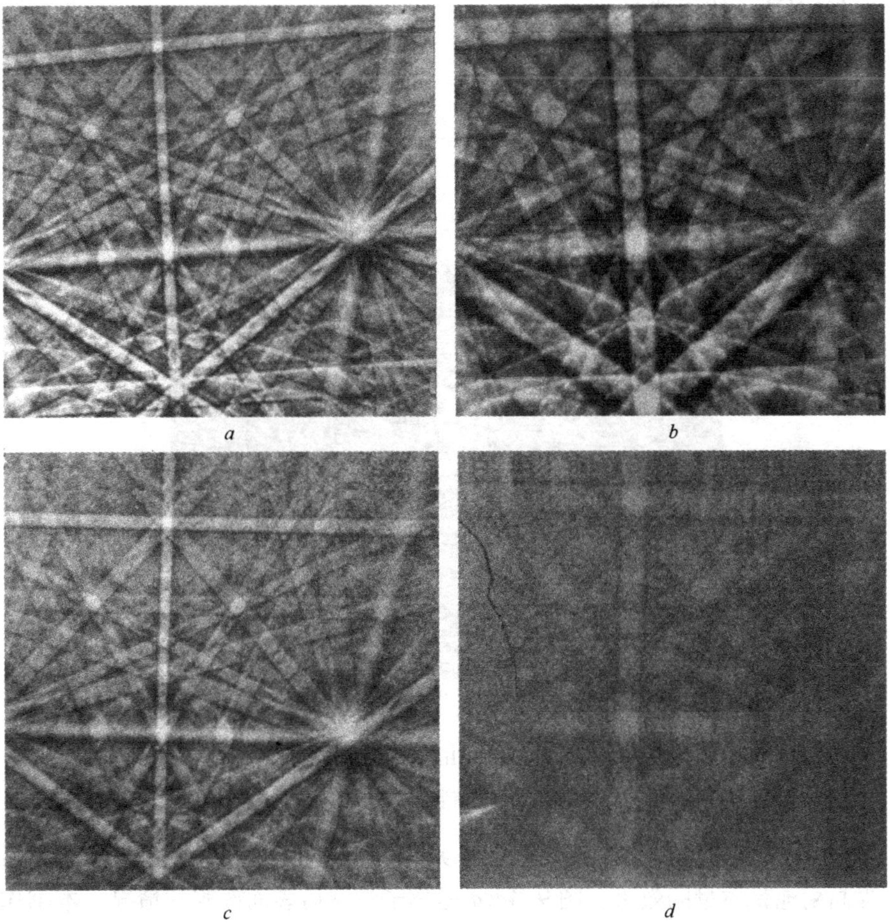

图 9-2 加速电压对单晶硅表面镀镍膜穿透能力的影响[6]

a—40 kV，未镀层；*b*—10 kV，未镀层；*c*—40 kV，镀 5 nm Ni；*d*—10 kV，镀 5 nm Ni

9.3.3 离子轰击

离子轰击原来主要用于透射电镜样品制备中难以用电解双喷法制备的样品减薄。双喷法制样速度快,对设备要求稍低;小的稳压电源几百元即可购置到。而离子轰击设备成本高。但离子轰击是比较保险或好控制的方法,特别是处理多相样品比较合适。如果上述常规的样品制备方法仍得不到满意的菊池带,可用离子轰击的方法改善样品表面质量。国内外许多厂家都生产离子束样品制备设备,并向“全修复”方向发展。例如,美国 Fischione Instruments, Inc. 仪器公司生产的自动样品制备系统(ASaP,automatic sample preparation),也称无污染样品制备,专门用于扫描电镜分析样品的离子处理,见图 9-3。使用该设备可完成下列工作:

(1) 等离子体清洗;
(2) 离子束刻蚀;
(3) 反应离子束刻蚀;
(4) 反应离子刻蚀;
(5) 离子束溅射镀膜。

此外,还能对样品进行平整化处理。

图 9-3 美国 Fischione Instruments,Inc. 仪器公司生产的自动样品制备系统(ASaP)[7]

图 9-4 是经该设备处理的照片。图 9-4a,b 是经离子束轰击改善样品表面状态,提高菊池带质量的效果。图 9-4c,d 是离子清洗后表面改善的情况。本书作者在分析较软的金和镁中细小的压缩孪晶时,都通过离子轰击改善了菊池带的质量。同样,轰击时间和离子束角度需要摸索,一般 10 ~ 30 min,θ 角 8° ~ 12°。对金丝,样品经 2000 号砂纸磨制后,再经过 2 ~ 3 min 的机械抛光,然后进行离子轰击。离

子轰击条件如下:电压为6 kV,电流为0.4 mA,倾斜角度为12°,单枪离子束,时间约为1 h。

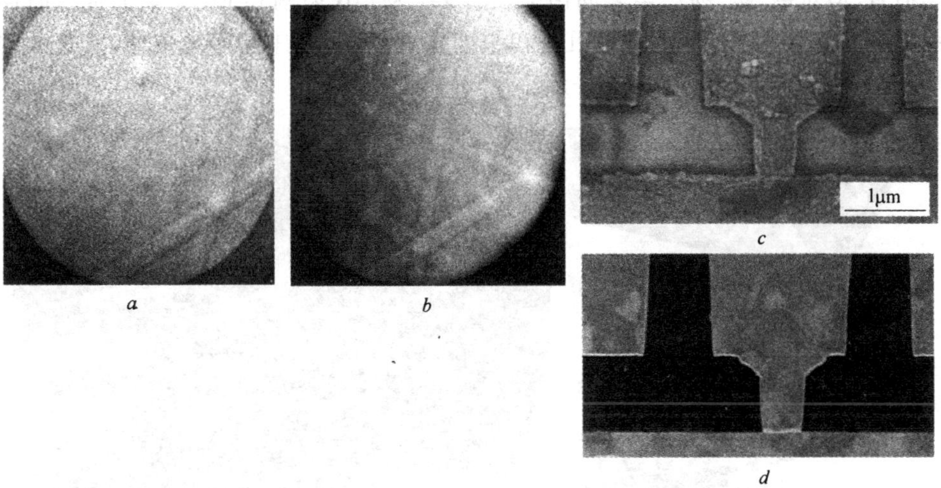

图9-4 离子束改善样品表面质量的效果[7]

a—无离子轰击,氧化铝;b—离子轰击后花样清晰;c—铜基微电子材料磨光后受污染的情况;d—离子束清洗后的情况

9.3.4 聚焦离子束(FIB)技术

FIB技术利用配置高电流密度的 Ga^+ 离子枪,其最小离子束直径可达几个纳米,因此可在纳米尺度上进行金属、半导体或绝缘体材料准确的沉积,可对样品进行剥蚀、减薄,也可对样品进行选择性腐蚀处理及离子注入等。因此在对集成电路进行改性、制备纳米器件以及剖析微器件的横截面、透射电镜样品制备等方面有广泛的应用。荷兰FEI公司的纳米技术工具,以聚焦离子束为特色,提供最高分辨率小于0.1 nm的3D特征描述、分析及修改功能。1982年FEI公司生产了第一只聚焦离子束镜筒,1989年又制造了完整的FIB工作站;1993年FEI和飞利浦电子光学联合发布“双束”(电子束+离子束)工作站,完成了在一个工作平台上用两套成像系统观察组织。2003年FEI发布科学研究和工业分析用“双束”(电子束+离子束,DualBeam™)工作站Quanta 3D和Nova NanoLab。特别应提到的是Quanta 3D电镜系统。它配备了FIB硬件及自动控制其工作的逐层切断软件包(Auto Slice & View™)。实现三维形貌信息的获取,也称EBSD-FIB tomography(断层摄像术)。并用图像处理软件将形貌信息进行3D重构。近几年国际(特别是日本)较多地使用FIB[8]。EBSD分析主要用FIB的精确切割功能,即利用安装在扫描电镜样品室内的高能离子束的发射枪,见图9-5。但测试费用非常高且耗时,例如,对一块

20 μm×20 μm×20 μm 的材料,用 0.1 μm 厚的间隔用高速挡离子束切割,EBSD 标定速度为 50 个/s,0.1 μm 的步幅,至少要 100 h。FIB 法切割原子序数大的材料很适宜,但对铝、镁,易产生表面污染。图 9-6 为 FIB 切割和 EBSD 取向成像时样品的不同放置情况。我国已有几家单位购置此设备,如中科院金属所、北京大学等。但都未与 EBSD 系统装在一起。

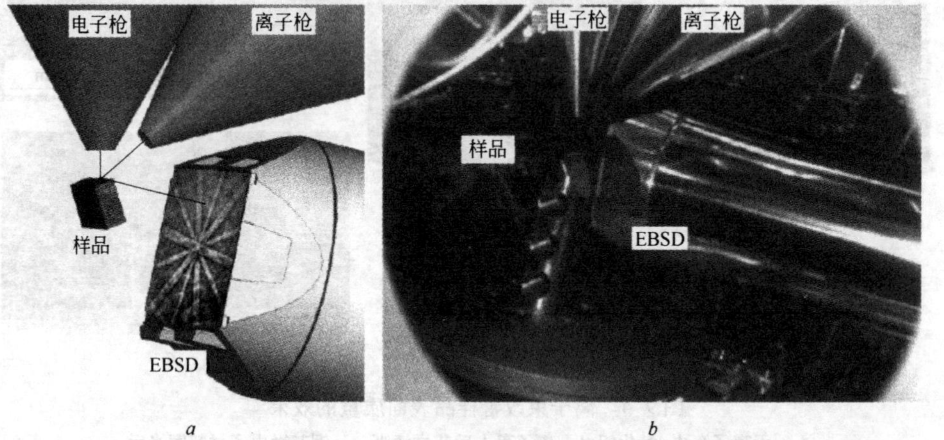

图 9-5 FIB 聚焦离子束切割[9]

a—示意图;b—实物图

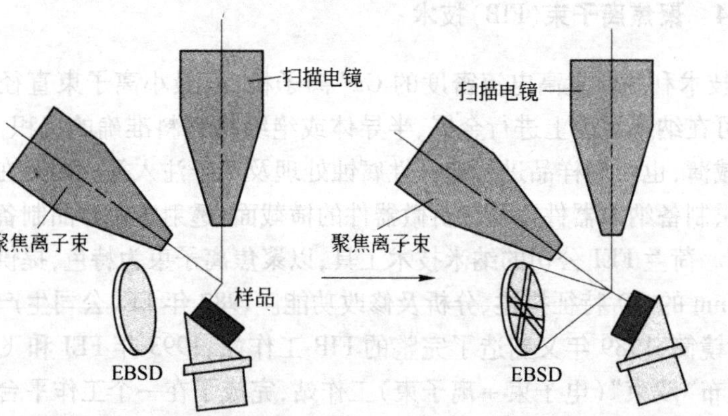

图 9-6 FIB 切割和 EBSD 取向成像时样品的不同放置情况[10]

FIB 装置切割的样面表面平整、"新鲜",非常适合直接进行 EBSD 分析,所以它有两个方面的作用,一是对极微小、不规则样品的切割制备;二是进行三维 OIM 分析;即逐层切割并进行取向成像分析,最薄的层可为 50 nm,再用软件重构含取向(差)信息的三维形貌－取向图。EADX-TSL 公司 2006 年已开发出 3D-OIM 可视化软件。但目前,FIB 的自动逐层切断技术与 EBSD 系统要求的样品倾斜配合还不是很好。图 9-7 为一组逐层切割后样品的形貌。方法是先从大块样品中切出突出的长方体,做好标记(两个小坑和两个“X”字)。图中左上角数字为已切割的层数,共切了 50 层,每层厚度控制在 0.2 μm ±0.05 μm 基本到样品的一半厚度。

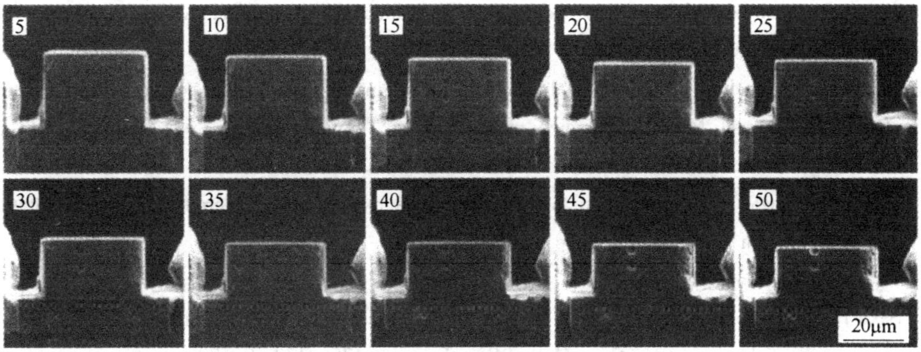

图 9-7　一组逐层切割后样品的形貌(铁)[10]

9.4　一些材料的 EBSD 样品制备方法

从文献[6]中收集的一些经验方法列在下面,以供参考。

(1) 工业纯铝及钛合金:电解抛光,5% 高氯酸甲醇,-25℃。

(2) 铝锂合金:用 Keller 溶液浸泡几秒,微加热。

(3) 钢:用 2% 硝酸酒精擦拭几下。

(4) 矿物:先用金刚石抛光,再用胶体石英抛光数小时。

(5) 多晶硅:先用清洗液清洗,再用 10% 氢氟酸浸泡 1 min。

(6) 纯镁:用 20% 的硝酸甲醇;对镁合金:如 AZ31,用商业产品 AC-2 电解液。对冷形变镁中很薄的压缩孪晶进行分析时,可短时用离子轰击。

(7) 金:因太软,又难以浸蚀,可机械抛光后进行小角度短时离子轰击。

(8) 铝及铝合金:在 50% NaOH 中浸蚀 10 ~20 min;加热到 60℃效果更好。若表面有灰色层,可用 10% HNO_3 去掉。

(9) 铜:在稀 HNO_3 中浸蚀。

(10) 低碳钢、硅钢:在 100 mL H_2O_2 +5 ~15 mL HF 溶液中浸蚀 1 ~2 min;含高铬时,再加入 10 mL HNO_3 和 15 mL HCl。

(11) bcc 金属,W:100mL HCl,90mL HF,100mL HNO_3,30mL H_2O_2。Ta:100mL H_2SO_4,40mL HNO_3,40mL HF。Nb:100mL HNO_3,35mL HF,1 ~5mL H_2SO_4。Mo:100mL HNO_3,8mL HF/100mL HCl,30mL H_2O_2。

参考文献

1　姚鸿年．金相研究方法．北京：中国工业出版社，1963

2　任怀亮．金相实验技术．北京：冶金工业出版社，1986

3　岗特·裴卓.金相浸蚀手册.李新立译.北京：科学普及出版社，1982

4　Farrer J K, Michael J R, Barry Carter C. EBSD of ceramic materials. In: Electron Backscatter Diffraction in Materials Science. Eds: Schwartz A J, Kumar M, Adams B L. Kluwer Academic/Plenum Publishers, 2000, 299 ~ 318

5　Joy D C. Channeling in and channeling out: The origins of electron backscattering and electron channeling contrast. Microscopy society of America, 52nd Annual meeting, eds. Bailey G W, Garratt-Reed A J. San Franciso Press Inc., 1994, 592 ~ 593

6　Randle V, Engler O. Introduction to texture analysis macrotexture, microtexture and orientation mapping. Gordon and breach science publishers, 2000

7　www. fischione. com

8　Saka H. Impact of a combined use of focused ion beam technique and transmission electron microscopy on materials characterization. Mater. Sci. Forums, 475 ~ 479: 9 ~ 29

9　Mulders J J L, Day A P. Three-dimensional Texture Analysis. Mater. Sci. Forum, 2005, 495 ~ 497: 237 ~ 242

10　Xu W, Ferry M, Mateescu N, Cairney J M, Humphreys F J. Techniques for generating 3D EBSD microstructures by FIB tomography. Materials Characterization, 2006, in press

结语与展望

目前说EBSD技术是一种新型的分析技术已不太确切，因为它商业化已至少15年了。但在我国还算是比较新的物理分析手段，了解它的人比知道能谱分析仪的人少得多。由于EBSD技术给我们提供了比形貌照片更丰富的信息，为我们更准确地了解材料制备及使用过程发生变化的原因及规律提供强大的帮助。该技术的不断推广也将促进我国晶体材料的研究水平和解决问题能力的提高。

晶体材料制备及使用时常伴随取向的择优或存在取向效应，研究微观过程中取向的演变规律是合理制备及使用材料的关键。EBSD技术在收集第一手数据中起重要作用。

形变作用下的转变（动态再结晶、孪生、各类相变）过程在微观上是不均匀的，转变过程动力学受原始晶粒取向的显著影响，EBSD技术在分析这些过程中起着极重要的作用。

EBSD与EDS的一体化，以及EBSD向相鉴定方向的成熟化和简易化更拓宽了EBSD的应用范围。这是EBSD近期发展的一个特点。

3D-OIM取向成像技术是EBSD技术发展史上的一个飞跃。它将不太关心晶体取向及两相间取向关系的从事体视学图像分析的研究人员与关注取向变化的织构研究人员联系起来，拓展了各自的视野，也推动了体视学的发展。昂贵的聚焦离子束（FIB）硬件及测试费用并非是3D取向成像分析的必要条件，传统的层磨技术和3D取向成像可视化软件的结合就可完成此分析。

EBSD硬软件水平的提高降低了测试成本。因为设备的价格没大的变化（价格因人民币的升值反而有所降低），而目前取向测定的速度是5年前的10倍以上。

EBSD技术提供了非常丰富的定量信息，提醒我们对多种现象的原因加以关注。对相关过程了解得越深，越能分析出有价值的结果。否则，会浪费很多有价值的取向信息，对那么多EBSD数据也会觉得很茫然。

EBSD只是一种测试技术，与其他技术相辅相成，有自己特殊的优点。鉴于目前研究生接触SEM的比例非常高，加上样品制备简单，因而是一种非常值得推广的技术；其推广中的瓶颈主要在于对取向及织构概念了解得不够。在各厂家每年的用户培训及交流的基础上，更应通过全国性的培训班及学术交流会达到材料专业人员中普及的作用。其中，涉及材料、图像分析及仪器分析的学会可起到非常大的作用；网络上的培训班、讲座录像和相关的中文教材、工具书也起到较大作用。

希望此书起到抛砖引玉的作用，也希望近期相关的专家一起坐下来，完成一本更权威的EBSD技术原理及应用的书籍，并在每2～3年有一个范围较广的学术交流会。也希望在我国EBSD系统数目已经或必将在世界上领先时，能在国内举办EBSD应用的国际会议。

术 语 索 引